수학 끼고 가는
이탈리아

수학 끼고 가는
이탈리아

2015년 11월 16일 제1판 제1쇄 발행
2023년 8월 21일 제1판 제4쇄 발행

지은이   남호영, 정미자
펴낸이   강봉구

펴낸곳   도서출판 작은숲
등록번호   제406-2013-000081호
주소   10892 경기도 파주시 와석순환로 307, 1107-101
전화   070-4067-8560
팩스   0505-499-8560

홈페이지   http://www.littleforestpublish.co.kr
이메일   littlef2010@naver.com

ⓒ남호영, 정미자

ISBN 978-89-97581-81-8 43410
값은 뒤표지에 있습니다.

작은 숲
작은학교

선생님과
함께 떠나는
내 인생의
첫여행

수학 끼고 가는
이탈리아

남호영 · 정미자 지음

작은숲

수학 끼고 이탈리아?!

새로운 여행을 상상하는 것은 짜릿하고 흥분된다.

하지만 지난 여행을 되돌아보는 것은 색다른 맛이 있다.

마치 온돌방에 누워 뒹구는 일처럼 느긋하고 한가롭다.

풍성한 추억을 속내까지 들추는 재미와 추억과 마주하는 아련함까지.

이 되돌아봄이 이탈리아로 떠나고 싶은 사람들에게

작은 길잡이가 될 수 있지 않을까 하는 생각이 작업의 출발이었다.

집으로 돌아오는 짐 속에는 여행책자며

너덜너덜해진 일정표, 지도,

입장권과 팸플릿 등이 피곤한 얼굴로 누워 있다.

그것들을 하나 둘 펼쳐본다.

그래, 여기에 들렀었지.

웃고 있는 사진 속의 나.

기억들이 먼지를 털고
하나 둘 깨어난다.

정수리가 익을 것 같이 뜨겁던 햇빛,
뜨거운 몸을 식혀 주던 돌로 지은 성당,
빨간 토마토 색깔만큼이나 맛나던 파스타.

그리고
우리를 역사의 현장으로 안내한
수많은 고대 유적들.

그 뿐이랴.
곳곳에서 마주쳤던
이탈리아 사람들의
여유로움과 미소.

이탈리아 여행의 기억들을

하나하나 되짚어가며 글로 풀어낸다.

그리고 내가 만났던 고대 로마의 역사와

그 역사 속 발자취들을 수학의 눈으로 다시 본다.

이 책이 다른 여행기와 다른 점은 바로 이것이다.

역사와 유적을 읽는 여행자의 눈에 수학이라는

렌즈를 하나 더 보탰다.

수학이라는 과목을 좋아하지 않는다 해도

이 책과 함께 수학을 끼고 이탈리아로 떠나 보기를 권한다.

수학 역시 지도처럼,

역사 지식처럼, 그리고

그 나라 언어처럼 여행을 더 풍부하게 만들 하나의 도구일 뿐이니.

이 책이 나오기까지 많은 분들의 노고가 쏟아 부어졌다.

떠나기 전에 코스를 짜면서

이탈리아 역사, 지리, 수학적 해석을 함께 준비한 분들,

함께 여행을 다녀오신 분들,

원고를 꼼꼼히 읽어 보고 조언을 아끼지 않은 분들, 그리고

엄청난 양의 사진과 글줄을 책꼴로 만들어준 출판사 분들.

이렇게 수학 끼고 고대로 떠난

이탈리아 여행에 도움을 주신 많은 분들께

깊은 감사의 인사를 전한다.

2015년 가을

또 다른 여행을 꿈꾸며

Contents

수학 속으로

밀라노

베네치아

피사

피렌체

바티칸

로마

샤르데냐 섬

시칠리아

아그리젠토

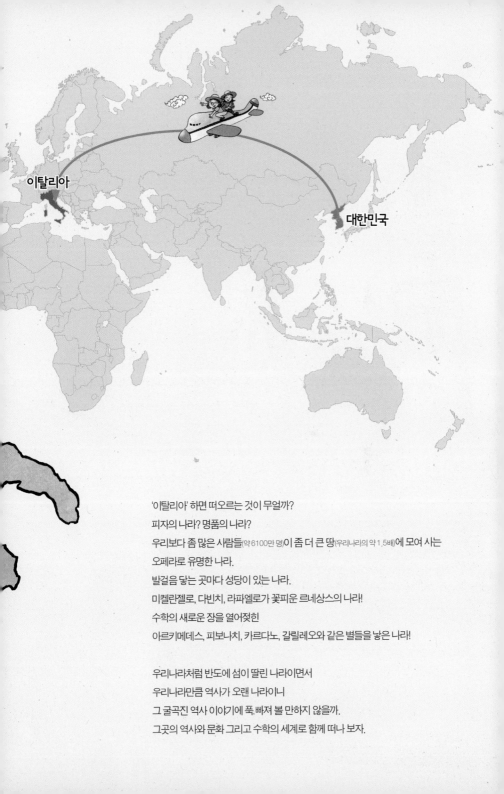

'이탈리아' 하면 떠오르는 것이 무얼까?

피자의 나라? 명품의 나라?

우리보다 좀 많은 사람들(약 6100만 명)이 좀 더 큰 땅(우리나라의 약 1.5배)에 모여 사는
오페라로 유명한 나라.

발걸음 닿는 곳마다 성당이 있는 나라.

미켈란젤로, 다빈치, 라파엘로가 꽃피운 르네상스의 나라!

수학의 새로운 장을 열어젖힌

아르키메데스, 피보나치, 카르다노, 갈릴레오와 같은 별들을 낳은 나라!

우리나라처럼 반도에 섬이 딸린 나라이면서

우리나라만큼 역사가 오랜 나라이니

그 굴곡진 역사 이야기에 푹 빠져 볼 만하지 않을까.

그곳의 역사와 문화 그리고 수학의 세계로 함께 떠나 보자.

풍요로운
삼각형 모양의 섬
시 칠 리 아

팔레르모

시칠리아 주의 행정수도이자 가장 큰 항구이다. 로마, 비잔틴, 이슬람 문화의 유적지들이 공존하며 독특한 분위기를 자아낸다. 팔레르모 대성당, 프레토리아 광장, 콴트로 칸토, 오페라 극장 등을 둘러보면 시칠리아 왕국의 수도로 번성했던 시절을 느낄 수 있다.

몬레알레

팔레르모

아그리젠토

몬레알레

언덕 위 몬레알레 성당에서는 황금 모자이크로 만든 예수상과 기하학 문양으로 장식한 외벽을 감상한다. 바로 옆 수도원 정원을 거닐어도 좋다. 작은 마을이 주는 소박함을 느끼면서 지중해를 배경삼아 팔레르모 시내를 내려다볼 수 있다.

아그리젠토

고대 그리스 신전의 모습을 간직한 신들의 계곡 언덕 위 아그리젠토에서 내려다 보이는 바닷가에 있다. 둘러볼 만한 신전들은 바닷가를 따라 늘어서 있는데 여름에는 밤에도 입장이 가능하다.

타오르미나

절벽 위의 휴양 도시로 에트나 화산을 배경으로 서 있는 고대 그리스 극장이 인상적이다. 절벽을 따라 늘어 선 아기자기한 상점과 까페, 소박한 성당과 광장, 그 사이의 좁은 골목을 기웃거리는 재미가 쏠쏠하다. 절벽에서 내려다보는 지중해 해변의 풍광이 아름답다.

타오르미나

에트나화산

에트나화산

여전히 활발하게 활동하는 화산으로, 교통 수단을 이용하여 오를 수 있다. 겨울에는 스키를 타기 위해 많은 사람들이 찾는다고 한다. 용암에 묻힌 집, 김을 뿜어내는 분화구 등 화산 활동의 흔적을 가까이에서 볼 수 있다.

시라쿠사

시라쿠사

대수학자 아르키메데스의 고향. 구시가지가 있는 작은 섬 안에 몇 개의 기둥이 남아 있는 아폴로 신전과 그리스 신전을 그대로 성당으로 개조한 시라쿠사 대성당이 볼 만하다. 고고학 공원에서는 대리석 채석장과 고대 그리스의 흔적을 만날 수 있다.

'시칠리아를
보지 않고는 이탈리아를 보았다고 할 수 없다'

독일의 대문호 괴테의 말이다. 대체 시칠리아의 무엇이 그런 말을 하게 했을까.

우리도 그가 말한 시칠리아를 느낄 수 있을까. 나폴리 항을 떠나는 지금,

이탈리아로 올 때보다 기대감이 더 크다. 힘차게 울리는 뱃고동 소리만큼 가슴도 뛴다.

지도 속의 시칠리아는 꽤 크다. 지중해에 속한 섬 중 가장 크단다. 이탈리아 반도에

딱 붙어 있는 것 같은데 실은 메시나 해협을 사이에 두고 있다.

가장 가까운 곳은 3km정도밖에 안 된다고 하니 말 그대로 코앞이다.

장화처럼 생긴 이탈리아 반도 앞에 딱 버티고 있어, 장화 코가 돌부리에 걸려

넘어지는 순간 같기도 하고, 거꾸로 시칠리아가 막 차이는 순간 같기도 하다.

위치도 절묘해서 유럽과 아프리카 사이, 지중해의 한가운데에 있다.

그러니 유럽, 아프리카, 아시아를 이어주는 통로이자 길목일 수밖에.

게다가 화산활동으로 생성된 비옥한 땅에서는 올리브, 포도, 오렌지 농사가

잘 되었단다. 얼마나 탐나고 탐났겠는가.

시칠리아는 그리스 지배 이후 로마, 비잔틴, 이슬람, 노르만 등의 지배를 거쳐

1860년 가리발디 장군에게 점령되어 이탈리아 왕국에 병합되었다.

이 섬의 위치와 풍요로움이 가져온 아픈 역사이다.

이러한 역사의 흐름은 다양한 문화의 흔적을 남겼고 서로 혼합되어

새로운 문화를 이루었다. 고대 그리스 시대의 신전이 우뚝 서 있는가 하면

황금 모자이크에서는 비잔틴의 향기가 풍긴다.

시칠리아는 영화 〈시네마 천국〉의 배경이기도 했다.

영화감독이 된 중년의 주인공이 고향 시칠리아의 작은 마을 곳곳에서

어린 날을 추억하는 영화. 자신이 누구이며 어디에서 왔는지

돌아보던 주인공처럼 나 자신을 되돌아보았었지. 주인공이 옛날 필름을

돌려보며 회상에 잠기는 장면과 그때 흐르던 음악이 되살아난다.

자전거를 탄 어린 토토와 알프레도 뒤로 펼쳐지던 풍광을 볼 수 있으려나.

머리카락 사이사이로 짠 바닷바람이 지나간다. 하늘에는 별이,

나폴리 항에는 불빛이 하나 둘 켜지는 걸 지켜보며 오래도록 밤바다를 즐긴다.

서로 다른 문화의 용광로, 팔레르모

포세이돈이 사랑한 여인, 메두사의 땅

나폴리에서 밤배를 타고 새벽에 도착한 시칠리아. 잠이 덜 깬 팔레르모 항이 여행자를 맞는다. 잠이 덜 깨기는 여행자도 마찬가지. 멍한 표정으로 배에서 내릴 차례를 기다린다. 이탈리아 가족의 떠들썩함에 잠을 설친 탓인지 흔들리는 배에 시달린 탓인지 몸이 영 개운치 않다.

부스스한 여행객을 태운 버스는 팔레르모 시내를 관통하여 언덕 위 몬레알레 성당으로 향한다. 시내 역시 아침잠에 빠진 듯 고요하다. 버스는 크고 길은 좁다. '구불구불 언덕길을 오를 수 있으려나?' 아니나 다를까 내려서 걸어가란다. 나지막한 언덕 양쪽으로는 기념품 가게가 즐비하다. 유리창 너머로 크고 작은 장식물들이 여행자에게 손을, 아니 발을 흔들고 있다. 시칠리아의 상징 '트리아크리아'이다.

트리아크리아는 이삭 또는 뱀을 머리에 인 메두사 머리에 3개의 다리를 두르고 있다. 3개의 다리는 삼각형처럼 생긴 섬의 모양을, 가운데 메두사 머리는 풍요와 다산을 상징한단다. 고대 로마 시대에는 시칠리아를 '3개의 다리'라는 뜻의 트리나크리아 Trinacria라 불렀는데, 3개의 발끝이 삼각형 모양 섬의 꼭짓점에 해당한다고 한다. 그리고 보니 시칠리아 주를 상징하는 깃발에도 메두사가

있다. 깃발 속 메두사는 밀 이삭을 머리에
이고 있다. 깃발을 대각선으로 나누어 위
쪽 빨간색은 팔레르모, 아래쪽 노란색은
꼴레오네를 상징하는데, 1282년 팔레르
모와 꼴레오네는 연맹을 맺고 시칠리아
왕국으로부터 독립을 주도했다 한다. 독
립의 역사가 담긴 이 깃발은 2000년, 시
칠리아 주를 대표하는 공식 깃발로 채택
되었다.

〈메두사〉카라바조
1597, 피렌체 우피치 미술관

그리스 신화 속 괴물 메두사는 원래 아름다운 머릿결을 가진 미인이었다. 메
두사는 그녀에게 반한 바다의 신 포세이돈과 사랑에 빠졌다. 하지만 사랑에는
시기가 따르는 법, 포세이돈을 흠모하던 전쟁의 신 아테나의 미움을 사게 된다.
아테나는 메두사의 아름다운 머리카락 한올 한올을 흉측스러운 뱀으로 만들어
버렸다. 그런 고르고괴물로 만들고도 성이 차지 않았을까? 메두사와 눈이 마주

1 시칠리아 섬의 상징, 트리나크리아가 들어간 기념품　**2** 시칠리아 주를 상징하는 깃발

치는 모든 것들은 돌로 변하는 저주를 내렸으니, 사랑은 커녕 메두사를 쳐다볼 수나 있었으랴. 사랑의 대가치고는 너무나 끔찍했다.

가엾은 괴물 메두사는 영웅 페르세우스에게 죽임을 당했다. 그는 잘 닦인 방패를 이용하여 메두사를 직접 보지 않고 목을 베었다고 한다. 그 순간 포세이돈이 그녀가 흘린 피를 모아 가장 좋아하는 말의 형상으로 하늘에 올려 보냈는데, 그것이 페가수스 별자리이다. 비극이라도 사랑이 이루어진 것일까?

고대 그리스에서는 고르고를 액막이로 생각해서 성문, 대문, 갑옷, 방패 등에 새겼다. 시칠리아 곳곳이 고대 그리스의 식민지였던 것을 떠올리면 메두사의 얼굴을 섬의 상징물에 새겨 넣은 것 역시 나쁜 기운을 물리치려는 바램이

광장에서 바라 본 몬레알레 성당

었던 것 같다. 게다가 메두사는 바다와 함께 살아가는 시칠리아 사람들에게 중요한 바다의 신 포세이돈이 사랑했던 여인이 아닌가. 깃발에 그려진 메두사의 머리에 뱀 대신 다산과 풍요로움을 상징하는 밀 이삭을 그려 넣어 나쁜 기운도 물리치고 풍작과 풍어를 기원하는 마음을 담았을 거라 짐작해 본다.

성당 앞 광장의 아침 풍경

언덕을 오르자 작은 광장이 펼쳐진다. 이른 아침, 관광객 몇몇이 몬레알레 성당 문 앞을 서성이고 있다. 우리는 노천 카페에 앉아 빵과 진한 커피로 잠을 깨우며 성당 문이 열리기를 기다린다. 광장 분수의 물소리와 지저귀는 새소리, 카페의 그릇 부딪히는 소리……. 여행 중에 이리도 느긋한 아침을 맞게 될 줄이야. 가끔씩 지나가는 자동차 소리마저 정겹다. 돌로 포장한 길을 달리는 소리가 거슬리지 않는다. 소음도 많고 승차감도 좋지 않을 텐데 예전 방식 그대로이다. 우리라면 일찌감치 걷어내고 아스팔트로 바꾸지 않았을까.

길 한쪽에 나란히 주차된 차들은 대체로 작고 아담하다. 그런데 주차된 차를 빼는 장면이 퍽 재미있다. 앞으로 쿵, 뒤로 쿵, 왔다 갔다 앞뒤로 주차된 차의 범퍼를 받아가며 쏙 빠져나오더니 쌩하고 제 갈 길을 가버린다. 다른 차 범퍼에 흠집을 내는데도 주위 사람들은 아랑곳하지 않는다. 차에 조그만 흠집만 나도 얼굴을 붉히고 목소리 높이는 우리에게는 어이없는 장면이지만 슬며시 웃음이 나오면서 통쾌하기까지 하다. 9시가 가까워지자 마을 사람들이 하나 둘 모습을 보인다. 드디어 밤새 닫혀 있던 성당 문이 열리나보다. 찻잔 받침에 팁을 놓고 일어선다.

황금빛 모자이크로 빛나는 몬레알레 성당

작은 창으로 들어오는 아침 햇빛만으로 성당 안은 눈이 휘둥그레질 정도로 화려했다. 성경 장면을 묘사한 황금빛 모자이크가 햇살에 부서져 성당을 가득 채우고 있다. 예배당 위쪽 돔에는 성경을 든 예수의 모습이 모자이크되어 있다.

끝이 뾰족한 첨두아치를 받치는 코린트식 기둥이 양쪽으로 늘어선 가운데 성경을 묘사한 그림과 기하학 문양이 천정과 벽을 가득 메우고 있다. 빈틈을 찾기 어려울 정도이다. 문양이며 색감도 어찌나 다양한지 같은 것이 있을까 싶다. 넓은 벽을 채우려면 어마어마한 양의 황금이 필요했겠지. 화려한 모자이크는 비잔틴 제국의 국력이 약해지면서 점차 사라졌다. 반짝이는 돌과 황금을 감당할 수 없어진 탓이다. 그리스에서 시작되어 이슬람에서 번성했던 모자이크를 이곳에서 보게 될 줄이야. 시칠리아가 그리스, 로마, 이슬람의 지배를 거치면서 다양한 문화를 받아들였다는 말이 실감난다.

몬레알레 성당의 예수 모자이크. 온 벽이 황금 모자이크로 장식되어 있어 눈부시다.

작은 문을 나가 비좁은 통로를 따라 가면 성당 지붕 위에 오를 수 있다. 그런데 통로가 시작부터 심상치 않다. 헨젤과 그레텔은 뿌려놓은 빵 조각을 따라갔다던데, 우리는 비둘기 배설물을 따라가게 생겼다. 통로가 건물 바깥쪽으로 나 있어 시원한

1 몬레알레 성당 옆 수도원 정원
2 지그재그, 직사각형, 마름모, 꽈배기 모양 등 다양한 방식으로 장식한 기둥

아침 공기를 느낄 수 있으니 그나마 다행이었다.

바로 옆 수도원 정원을 내려다 볼 수 있다는 건 생각지도 못한 덤. 거닐기만
해도 정신이 맑아지고 저절로 명상에 빠질 것 같다. 리듬감 있는 두 줄의 아치
와 타일로 만들어낸 다양한 무늬의 아랍 풍 기둥이 정적인 공간에 경쾌함을 불
어넣는다. 언뜻 보면 한 개처럼 보이지만 아치를 받치는 기둥은 두 개씩 쌍을
이루고 있다. 노란 빛 타일은 황금이란다. 절제된 정원의 구조와 대비를 이루는
것이 마치 검은색 히잡 속에 숨은 아랍 여인의 화려함 같다. 비둘기 배설물 가
득한 통로가 아니라 저 정원을 거닐고 싶은 마음이 간절하다.

예배당 지붕에 다다르자 팔레르모 시내가 한 눈에 들어온다. 저 아래가 새벽
에 도착한 항구로구나. 수많은 주황색 지붕은 넘실대는 파도 같고, 저 먼 바다
는 하늘처럼 보인다. 몬레알레가 '왕의 언덕'이라는 뜻이라더니, 과연 아름답다.

지붕을 내려와 성당 밖을 둘러본다. 예배당 바깥쪽 벽 역시 황금빛 모자이크 만큼이나 인상적이다. 끝이 뾰족한 여러 개의 첨두아치와 타일로 장식한 벽이 은은하면서 품위가 있다. 건물의 무게를 분산시키는 기본 기능보다 장식을 주 목적으로 설치한 아치를 보니 로마네스크 양식을 일부 따랐다는 사실을 알 수 있다. 내부는 아랍 풍 모자이크로 장식하고 외벽은 로마네스크 양식을 따랐으 니 말 그대로 여러 건축양식과 문화가 조화를 이룬 셈이다.

성당 앞 광장에 노점상이 좌판을 벌인 걸 보니 시간이 꽤 흘렀나보다. 보 는 곳마다 눈길이 가고, 그럴수록 더 머물고 싶은 마음을 꾹꾹 누르고 시내 로 향한다. 다시 돌아온 팔레르모 시내는 완전 딴판이다. 마차, 오토바이, 버 스, 승용차, 사람들로 시끌벅적하다. 고딕양식을 따른 팔레르모 대성당, 벌

몬레알레 성당 예배당의 바깥쪽 벽. 첨두아치와 함께 기하학 문양의 모자이크가 빼곡하다.

거벗은 동상들이 인상적인 프레토리아 광장, 사계절을 상징하는 4개의 건물로 둘러싸인 원 모양 사거리 등을 둘러보니 벌써 점심시간이다.

점심을 마치고 섬을 가로질러 아그리젠토로 향한다. 고대 그리스의 건축물이 그리스보다 더 잘 보존되어 있는 곳, 신전의 계곡으로 가기 위해서이다. 가는 길은 밀밭이나 올리브 숲이 이어질 것이라 생각했는데 황량한 풍경이다. 변변한 나무 한 그루 없는 고만고만한 언덕이 끝없이 펼쳐진다. 밀을 수확한 직후라 그렇단다. 뜨거운 태양에 밖을 보기도 어렵고, 결국 여행의 피곤함을 잠으로 달랜다.

시칠리아 섬의 중심부에는 나지막한 언덕과 초원이 펼쳐져 있다.

시칠리아 하면 떠오르는 마피아

눈이 부셔 잠이 깬다. 커튼으로도 태양을 피할 수가 없다. 차창 밖 풍경을 보다 뒤적뒤적 여행책자를 넘긴다. 시칠리아, 팔레르모, 아그리젠토……. '마피아'라는 글자가 눈에 들어온다. 아, 시칠리아에 '마피아'가 있었지. 사람들은 흉악스런 범죄 조직, 악명 높은 마피아의 뿌리가 시칠리아라고 생각한다. 그렇게 된 데는 영화 〈대부〉의 영향이 컸을 것이다. 20세기 초 미국 범죄 조직 사이의 이권 다툼과 가문 간의 복수를 다룬 이 영화에서 남자 주인공 마이클 꼴레오네의 고향이 바로 시칠리아다. 그는 부모가 마피아 두목을 모욕했다는 이유로 무참히 살해당하자 시칠리아를 떠나 뉴욕으로 건너갔고, 온갖 험한 일을 겪으며 그 역시 범죄 조직의 두목이 되었다.

'마피아'의 시초가 시칠리아인 것은 분명하지만 마피아가 처음부터 범죄 조직이었던 것은 아니다. 시칠리아는 지중해 바다 한가운데, 동서양의 길목에 위치했기 때문에 여러 민족의 지배를 받을 수밖에 없었다. 이 과정에서 늘 따르는 약탈, 폭력, 혼란으로 피해를 보는 건 힘없는 평범한 사람들이었다. 위험으로부터 가족을 지키고, 명예를 중시하며, 비밀을 목숨처럼 지킴으로써 스스로를 보호하고자 했던 노력. 시칠리아의 마피아는 그렇게 출발했다.

마피아가 본격적인 범죄 조직으로 변한 건 19세기에 들어서란다. 지금도 시칠리아를 무대로 활동하는 마피아 조직이 있다고는 하지만 그렇다고 영화 〈대부〉처럼 모든 마피아 조직의 뿌리가 시칠리아 혹은 시칠리아 사람이라고 오해하면 곤란하다. 시칠리아의 '마피아'식 운영을 모방했다고 시칠리아를 범죄의 근원지로 여기는 건 편견이 아닐까.

첨두 아치를 작도하다

몬레알레 성당의 바깥 벽을 아름답게 장식한 첨두 아치, 끝이 뾰족해 더 화려한 첨두 아치는 어떻게 그릴까? 아치의 기본인 반원 아치를 이용해서 첨두 아치를 그려 보자.

반원 아치는 컴퍼스를 이용하여 다음과 같은 순서로 작도할 수 있다.

① 평행한 두 기둥과 수직이 되도록 아치 굽선(아치를 지지하는 기둥의 끝을 연결한 가상의 수평선)을 그린다.

② 선분 AB의 중점 O을 잡는다.

③ 점 O를 중심으로 선분 OA를 반지름으로 하는 반원을 그린다.

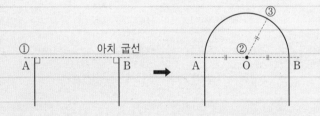

이 방법을 변형하면 끝이 뾰족한 첨두 아치를 작도할 수 있다.

① 평행한 두 기둥과 수직이 되도록 아치 굽선을 그린다.

② 선분 AB를 4등분한다.

③ 점 P와 점 Q를 중심으로 각각 선분 PB, 선분 QA를 반지름으로 하는 반원을 그린다.

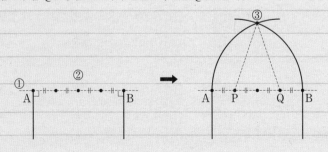

신전의 계곡, 아그리젠토

박물관에서 만난 아그리젠토

이른 오후, 언덕 위에 세워진 아그리젠토에 도착했다. 바로 신전의 계곡으로 향한다. 버스에서 내리니 푸근한 인상의 문화해설사 루이지가 반긴다. 그런데 그는 우리의 바쁜 마음은 아랑곳 않고 박물관부터 가잔다. 박물관? 보나마나 돌무더기 가득한 폐허보다 더 고리타분할 텐데……. 마지못해 따라 나섰는데 그가 풀어내는 유물 이야기에 시큰둥했던 마음이 스르르 풀어진다. 그릇에 그려진 그림, 다양한 모양과 크기의 물동이, 아이의 죽음을 슬퍼하는 사람들의 모습을 새긴 돌관. 그의 설명에 유물 하나하나가 되살아난다.

루이지가 조종하는 타임머신을 타고 박물관을 한 바퀴 돌아 나오는데, 거대한 조각상이 눈길을 끈다. 두 손을 머리 뒤로 깍지 낀 독특한 자세로 한쪽 벽에 기대어 있다. 제우스 신전 벽에 설치했던 조각상인데 그 높이가 8m 정도라고 한다. 하늘이 무너져도 꿋꿋이 서서 이 세상을 끝까지 떠받칠 것 같은 인간 육체의 강인함이 느껴진다. 별 장식 없이 투박한 모습이지만 그 간결함과 단순함이 뿜어내는 힘은 대단하다. 장식이 이러한데 원래 신전은 얼마나 거대했던 걸까? 직접 보아야 실감나겠지. 신전의 계곡으로 발길을 재촉한다.

카르타고와 로마의 힘겨루기

　이곳의 신전들은 기원전 6세기 말에서 5세기, 그리스 지배를 받을 때 세워졌다. 농사지을 땅이 부족했던 그리스 인들은 바다로 진출하여 식민 도시를 세웠고 이 도시들을 기반으로 무역을 장악해 나갔다. 시칠리아도 예외는 아니어서 해안가는 모두 그리스 인들이 차지하였고, 곳곳에 자신들의 신전을 지었다.

　사정이 이렇다 보니 섬 서쪽의 카르타고와 영토와 패권을 두고 벌어진 충돌은 필연이었다. 카르타고는 기원전 9세기경 고대 페니키아 인들이 지금의 아프리카 튀니지쯤에 세운 도시 국가로 그리스, 로마 등과 지중해의 패권을 다투던 강자였다. 기원전 3세기 초, 카르타고는 이미 시칠리아 섬 서쪽 대부분을 점령할 만큼 세력이 커졌다. 만약 카르타고가 시칠리아를 손에 넣는다면? 지중해의 패권은 카르타고가 독차지할 것이 자명했다. 게다가 시칠리아는 로마보다 카르타고에 더 가까웠다. 이탈리아 반도를 통일하고 유럽으로 뻗어나가던 로마로서는 이를 두고 볼 수 없었을 것이다.

제우스 신전을 장식했던 거대한 조각상

　시칠리아와 카르타고는 얼마나 가까운 거리일까? 축척을 이용하면 그 거리가 약 300km 정도임을 알 수 있다. 당시 카르타

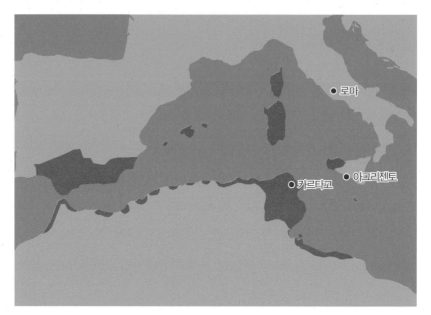

카르타고가 가장 번성했던 기원전 3세기 초, 시칠리아 섬의 서쪽도 카르타고에 속해 있었다. 지도에서 붉은 부분이 카르타고의 영역이다

고인들은 옆쪽으로 나란히 노를 젓도록 설계된 긴 배, 갤리로 무역을 했는데 대형 갤리선은 9노트, 대략 시속 17km 정도까지 속력을 낼 수 있었다고 한다. 이 대형 갤리선으로 카르타고에서 아그리젠토까지 항해를 하면

$$(\text{시간}) = \frac{(\text{거리})}{(\text{속력})} = \frac{300}{17} ≒ 17.6 \,(\text{시간})$$

이므로 넉넉잡아 18시간이면 도착할 수 있었을 것이다. 로마에서 시칠리아까지는 400km가 넘으니 로마로서는 카르타고를 걱정하지 않을 수 없었다. 지중해 무역의 거점을 빼앗기는 동시에 코앞에 적을 두게 되는 꼴이니 말이다. 결국 로마는 카르타고와 세 번의 전쟁을 치르게 되는데, 바로 포에니 전쟁이다. 세

번의 전쟁에서 모두 패한 카르타고는 차차 쇠퇴하여 멸망에 이르렀고, 승리한 로마는 시칠리아와 지중해를 넘어 유럽을 지배하게 된다.

나의 관심을 끈 것은 카르타고를 세웠다고 알려진 디도 여왕의 이야기이다. 지금의 레바논 남쪽, 항구도시 튀로스의 공주 디도는 왕인 오빠가 남편을 살해하자 위협을 느끼고 추종자들과 함께 도망쳤다. 나라를 세울 만한 곳에 도착하여 땅을 사려 했으나 여의치 않자 엄청난 양의 금을 주면서 소 한 마리의 가죽으로 둘러 쌀 정도의 땅만 달라고 했단다. 주민들은 소 한 마리의 가죽으로 둘러 쌀 땅이라니 대수롭지 않게 생각하고 수락했다. 그 정도 넓이의 땅으로는 살기에도 턱없이 부족할 것 같은데 디도 여왕은 어떤 꾀를 내었을까. 전하는 이야기에 따르면 소가죽을 띠 모양으로 잘라 만든 끈으로 광대한 땅을 에워쌌고, 그 땅에 카르타고라는 도시 국가를 세웠다고 한다.

주민들이 생각한 소 한 마리의 가죽으로 덮은 땅과 디도 여왕이 소 가죽을 잘라 이은 띠로 둘러 싼 땅의 넓이는 얼마나 차이가 날까. 각각의 넓이를 구하여 비교해 보자.

먼저 소 한마리의 가죽으로 덮은 땅의 넓이를 구해 보자.
소가죽은 소의 겉넓이라고 할 수 있다. 소의 머리부터 엉덩이 끝까지가 보통 3m 정도라 하니, 후하게 쳐서 소를 한 모서리의 길이가 3m인 정육면체로 생각하면 소가죽으로 덮은 땅은 이 정육면체의 겉넓이와 같다.

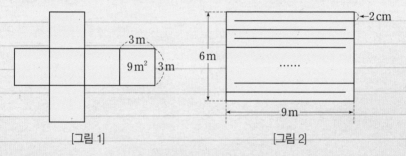

[그림 1]   [그림 2]

[그림 1]의 정육면체의 겉넓이는 $9 \times 6 = 54 (m^2)$, 즉 가로, 세로의 길이가 각각 9m, 6m인 직사각형의 넓이와 같다. 이 정도 소가죽으로 덮을 수 있는 땅은 얼마나 될까? 교실 하나도 다 덮을 수 없을 정도로 작다. 나라는커녕 집 한 채 짓기도 어렵다.

이제 디도 여왕의 방법을 따라가 보자.
소가죽을 [그림 2]와 같이 폭이 2cm인 띠 모양으로 엇갈리게 자르면 하나의 긴 끈을 만들 수 있다. 이 끈의 길이는 $900 (cm) \times 300 (개)$로, 이어지는 부분을 감안하더라도 2680m가 넘는다. 이 띠로 어느 정도의 땅을 에워쌀 수 있을까?

정사각형 모양으로 땅을 에워쌌다면 한 변의 길이가 $\dfrac{2680}{4}=670(\mathrm{m})$인 정사각형 땅을 차지할 수 있는데, 그 넓이는 축구장의 62배보다 크고, 소가죽으로 덮을 때보다는 무려 8300배가 넘는다.

그렇다면 이보다 더 넓은 땅을 차지할 수도 있을까? 디도 여왕 일행이 도형의 성질을 잘 알았다면 땅 모양을 원으로 정했을 것이다. 도형의 둘레의 길이가 정해져 있을 때 넓이가 가장 큰 평면도형은 원이기 때문이다.

계산을 간단히 하기 위해 원주율을 3.14가 아닌 3으로 계산해 보자.

소가죽 끈의 길이 2680m가 원의 둘레의 길이가 되므로

$$2 \times (원의\ 반지름) \times 3 = 2680\,(\mathrm{m})$$

따라서 원의 반지름의 길이는 446m보다 조금 크다. 이 원의 넓이를 계산하면 대략 0.6km²로 정사각형으로 정할 때의 넓이, 0.45km²보다 더 넓다. 지금 기준으로 보면 보잘 것 없는 땅이지만 승용차도 자전거도 없던 3천 년 전이었으니 도시국가 하나 세우기에는 충분했으리라.

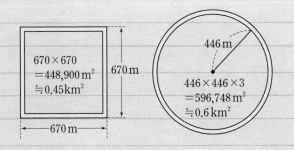

기둥으로 남은 헤라 신전

신전의 계곡, 바닷가에서 약 2km정도 떨어진 언덕 위 절벽에 늘어선 신전들이 볼 만하다니 기대가 된다. 이름에 걸맞게 터만 남은 신전, 지진으로 무너진 신전, 기둥만 복원된 신전 등 20여 개의 신전이 흩어져 있다. 그중 가장 큰 것은 제우스 신전이고 보존이 가장 잘 되어 있는 것은 콘코르디아 신전이다. 우리는 가장 동쪽에 있는 헤라 신전부터 찾았다. 걸음을 옮길 때마다 누런 흙먼지가 풀썩이며 발목을 잡는다.

헤라 신전은 기둥으로 남아 있었다. 결혼과 가정의 여신 헤라에게 바쳐진 이 신전 앞에서 결혼식이 행해졌다고 한다. 신부는 소매 없는 흰색 튜닉을 입고 헤라 클레스 매듭으로 허리띠를 맸는데, 이 허리띠는 오직 신랑만이 풀 수 있었다

기단과 기둥으로 남은 헤라 신전

고 한다. 사제가 신랑 신부의 오른손을 잡아 포개어줄 때가 가장 엄숙한 순간. 아마도 이 의식에서 흰색 웨딩드레스와 반지가 유래하지 않았겠냐는 루이지의 말에 고개가 끄덕여진다. 하지만 결혼생활이 늘 행복한 것만은 아닐 터. 아그리 젠토의 여자들은 결혼 생활이 벽에 부딪히면 헤라 신전을 찾곤 했단다.

신전 안으로는 들어갈 수 없어 루이지를 따라 주위를 돌아본다. 지금은 기둥뿐이지만 원래는 지붕도 있었고, 안쪽에는 벽과 헤라의 조각상도 있었 다고 한다. 설명을 들으며 아름다웠을 헤라 신전과 신성한 결혼식을 상상 해본다.

그때 루이지가 손으로 기둥을 가리키는데 뭔가 희끗하다. 무얼까? 기둥 바깥 쪽에 바른 흰색 치장벽토란다. 이 지역은 대리석이 나지 않아 그리스 본토처럼 눈부신 흰색의 대리석 신전을 지을 수 없었단다. 그래서 흰색 치장벽토를 발라 대리석처럼 꾸미고 소금기 섞인 바닷바람으로부터 기둥을 보호했나보다. 하얗 게 칠한 기둥들이 지중해의 강렬한 햇빛을 받아 대리석처럼 빛나는 신전, 상상 만으로도 눈이 부시다.

몇천 년의 세월을 건너낸 거대 한 기둥들이 눈부시게 파란 하늘 을 받치고 서 있다. 띄엄띄엄 온전 히 남아 있지도 않은 기둥이 주는 엄숙함을 표현할 길이 없다. 절벽 아래, 바다 너머로 해가 진다. 강은 흔적으로만 남았고 그 옛날의 영 화가 믿기지 않을 만큼 황량하다.

기둥 밑동에 남아 있는 흰색 치장벽토

가장 잘 보존된 콘코르디아 신전

콘코르디아 신전의 모습은 지붕이 없다는 점을 빼면 거의 완벽하다. 언뜻 보아서는 지붕이 있는지 없는지 모를 정도이다. 앞쪽에 6개, 옆쪽으로 13개의 기둥이 온전하게 남아 있으며 안쪽 벽도 잘 보존되어 있다. 오랜 세월 동안 지진, 전쟁, 약탈 등 온갖 수난을 견디고 이렇게 장한 모습으로 서 있다니, 믿기지 않는다. 콘코르디아 신전이 살아남은 이유는 계속해서 건물의 기능을 유지했기 때문이다. 지배하는 민족이 바뀌어도, 모시는 신이 달라져도 신전을 부수지 않고 자신들의 용도에 맞게 고쳐 사용했다. 유연한 사고가 최선의 보존 방법이 된 셈이다.

콘코르디아(concordia)라는 글씨가 쓰인 돌. 고대 라틴어로 '조화'를 뜻하는 이 글자를 보고 신전의 이름을 붙였다고 한다.

고대 그리스에서 신전은 신을 모시는 장소이기도 했지만 정치 토론이나 집회가 열리기도 하고, 새로운 법을 시민들에게 공포하는 장소이자 축제가 열리는 장소이기도 했다. 곧 신전은 그 시대의 모든 문화적인 역량이 집약되어 있는 결정체라고 보아야 할 것이다. 비례가 주는 아름다움과 통일감을 중요하게 여긴 그들이 건물을 지을 때 각 요소들이 일정한 비를 이루도록 설계하고 건축한 것은 어찌보면 당연한 결과였다.

건축에 착시를 이용하다

콘코르디아 신전은 그리스의 파르테논 신전보다 보존상태가 더 좋기 때문에 고대 그리스의 건축 양식을 이해하는 데 많은 도움이 된다.

아득히 올려다 보이는 기둥은 높이가 7m 정도라고 한다. 그만한 돌을 한 덩어리로 채석하는 것은 불가능하다. 그리스인들은 4개의 원기둥을 쌓아 기둥 하나를 완성했는데, 원기둥 안쪽에 구멍을 파고 장부축을 박아 단단하게 연결했다.

여기에 그리스 인들의 지혜가 숨어 있다. 그들은 사람의 눈이 착시를 일으킨다는 사실, 즉 기둥의 굵기가 일정하면 기둥의 가운데 부분이 가늘어 보인다는

거의 완벽하게 남아 있는 콘코르디아신전. 기둥머리와 양옆의 기둥 아래 끝을 이으면 정삼각형이 그려진다.

것을 알고 있었다. 실제로 기둥의 중간 부분이 약간 불룩해야 전체적으로 굵기가 일정하게, 안정감 있어 보인다. 이것을 적용한 콘코르디아 신전의 기둥은 중간 부분이 위아래보다 22mm 정도 굵다고 한다. 사람의 눈이 일으키는 착각을 보정하기 위한 조치이다.

그러고 보니 바닥도 수평이 아니라 가운데 부분이 약간 높다. 밑단의 바닥은 당연히 수평이 되어야 할 것 같은데, 어째서 그럴까? 바닥이 수평일 경우 사람 눈에는 가운데가 처진 것처럼 보인다. 있는 그대로 보지 않고 주위 환경을 고려하여 사물이나 상황을 판단하기 때문이다. 고대 그리스 사람들은 이런 착시현상을 알고 신전 건축에 활용하였다.

기둥 사이 간격은 기둥머리와 양옆의 기둥 아래 끝을 이은 선이 정삼각형이 되도록 정하였다. 안정감 있고 아름답게 보이는 비율을 찾아 건축을 설계하고 적용한 고대인들의 노력이 새삼스럽다.

또한 기둥 사이의 간격을 정할 때는 융통성을 발휘했다. 모든 기둥을 같은 간

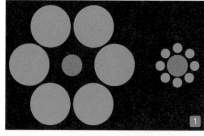

1 같은 원이지만 왼쪽 가운데 원은 작게, 오른쪽 가운데 원은 크게 보인다. 사람의 눈은 주변의 다른 원의 크기를 고려하여 판단하기 때문에 착각을 일으킨다.
2 영주 부석사 무량수전의 배흘림 기둥. 우리 선조들도 사람의 눈이 착시를 일으킨다는 사실을 알고 건축에 적용했다.

격으로 세우면 건물 귀퉁이에 세우게 되는 기둥은 [그림 1]과 같이 지붕보다 바깥으로 나가게 된다. 지붕을 받치는 프리즈에 새겨진 무늬와 기둥의 중심축을 맞추다 보면 생길 수밖에 없는 문제이다. 콘코르디아 신전은 마지막 기둥을 살짝 안쪽으로 들어 세우는 방법으로 이를 해결했다. 그래서 [그림 2]와 같이 가운데 기둥 4개 사이의 간격은 똑같지만 가장 바깥쪽 기둥과 그 안쪽 기둥

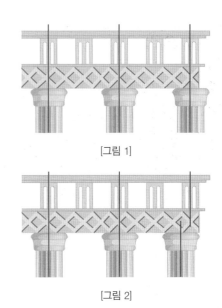

[그림 1]

[그림 2]

사이의 간격은 약간 좁다. 비례를 중시하면서도 전체적인 균형을 볼 줄 아는 실용성과 융통성을 발휘한 장면이다.

1 돌 더미 속에 몇 개의 기둥으로 남은 헤라클레스 신전 **2** 큰 바위에 구멍을 뚫어 만든 무덤

　헤라클레스 신전은 제우스 신전으로 가는 길목에 있다. 폐허 더미 위에 8개의 기둥으로 서 있을 뿐이다. 높이 10m의 장대한 기둥이 마치 헤라클레스 같다. 그는 제우스의 아들, 그리스에서 가장 위대한 영웅으로 칭송받는다. 그리스인들은 그런 헤라클레스를 닮고 싶었을까. 머리조차 없는 기둥에서 엄숙한 기운이 감돈다.

　이 기둥은 폐허 속에서 조각을 찾아 복원한 것이라 한다. 원기둥 4개를 순서에 맞게 쌓아야만 1개의 기둥을 온전히 세울 수 있다. 폐허 속 큰 돌들을 퍼즐 삼아 지금 이 모습이라도 볼 수 있게 해준 누군가의 열정과 끈기에 감사할 따름이다.

1 바닥에 누워 있는 아틀라스 조각상. 팔베개를 하고 한숨 자고 있는 것 같다.
2 건물 기둥을 장식하는 조각상을 '아틀라스'라고도 하는데, 신화 속 거인인 아틀라스가 하늘을 떠받들듯 기둥이 되어 건물을 받치고 있길 바라는 마음이 투영된 걸까?

잠자는 제우스 신전의 거대함

신들의 제왕, 제우스의 신전을 보기 위해 걸음을 재촉한다. 어디지? 기둥도 벽도 없이 여기 저기 돌덩이들만 수북한데 박물관에서 본 낯익은 조각상이 흙바닥에 누워 있다. 순간 이곳이 제우스 신전 터라는 걸 깨닫는다. 박물관 벽에 기대어 천정을 떠받치던 조각상이 흙바닥에 누워 있는 걸 보니 팔베개를 하고 잠들어 있는 거인, 아틀라스가 떠오른다.

아틀라스는 그리스 신화 속 거인이다. 그리스 신화에 따르면 최초에 카오스팅 빔가 있고 가이아대지가 나타난다. 가이아는 혼자서 우라노스하늘를 낳는데, 가이아와 우라노스 사이에서 티탄거인들이 태어난다. 아틀라스도 그중 한 명이다. 우라노스의 아들 중 한 명인 크로노스가 낳은 하데스, 포세이돈, 제우스 등이 나중에 올림포스의 12신이 된다. 크로노스가 아버지 우라노스를 죽이고 새롭게 신들의 왕이 되자 아들 제우스와 다시 전쟁을 벌이게 된다. 티탄이

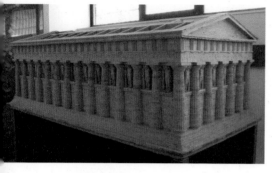
박물관에 재현해 놓은 제우스 신전

다스리던 세계에 제우스가 이끄는 올림포스의 신들이 싸움을 걸어왔을 때, 아틀라스는 티탄 편에 선다. 티탄들이 제우스에게 패한 후 아틀라스는 하늘을 떠받들고 있는 형벌을 받게 된다. 지구를 어깨로 받치고 있는 조각상, 그가 바로 아틀라스이다.

제우스 신전은 신전 앞면의 기둥이 대부분 6개인 것과 달리 7개로 홀수이다. 또 바깥쪽 기둥 사이를 벽돌로 채워 외벽을 갖추었다. 그 벽에는 반원기둥과 아틀라스 조각상이 번갈아 배치되어 있었다고 한다. 키가 8 m에 달하는 아틀라스가 아담하게 보이니 원래 신전의 규모가 어느 정도였을지 짐작조차 가지 않는다. 지금은 신전이 있던 자리에 기초 공사를 마친 듯 3~4단으로 쌓인 기단 일부만 남아있다. 기단의 크기는 대략 가로, 세로가 각각 113 m, 56 m이고, 신전의 높이는 33 m 정도, 기둥의 지름도 4 m가 넘었을 것으로 추측된다. 4만 명이 넘게 들어가는 경기장 크기라고 한다.

이렇게 큰 신전을 짓기 위해서는 건축 기술도 상당했을 것이다. 큰 돌을

돌에 새겨진 U자 모양은 큰 돌을 들어 올릴 때 끈을 끼웠던 흔적이라고 한다.

들어 올리는 기중기 같은 장치도 있었는데, 인간이나 동물의 힘을 동력으로 사용한다는 점만 다를 뿐 기본 원리는 지금과 똑같다고 한다.

제우스 신전은 기원전 480년 카르타고를 무찌른 기념으로 지은 것이다. 그리스인들은 제우스와 아틀라스, 그리스와 카르타고를 비교하고 싶었을까. 이제는 사라진 나라 카르타고, 누워 있는 저 아틀라스가 깨어나면 지중해를 누비던 해상 강국 카르타고의 후예들도 힘을 되찾게 될까. 역사의 긴 소용돌이가 지나간 지금, 언젠가 때가 되면 우르르 몸을 일으켜 깨어날 것 같은 영웅 아틀라스는 영광을 이불 삼아 흙먼지 속에 누워 있었다.

많아도 너무 많은 기둥

둘러보기는 했는데 신전을 본 건지 돌기둥을 본 건지 모를 만큼 신전마다 기둥이 넘쳐난다. 마치 신전을 지키는 병사들 같다.

고대 그리스 신전은 중세 교회와 달리 안쪽 공간이 좁은 편이라 건물 안에서 행사나 모임을 갖지 않았다. 대신 신전 안쪽은 신의 조각상을 모셔두는 신성한 공간으로 여겨 귀중품이나 재산을 두기도 했고 곤경에 처한 사람들의 피난처가 되기도 했다. 그래서 벽으로 막아 바깥과 분리하고 바깥쪽은 기둥을 세워 개방적으로 만들었다. 모임이나 축제, 의식 등이 신전 앞마당이나 바깥에서 행해졌기 때문이다. 좋은 날씨와 야외 활동을 즐기는 그리스 사람들의 기질도 반영되었겠지. 그래서 공간을 효과적으로 사용하는 것보다 얼마나 조화롭고 사람들에게 안정감을 주는지, 비례에 잘 맞고 아름다운지에 더 많은 관심을 두었던 것이다.

하지만 건축물의 온전한 형태를 보기는 어렵다. 보존이 잘 되었다 해도 기둥의 위쪽 부분이나 지붕이 거의 남아있지 않으니 말이다. 게다가 기둥의 개수도 좀 많아 보인다. 기둥이 많고 두꺼울수록 활용할 수 있는 공간이 줄어 효율적이지 않았을 터. 지금의 건물과 비교해 보면 기둥의 수가 많아도 너무 많다.

그리스 인들도 넓은 지붕을 적은 개수의 기둥으로 받쳐 공간을 확보하고 기둥 사이의 간격을 최대한 넓혀 출입구를 크게 만들 수 있기를 바랐을 것이다. 문제는 기둥 사이의 간격을 넓혔을 때 기둥 위에 얹힌 돌의 무게를 견딜 수 있는가이다. 튼튼하게 할 작정으로 무작정 크고 무거운 돌을 얹을 수는 없는 노릇. 그럴수록 아래로 내리누르는 힘이 강해지기 때문이다. 기둥 사이의 간격이 넓을수록 두 기둥 사이에 얹는 돌의 가운데 부분에 금이 가거나 부러져 무너지기 십상이다. 가벼운 돌이나 나무를 이용해 지붕을 얹는다 해도 중력을 버티는 일은 생각보다 만만치 않았다. 당시의 건축기술로는 해결하기 어려운 과제였다. 그리스 신전의 지붕이 제대로 남아 있지 않은 이유 중 하나이기도 하다. 그래서 최대한 지붕의 무게를 버틸 수 있도록 기둥을 촘촘하게, 비례를 지켜가며 세웠으리라.

기둥 사이의 간격을 넓히면서 건물의 무게를 지탱하는 일. 로마인들은 고대 바빌로니아에서 사용되었던 아치에서 그 해답을 찾았다. 그들은 기둥과 기둥 사이를 반원 모양의 아치로 쌓은 건축물을 수도 없이 남겼으니 다음 여행지 로마가 기다려진다.

그리스 인들이 조금 더 오랜 역사를 유지했다면 그들도 로마인들처럼 해답을 찾았을까 아니면 다른 시도를 했을까, 시칠리아를 정복한 로마인들이 이곳 그리스 신전의 모습을 어떻게 보았을지 궁금해진다.

비례에 기초하여 지은 신전

그리스 신전은 기둥 높이와 기둥 아랫부분의 지름이 6:1 또는 8:1의 비례를 이루는 경우가 많다. 비례가 주는 아름다움과 통일감을 중요하게 여긴 그리스 인들은 건물에도 비례를 적용하였다. 고대 그리스 본토에 살았던 도리아 인들은 사람의 키가 발길이의 6배 정도라는 사실을 알고 신전의 기둥을 조각할 때, 기둥의 높이를 기둥 밑 지름의 6배, 즉 신체의 비율과 비슷하게 만들었다. 반면 소아시아 지역의 이오니아 인들은 기둥의 높이가 지름의 8배인 여성적이고 우아한 기둥을 발전시켰다. 두 기둥 모두 기원전 7세기경부터 사용되었다. 가장 나중에 발전된 코린트식 기둥은 기둥머리를 아칸서스 이파리 모양으로 장식하여 화려함을 더했다.

그리스 신전은 크게 기초 바닥공사에 해당하는 받침, 건물을 버티는 기둥, 지붕과 서까래, 이렇게 세 부분으로 구성되는데 그 형태나 비례에 따라 도리아식, 이오니아식, 코린트식으로 나눈다. 이 중 기둥과 기둥 윗부분의 조립 형식오더이 건물의 전체적인 형태와 조화를 결정한다. 오더의 각 부분이 안정적인 비례체계를 갖추면서도 맵시를 확보하는 것이 건축의 관건이었다. 초기에는 짧고 둔탁했다면, 기둥이 점차 높아지면서 두꺼워지고 적절한 비례를 갖추게 되었다.

도리아식, 이오니아식, 코린트식 기둥

신전의 계곡 기둥은 파인 골 이외에는 별 장식이 없는 도리아식이 대부분이다. 도리아식은 가장 오래된 형태로 건장한 남성이 서 있는 것 같은 강인한 인

1 도리아식 기둥
2 이오니아식 기둥
3 코린트식 기둥

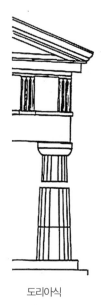
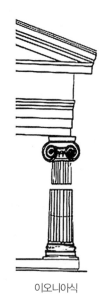

도리아식   이오니아식   코린트식

상을 풍긴다. 반면 심심하고 밋밋하다고 할 수도 있다.

이오니아식은 도리아식보다 가늘면서 길다. 회오리 모양 장식을 얹고 있는데 찜질방 수건으로 만든 양머리 같기도 하다. 도리아식 기둥이 강건한 남성이라면 이오니아식 기둥은 우아하면서도 나긋한 여성의 느낌이다. 기둥 아래쪽은 밑단을 만들어 장식하고, 위쪽에도 화려한 문양을 새겨 넣었다.

코린트식은 이오니아식에서 한 걸음 더 나아가, 회오리 무늬에 나뭇잎이나 꽃잎 모양의 조각을 덧붙여 마치 기둥 위에 꽃바구니를 얹어 놓은 것 같다. 로마 시대에 본격적으로 유행했는데, 장식이 화려하여 건물의 바깥쪽 기둥에 주로 쓰이면서 각광받게 되었다. 정말 꽃바구니를 이고 있는 것처럼 보인다. 시대마다 건축 기술도, 당시 사람들의 취향이나 유행도 달라졌기 때문이리라.

신전의 기둥은 입체도형

고대 그리스에서 로마에 이르기까지 널리 쓰인 도리아식, 이오니아식, 코린트식 기둥은
도형의 성질을 빌어 그 모양과 특징을 설명할 수 있다. 각각의 기둥의 모양과 대칭성을
알아보자.

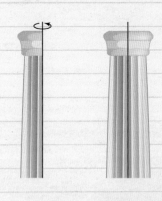

기둥에 파인 골을 무시하면 도리아식 기둥은
기둥의 한가운데를 관통하는 직선을 중심축
으로 하는 회전체로 볼 수 있다. 오른쪽 그림
과 같은 도형을 한 바퀴 회전시키면 도리아식
기둥이라는 입체도형을 얻을 수 있다. 이것이
수학으로 기둥을 얻는 방법이다. 이렇게 얻은
기둥에 위에서 아래까지 곧게 직선으로 골을
파면 도리아식 기둥이 완성된다.

이오니아식 기둥은 기둥 위 장식이 서로 등을 마주 댄 모양이
다. 그래서 이 기둥은 기둥 한가운데를 관통하는 직선을 중심
축으로 180° 회전이동시켜 서로 포갤 수 있는 성질을 가진 입
체도형이다.

코린트식 기둥은 화려함이 먼저 눈에 들어오다 보니 그 속에 가
려진 수학적 요소는 놓치기 쉽다. 코린트식 기둥에 활용된 도형
은 도리아식이나 이오니아식 기둥의 그것보다 훨씬 복잡하다.
기둥의 윗부분은 정사각형, 원, 호와 같은 도형들을 활용하여 만들었다.

기둥을 위에서 내려다보면 가운데 기둥은 원이고, 아칸서스 잎들이 붙은 부분은 정사각형을 일부 잘라낸 모양이다. 아칸서스 잎이 붙은 부분을 자세히 살펴보자.

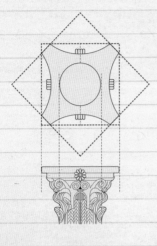

원 바깥에 일정한 간격으로 나뭇잎을 8개씩 이중으로 붙인다. 45°마다 한 장씩 붙이면 된다. 이때 아래쪽과 위쪽에 붙이는 나뭇잎은 서로 엇갈리도록 붙였다. 즉, 위쪽과 아래쪽 나뭇잎의 위치는 22.5°씩 어긋나 있는 셈이다. 그 위에는 회오리나 꽃모양 등 다양하고 화려한 문양으로 장식한다.

코린트식 기둥은 맨 위 지붕을 받치는 조각 네 면의 모양이 같기 때문에, 기둥의 한가운데를 관통하는 직선을 중심축으로 하여 90°씩 회전 이동시켜 서로 포갤 수 있는 입체도형이다.

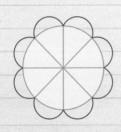

원을 8등분하여 잎을 붙임

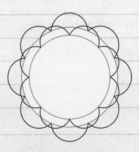

잎을 22.5°씩 회전하여
위쪽에 붙임

신전 기둥에 파인 골

기둥을 장식한 골에 눈이 갔다. 골을 낸 이유는 정확치 않지만, 우리 인류는 이미 신석기 토기에 빗살무늬를 새겨 넣지 않았던가. 돌을 다듬는 과정에서 무늬를 넣어 신전을 더 장엄하게 보이고 싶었을까. 하늘을 향한 골이 빼곡한 돌기둥을 보고 있노라면 신전이 더 높아 보인다. 하늘로 솟아오르는 것 같다.

도리아식 기둥에는 대부분 20개의 골이 파여 있다. 그리스 인들은 어떻게 정확한 간격으로 골을 팠을까? 기둥의 단면은 원이다. 이 원의 중심으로부터 중심각을 20등분하면 한 각의 크기는 $18°$이다. 따라서 중심각이 $18°$가 되도록 간격을 정하여 오목하게 골을 파내었을 것이다.

기둥에 새겨진 골의 개수를 모를 때 현장에서 알아내는 방법은 없을까? 가장 좋은 방법은 직접 세어 보는 것! 하지만 신전 안으로 들어갈 수 없으니 수학을 이용해 구해 보자.

먼저 기둥에 새겨진 골이 정확하게 자연수 개수만큼 보이는 곳을 찾는다. 각도기를 이용하여 기둥을 바라보는 각을 측정한 다음(각도를 측정하는 스마트폰 앱도 있다!) 그 위치에서 사진을 찍는다. 이제 골의 개수를 세면 기둥에 새겨진 골의 전체 개수를 구할 수 있다.

사실 골이 정확하게 자연수 개수만큼 보이는 곳을 찾기란 생각보다 쉽지 않다. 원기둥이다 보니 기둥의 가운데 골은 잘 보이지만 바깥쪽은 구분하기 어렵기 때문이다. 그래도 이 정도면 현장에서 대략적인 골의 개수를 알아내기엔 충분하다. 사진기는 여행 필수품이니 활용도 만점 방법이다.

신전의 계곡에 불이 켜지고

수천 년을 거슬러 시간 여행을 한 탓인가, 신전을 다 둘러보고 루이지와 기념 사진도 찍었는데 발걸음이 떨어지질 않는다. 한풀 꺾인 태양을 배경으로 의연하게 서 있는 신전들. 신들이 허락한다면 무너진 돌 틈에서 별빛을 이불삼아 하룻밤 머물고 싶다.

항구가 있었을 바다를 바라보며 천천히 걷는다. 헤라 신전에서 결혼 생활의 안녕을 기원하고, 제우스 신전에서 번영을 기도했을 그들의 하루하루. 해가 떨어지는 아늑한 풍경이 당시 사람들의 일상을 불러온다.

더 어두워지기 전에 서둘러 버스를 타고 근처 식당에 도착하니 현실로 돌아온 듯 허기가 몰려온다. 발을 탈탈 털어보지만 양말은 이미 누렇게 황토물이 들었다. 아! 그런데 저 멀리 신전마다 은은하고도 형형한 불빛, 신전의 계곡 여기 저기 별이 뜨고 있다. 이제 신들의 시간이구나. 어둠이 깔리고 신들은 저녁 시간을 즐기고 우리의 하루는 이렇게 저물어간다.

사진으로 알아낸 기둥 골의 개수

지붕은 사라졌지만 고대 그리스 건축양식의 원형을 그대로 간직한 콘코르디아 신전, 기둥 골의 수는 몇 개나 될까? 직접 셀 수 없으면 사진을 찍어 구해 보자.

원기둥을 정면에서 보거나 사진을 찍으면 마치 직사각형처럼 보인다. 그렇다면 우리가 보는 면은 전체 원기둥에서 얼마나 될까? 원기둥의 단면은 원이므로 원을 놓고 생각해 보자. 우리 눈은 아래 그림과 같이 원기둥의 일부분인 호 PAQ쪽만 볼 수 있는데, 사진에 찍히는 면 역시 그렇다.

원의 접선 l, m은 접점 P, Q에서 반지름과 수직으로 만나므로

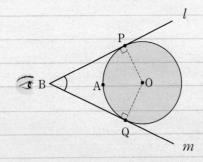

$\angle BPO = 90°$, $\angle BQO = 90°$이고
사각형 OPBQ에서 사각형의
네 내각의 크기의 합은 360°이므로
$\angle B + \angle POQ = 360° - 180° = 180°$

따라서 ∠B가 정해지면 ∠POQ도 결정된다. 기둥에서 얼마나 멀리 떨어져 보느냐에 따라 ∠B가 정해지므로 먼저 ∠B를 정하고, 그곳에서 보이는 골의 개수를 센다. 그다음 비례식을 이용하면 전체 골의 개수를 대략적으로 계산할 수 있다.

실제로 해 보자.

다음은 ∠B=35°인 위치에 서서 콘코르디아 신전의 기둥을 바라보고 찍은 사진이다. 가장 오른쪽 기둥의 보이는 면에 새겨진 골의 개수를 직접 세어 보면 8개이다.

즉, ∠POQ=180°−∠B=180°−35°=145°일 때 원기둥 면에 새겨진 골이 8개라는 뜻이다.

원기둥 전체에 새겨진 골의 총 개수를 x라 하면 다음과 같은 비례식을 세워 x의 값을 구할 수 있다.

$$145° : 8 = 360° : x$$

$$x = \frac{360° \times 8}{145°} = 19.8620\cdots\cdots$$

따라서 대략 20개의 골이 있다고 추론할 수 있다.

아르키메데스의 고향, 시라쿠사

부력을 발견하고 유레카를 외치다

시칠리아에 오면 꼭 시라쿠사에 들르리라. 시라쿠사는 고대 그리스의 대수학자, 아르키메데스의 고향이다. 그는 이곳에서 모래판 위에 도형을 그려 성질을 탐구하고, 실험을 통해 과학적 사실을 밝혔으며, 이렇게 발견한 사실들을 적용하여 여러가지 기계들을 발명하였다.

아르키메데스, 그는 기원전 수학자임에도 불구하고 가우스, 뉴턴과 함께 세계 3대 수학자에 꼽힌다. 그만큼 그가 남긴 업적은 위대하다. 디딜 수 있는 작은 땅과 충분히 긴 지렛대만 있다면 지구도 들어 올릴 수 있다는 그의 말은 호기가 아니라 과학적 사실에 대한 확신과 자신감에서 나온 말이다. 여기, 이 시라쿠사에서 그가 남긴 작고 하찮은 흔적이라도 만날 수 있지 않을까? 생각만으로도 설렌다.

목욕을 하다 벌거벗은 채 "유레카!"를 외치며 뛰어갔다는 그의 일화는 유명하다. 왕관에 순금이 아닌 다른 불순물이 섞였는지 알아보기 위해 고심하던 중 생긴 일이다. 욕조에 들어갈 때 물이 넘치는 것을 본 순간 그는 직관적으로 깨달았다. 밀도가 다른 물질은 무게가 같아도 부피가 다르다는 것을!

아르키메데스가 은이 섞인 왕관과 왕관 무게와 똑같은 순금 덩어리를 물이 가득 담긴 그릇에 각각 넣었을 때, 어떤 일이 벌어졌을까? 당연히 흘러넘친 물의 양이 달랐을 것이다. 아르키메데스는 이 실험으로 왕관이 순금으로 만들어지지 않았다는 사실을 밝혀 냈다.

아르키메데스

더 나아가 부력의 원리와 그 크기를 구하는 방법도 알아내었다. 물이 가득 찬 욕조에 몸을 담그면 물에 잠긴 몸의 부피만큼 물이 넘친다. 이때 흘러넘친 물의 무게가 바로 부력의 크기가 된다.

그릇을 물 위에 살짝 놓으면 아래 그림과 같이 뜨는데 그릇이 밀어낸 물의 부피(노란색 부분)에 해당하는 물의 무게만큼 그릇 쪽으로 미는 힘, 즉 부력이 생긴다. 이 부력 때문에 그릇은 가라앉지 않고 물에 뜨게 된다. 배가 뜨는 원리도

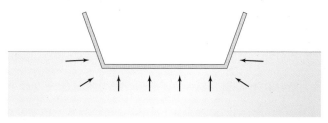

마찬가지이다. 배는 안쪽이 비어 있는 큰 그릇이다. 무거운 철로 만든 어마어마한 크기의 항공모함이나 유람선도 그렇다. 안쪽 빈 공간만큼 물을 밀어내게 되고, 그 물의 무게만큼 부력이 생겨 그 힘으로 물 위로 뜬다.

수학자이자 발명가였던 아르키메데스

아르키메데스가 살던 시기의 시라쿠사는 카르타고와 로마 사이에서 줄타기 중이었다. 기원전 213년 로마가 시라쿠사에 쳐들어왔지만 상황은 녹록치 않았다. 아르키메데스의 발명품이 큰 힘을 발휘했기 때문이다. 시라쿠사의 군대는 갈고리를 매단 기중기 같은 장치를 이용하여 상륙하는 로마군의 배를 뒤집어버렸고, 거울로 햇빛을 반사시켜 바다 위에 떠 있는 배를 불태웠다. 이동식 투석기로 로마군에 돌을 퍼붓기도 했다. 로마군을 두려움에 떨게 한 이 무기들은 당시 70살이 넘은 아르키메데스가 발명한 것들이었다. 발명가로서 진가가 드러나는 이야기이다.

그중 로마군의 배를 불태웠다고 전해지는 오목한 거울은 포물선의 성질을 이용한 것이다. 포물선의 축에 평행하게 들어온 빛은 [그림 1]과 같이 반드시 포물선의 초점 F를 지나고, 거꾸로 초점에서 나온 빛은 포물선에 반사되어 축과 평행하게 진행한다. 이것을 입체로 옮겨 포물선의 축을 중심으로 한 바퀴 회전시키면 포물면이 생긴다. 이 성질을 이용하여 거울을 포물면 모양으로 만들면 축과 평행하게 진행하는 햇빛은 모두 한 점 F에 모이게 된다. 아르키메데스는 바로 이점에 착안하였다. [그림 2]와 같이 햇빛을 한 점에 모을 수 있도록 거울 여러 개를, 포물면 모양이 되도록 배치한 뒤 이 거울의 초점을 로마군의 배에 맞추

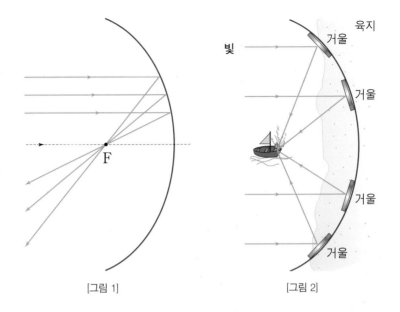

[그림 1]　　　　　　　　　　[그림 2]

어 불이 나도록 했다는 것이다.

　거울을 이용해 배를 불태웠다는 영화같은 이야기는 나중에 지어낸 이야기라는 논란이 있었다. 사실 여부는 확인할 수 없지만, 1973년 그리스 과학자 로아니스 사카스는 아르키메데스의 방법을 재현하여 햇빛과 거울로 불을 낼 수 있다는 것을 입증했다. 50m 떨어진 곳에 로마 범선 모형을 놓고 가로 1.5m, 세로 1m인 거울 70개로 햇빛을 모아 수초 만에 불꽃을 일으켰다. 2005년에는 메사추세츠 공대MIT 학생들이 이 실험을 재현하였다. 넓이 30㎡ 정도의 거울 127개로 햇빛을 모아 30m 떨어진 모형 배에 비추자 10여 분 만에 불이 붙었다. 이 실험은 디스커버리 채널의 프로그램 '데일리 플래닛'에 방영되기도 했다.

　시대를 뛰어넘는 위대함은 적도 알아보는 법. 아르키메데스를 존경해온 로마의 장군 마르켈루스는 2차 포에니 전쟁 중 부하들에게 아르키메데스의 신변을 보장하라는 특별 지시를 내렸다고 한다. 하지만 아르키메데스는 그를 알아보지 못한 로마 병사에 의해 죽음을 맞이하였고, 마르켈루스는 이를 몹시 안타까워했다고 전해진다.

팻말 위 글자로 남은 아르키메데스

이 위대한 수학자가 활동했던 시라쿠사. 아르키메데스 광장, 아르키메데스 식당, 아르키메데스 호텔 등 시라쿠사 곳곳에서 그의 이름을 만날 수 있었다. 아르키메데스의 무덤으로 추정되는 곳도 있다. 하지만 옛 시가지에서도, 박물관에서도, 유적지가 모여 있는 고고학 공원에서도 그의 흔적은 찾을 수 없었다.

아르키메데스 광장 표지판

개인이 운영하는 아르키메데스 공원Tecnoparco Archimede이라는 박물관 비슷한 곳은 위대한 그의 이름을 붙이기에는 너무나 초라하고 볼품이 없었다. 아르키메데스의 발명품 몇 가지를 만들어 야외에 전시해 놓았는데, 녹슬거나 망가져 작동되지 않았다. 아르키메데스를 만나기 위해 입장료를 내고 들어간 우리가 민망할 정도였다.

시라쿠라에서 아르키메데스를 수학자로, 인류의 위대한 정신으로 만날

아르키메데스의 공원에 전시되어 있는 포물면 거울

수 없을 거라는 사실을 나는 상상하지 못했다. 이탈리아 여행의 큰 목적 하나가 사라진 기분이다. 허망하고 허망하다. 로마에 대항했던 수학자여서일까. 아르키메데스 광장에는 아르키메데스가 없다. 연구에 몰두하는 모습의 조각상을 세우고, 그 옆에 업적을 설명했다면 어땠을까. 그의 이름을 딴 기념관도 있어야겠지. 자신의 묘비에 새기길 원했다던, 원기둥 안에 구와 원뿔이 내접하는 그림을 새기고 부피가 1:2:3이라는 설명을 넣은 가묘라도 만날 수 있었다면 덜 허망했을까.

아르키메데스가 벌거벗고 뛰어간 길이 어디인지, 씻지도 않고 연구하던 연구실은 어디인지 상상의 나래를 펴며 이천 년 전의 향기를 쫓아 시라쿠사 거리를 걷는다. 이런 기분을 아는지 모르는지 햇볕은 종일토록 쉬지않고 타오른다.

콤콤한 엔초비로 만든 파스타

한낮의 열기도 피하고 허기도 채울 겸 식당에 들어선다. 여행 중에는 왜 그리 배가 고픈지. 먹고 돌아서면 배고프고, 먹어도 먹어도 또 배가 고픈 것이 아무래도 뱃속에 거지가 들었나보다. 아르키메데스의 흔적을 찾느라 이리저리 돌아다녔더니 정수리에 물을 부으면 김이 날 지경으로 뜨겁다. 이것저것 고르기도 귀찮아 토마토 소스 파스타를 시킨다. 잠깐 지나친 시장에서 본 빨간 토마토가 떠올랐기 때문이다. 저렇게 빨갛고 싱싱한 토마토로 소스를 만드니 파스타 맛이 좋을 수밖에. 게다가 허기와 버무려지니 그 맛이 비할 바 없다. 각종 해산물로 가득한 차가운 샐러드도 신선하다. 이곳에서 생산된 포도로 만든 와인을 한 잔 곁들이면 딱 좋겠네.

시장에서 파는 빨갛게 잘 익은 토마토

이탈리아에 가면 파스타는 실컷 먹겠구나 했는데 정말 하루 한 끼는 꼭 먹게 된다. 잘 모르면 일단 파스타를 시키기 때문이다. 종류도 다양한데 그중 이탈리아식 멸치젓갈 엔초비를 넣어, 콤콤한 맛이 나는 파스타가 가장 기억에 남는다. 첫 맛은 강하고 색깔도 낯설었지만 먹을수록 묘한 맛이 나는 게 이상하리만큼 중독성이 있다. 오다가다 들른 동네의 작은 식당에서 먹던 그 파스타가 가끔 그립다.

햇빛도 잊은 시라쿠사의 아이들

점심을 먹고 나오니 상점은 모두 문을 닫았다. 말그대로 태양이 작렬하는 거리를 용감하게 활보하는 건 관광객 뿐, 동네 주민으로 보이는 사람은 거의 없

시라쿠사 두오모는 아테나 신전을 증개축한 교회이다

다. 낮잠 시간 '시에스타'이다. 상점은 2시간 후에나 열릴 것이다. 겪어 보고서야 이 뜨거운 햇빛 아래 일하는 것이 불가능하다는 걸 깨달았다. 시간에 쫓기는 관광객들조차 틈만 나면 그늘과 물을 찾게 되지 않는가. 시에스타는 게으름이 아니라 햇빛과 공존하기 위한 생존의 지혜임을 실감하는 중이다. 햇빛을 피하기 위해 두오모로 향하는 발걸음이 빨라진다.

시라쿠사의 두오모는 그리스 시대에 지어진 아테나 신전으로, 기둥 사이를 벽으로 막아 지금도 교회로 사용하고 있다. 누런 도리아식 기둥이 하얀 벽과 대비되어 눈에 띈다. 20여 개의 도리아식 기둥은 교회 바깥쪽과 안쪽에서 모두 볼 수 있다. 교회 입구 쪽은 역동적이고 화려한 곡선의 바로크 양식이고, 교회 지붕을 받치고 있는 기둥은 코린트식과 도리아식이다. 한 건물에서 건축양식의 시대적 흐름과 변화를 고스란히 느낄 수 있다. 건물 안으로 들어서자 몸을 감싸는 서늘한 기운이 반갑다. 무겁고 다루기 어려운 돌로 건물을 짓는 이유가 이런 시원함 때문인가 하는 생각이 든다.

해가 저물어도 달구어진 돌의 열기는 여전하다. 바닥이 모두 돌이라 피할 수도 없다. 그런데 한 무리의 아이들이 우리를 미소 짓게 한다. 어딜 가나 아이들은 더운 줄 모르는 걸까. 교회의 한쪽 벽을 등지고 뜨겁게 달구어진 돌바닥에서 말뚝박기 놀이를 하고 있다. 아이들의 웃음소리가 경쾌하게 울려 퍼진다. 이 놀이는 세계 어딜 가나 똑같은가보다. 신나서 웃고 깔깔대는 얼굴을 보니 '즐거워서 더위를 잊는구나' 깨닫게 된다. 애들아, 내 더위도 좀 날려주렴.

1 시라쿠사 두오모의 바깥벽

2 두오모 안쪽에서 본 도리아식 기둥. 기둥 사이를 벽으로 막기도 하고 벽을 아치 모양으로 뚫기도 하여 내부 공간을 확보하였다.

3 두오모 벽에 기대어 말뚝박기 놀이를 하는 시라쿠사의 아이들

에트나 화산의 숨소리를 듣다

시칠리아는 화산활동으로 생긴 섬인데 지금도 활발하게 활동 중이다. 섬 동쪽의 에트나 화산은 해발 3,330m 정도로 유럽에서 가장 높은 활화산이다. 50만 년 전 처음 활동을 시작했다는데 며칠, 몇 달, 길게는 400일이 넘도록 용암과 가스를 분출한 적도 있단다. 그래서 수시로 산의 높이가 달라진다고 한다.

그런데 사람들은 뒷동산 오르듯 화산을 오른다. 호기심을 넘어 긴장과 흥분

1 흰 연기를 토해내는 에트나 화산
2 용암에 묻힌 집이 그대로 보존되어 있다.
3 에트나 산을 오를 때 타는 버스. 겨울에는 스키를 타러 오는 사람들이 많다고 한다.

을 느끼며 말이다. 케이블카, 버스, 자전거, 걸어서……. 모두가 각자의 방법으

로 오른다. 가는 길에 화산재나 용암에 묻혀 지붕만 남아 있는 집들이 간간이

보인다. 사람들은 잘 대피했겠지?

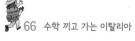

온통 검은 색 화산암인데 군데군데 하얀 연기가 올라온다. 분화구 주변을 도는 사람들의 모습이 능선 위
작은 점으로 보인다.

알고 보니 넓은 지역에 걸쳐 큰 피해를 입히는 것은 용암이 아니라 화산재란다.
화산이 분출될 때 뿜어져 나오는 지름 4mm 이내의 작은 알갱이인 화산재는 멀
리 날아가 농작물의 성장, 호흡기 질환, 항공기 작동 등에 여러 가지 심각한 문
제를 일으킨다. 2010년 아이슬란드 화산이 폭발하여 화산재가 유럽 전역을 덮
었을 때 한동안 비행기 운항이 금지되어 운송 대란이 일어난 일도 있다. 반면 용
암은 흘러내리는 속도가 생각만큼 빠르지 않아 대피할 시간이 충분하다고 한다.

케이블카를 타고, 다시 전용 버스를 타고 올라가 흰 연기를 토해내는 작은 분
화구 주변을 걷는다. 옛사람들은 이것을 거인이 내쉬는 숨이라고 생각했다지.
오래 전 고대 이집트인들은 에트나 화산 밑에 거인 엔셀라두스가 산다고 생각

했다. 그가 큰 숨을 내쉴 때 화산 폭발이 일어나고, 몸을 움직이면 지진이 일어난다고 말이다. 잠들어 있는 거인을 밟으며 걷는다 생각하니 저절로 뒷꿈치가 들린다.

해설사는 이탈리아어로 한 번, 영어로 한 번 설명한다. 세계 곳곳에서 모인 사람들은 살아있는 화산에 대해 궁금한 것이 많은 모양이다. 여기저기서 다양한 질문이 쏟아진다. 그리고 다같이 줄지어 분화구 주변을 돈다. 까마득한 저 아래 분화구 입구는 보이지 않지만 흰색 가스를 뿜어내는 모양새가 돌멩이 몇 개쯤은 가볍게 토해 줄 기세다. 표면을 덮은 자잘한 검은색 화산암을 발로 슥 걷어내면 김이 솔솔 올라온다. 분화구 주변을 도는 내내 발바닥이 따뜻하다.

하얀 김이 모락모락 나는 에트나 화산 정상이 꽤 가까이 보인다. 돌멩이 하나를 집어 들고 어제 분화구에서 튀어나온 놈이라는 해설사의 설명에 사람들의 환호성이 이어진다.

여기가 정말 지구의 숨구멍인지도 모를 일이다. 숨을 참았다 몰아 쉬면 소리도 커지고 주위 사람들도 놀라는 법. 숨만 잘 쉰다면 사람이 해를 입는 큰 폭발은 없지 않을까. 에트나 산 아래에 도시를 이루고 사는 사람들은 이 사실을 일찌감치 알고 있었나보다. 화산이 가져다 준 비옥한 토지에 기대어 풍요로움을 누리며 오랫동안 더불어 살고 있으니 말이다.

다시 버스를 타고 내려오는데 자전거를 타고, 심지어 걸어서 올라가는 사람들이 보인다. 이 뜨거운 여름, 나무도 없는 황량한 화산을 온전히 자신의 몸으로 오르는 사람들. 거인의 숨결을 가까이 느끼려면 저 정도의 공력은 들여야겠지? 에트나 화산이 용암을 내뿜는 모습도 간간히 볼 수 있다던데. 너무 쉽게 오른 나는 거인을 못 만날 것 같다.

에트나 화산을 뒤로 하고 깎아지른 듯한 절벽 위에 세운 도시, 타오르미나. 이탈리아 사람들이 즐겨 찾는 시칠리아의 대표적인 휴양지이다.

역시 출발은 두오모! 두오모 광장에서 상가가 펼쳐진 길을 따라 쭉 걸어 비토리오 엠마누엘레 광장을 지나 고대 그리스 원형극장까지 걸었다. 상점 사이 좁은 길 한쪽은 푸른 지중해, 다른 한쪽은 에트나 화산 자락이다. 휴양지라 그런지 시칠리아 섬을 상징하는 기념품의 질이 다른 곳보다 좋아보였다.

야트막한 언덕의 원형극장은 생각보다 규모가 컸다. 고대 그리스 사람이 되어 관중석에 앉아 본다. 앞쪽으로 무대와 바다가 보이고, 언덕의 경사를 이용한 관중석 뒤로 저 멀리 에트나 화산도 보인다. 무려 2300년 전에 지어진 극장인데도 보존 상태가 좋아 무대도 잘 보이고 소리도 골고루 잘 들린다. '원 위의 모든 점은 중심으로부터 같은 거리에 있다'는 원의 성질을 이용하여 극장을 지었기 때문이다. 관중석 역시 무대 위 한 점을 중심으로 동심원을 그리면서 점차 위쪽으로 경사지도록 지어 음향시설 없이도 소리가 골고루 퍼져 잘 들린다.

무대 위에서는 저녁 공연을 위한 연습이 한창이다. 관중석에 앉아 배우들의 몸짓을 보는데 무대 뒤 붉은 벽돌로 쌓은 아치 벽에 눈길이 간다.

타오르미나의 고대 그리스 극장에서 특별히 눈길이 가는 부분은 벽돌로 만든 아치 벽이다. 아치를 이용해 무대 근처에 통로도 만들고 바깥쪽 관중석 규모도 늘렸다. 그리스 시대에는 언덕의 경사를 그대로 살려 원 모양으로 관중석을 만들었다면 로마 시대에는 아치를 이용해 평지에 경사진 관중석을 만들 수 있었다. 관중석 바깥쪽 아치벽은 그리스 식민 도시 시절의 원형극장을 로마인들이 바깥쪽으로 확장한 흔적이다. 처음 원형극장은 반지름이 약 50m로 만 명 정

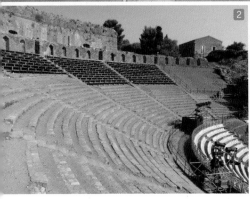

1 타오르미나의 그리스 원형극장
2 언덕의 경사를 이용하여 지은 그리스식 원형극장
3 로마인들은 원형극장에 아치를 덧붙였다. 아치의 윗부분이 삼각형 모양인 것이 눈길을 끈다.

도를 수용하는 규모였는데 로마 시대에 반지름을 10여 미터 더 늘렸다고 한다. 로마 시대에 더 많은 사람들이 살았고, 관중도 더 많았던 모양이다. 그 결과 2만 명에 가까운 인원을 수용할 수 있었단다. 지금은 벽돌로 쌓은 벽만 남아 있을 뿐 그 사이 관중석은 무너지고 없어 아쉬움이 남는다. 그래도 그리스와 로마의 원형극장 양식을 모두 볼 수 있다는 것이 흥미롭다.

고대 그리스 시대 이 극장은 남녀, 신분에 상관없이 시민들이 모여 토론하거나 공연을 보는 장소로 사용되었다. 로마 시대로 들어서면서 검투사와 동물 쇼를 관람하는 곳으로 바뀌었다. 신분에 따라 관중석의 위치가 정해졌고, 깜짝 등장을 위한 통로와 대기실, 더 많은 관중석이 덧붙여졌겠지. 악어나 코끼리, 사자 등 이탈리아에서는 볼 수 없는 동물 쇼를 열어 로마의 권력과 힘을 과시했을 모습을 상상해 본다.

붉은 벽돌의 아치벽은 고대 그리스가 로마 제국의 식민 도시가 되면서 주민들의 생활과 삶의 양식이 바뀌었음을 말해주고 있다. 인간의 삶도 마찬가지가 아닐까. 새로 시작되는 것이 아니라 이렇게 덧붙여지고, 바뀌어가면서 이어지는 것이리라.

기원전 800년 경 토착민의 역사가 끝나고 그리스의 식민 도시로 출발하여 카르타고, 로마, 노르만, 이슬람의 지배를 받은 흔적을 곳곳에 간직한 섬, 복잡하고 다양한 모습을 고스란히 간직한 시칠리아. 삶의 흔적이 곧 역사이자 문화를 만든다는 사실을 되새기며 두 문화가 뒤섞인 극장의 관중석에 앉아 붉게 저무는 지중해를 하염없이 바라본다.

원의 성질을 이용한 원형극장

에트나 화산과 푸른 지중해가 내려다 보이는 타오르미나의 고대 그리스 극장, 이 원형극장에서 배우가 노래를 한다. 무대의 어느 지점에서 노래를 불러야 모든 곳에서 골고루 잘 들릴까? 그 지점을 찾아보자.

먼저 관람석 중 가장 낮은 1층만 생각해 보자. 1층의 관중석은 원의 일부로 볼 수 있다. 왼쪽, 가운데, 오른쪽 어느 자리에서든지 잘 들리려면 거리가 같아야 한다. 따라서 1층 원의 중심에서 노래를 불러야 가장 잘 들릴 것이다.

이것을 전체 관람석으로 확장해 보자. 관람석은 원의 중심은 같고 반지름의 길이가 다른 동심원의 일부이므로 모든 층의 호의 중심이 일치한다. 따라서 동심원의 중심을 찾아 그곳에 서서 노래를 할 때 가장 잘 들릴 것이다. 다시말해 이 문제는 원의 일부가 남아 있을 때 그 원의 중심을 찾는 문제로 바꾸어 생각할 수 있다.

원의 중심을 찾을 때는 선분의 수직이등분선의 성질을 이용한다. 먼저 원 위에 서로 다른 두 점 A, B를 잡아 현을 그리고, 그 현의 수직이등분선을 그린다. 원의 중심이 되는 점이 그 위에 있음이 분명하다. 따라서 서로 다른 2개의 현의 수직이등분선이 만나는 점이 원의 중심, 즉 노래를 부를 곳이다. 물론 그 지점은 무대 가운데이다.

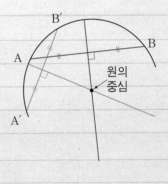

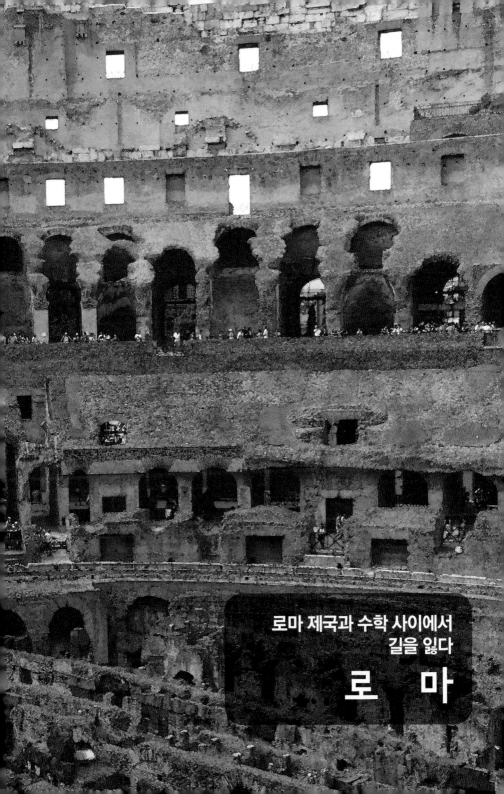

로마 제국과 수학 사이에서
길을 잃다
로 마

캄피돌리오 광장

미켈란젤로가 착시를 이용하여 넓어 보이도록 사다리
꼴 모양으로 설계했다는 광장. 바닥에는 한 번에 그릴
수 있는 도형이 새겨져 있는데 선을 따라 돌고 돌아 출
발점으로 되돌아오면서 신기해하는 사람들을 볼 수 있
다. 포로 로마노를 한 눈에 내려다볼 수 있는 곳도 있
으니 그곳에 서서 고대 로마의 영광을 떠올려 보자.

팔라티노 언덕

로마가 세워진 7개의 언덕 중
가장 오래된 언덕. 테베레 강
가에 있으며 넓은 언덕 위에
벽돌 건물의 잔해만 남아 있
다. 안내판을 참고해서 로물
루스의 흔적을 찾아보자.

판테온

승전을 기념하여 지어진 모든 신을 위한 신
전. 화재로 소실된 후 재건되었다. 두꺼운
벽, 웅장한 모습과는 달리 수학적으로 매우
정교하게 설계된 건물이다. 기독교가 국교
로 정해진 이후에는 성당으로, 또 유명 인사
들의 무덤으로 사용되었다. 판테온 앞에는
이집트에서 가져온 오벨리스크가 세워져
있다.

포로 로마노

처음으로 만들어진 시장이자 공공 장소 역
할을 하던 포룸이다. 원로원, 신전, 집들이
어떤 것은 온전하게, 어떤 것은 기둥 몇 개
로 남아 있다. 시끌벅적했던 당시 거리를 상
상하며 천천히 걸어 보자.

산타마리아 델리 안젤리 성당

정확한 부활절 날짜를 알 수 있도록 긴 자오선이 성당의 바닥에 그려져 있다. 벽에 뚫린 구멍으로 들어오는 햇빛이 자오선에 떨어지는 시각을 잘 맞추어 가면 자오선 위를 가로지르는 둥근 햇빛을 볼 수 있다. 그야말로 해와 달의 움직임으로부터 시각과 날짜를 정확히 알고자 했던 인류의 역사와 함께 한 수학을 만날 수 있다.

콜로세움

타원 모양의 4층짜리 고대 로마의 경기장. 우리나라의 숭례문처럼 도로 한가운데 있지만 엄청난 크기 때문인지 고대의 분위기를 만들어내며 주변을 압도한다. 아치와 콘크리트를 이용한 고대 로마의 건축기술을 제대로 볼 수 있다. 관람석에 앉아 검투사들의 영혼을 달래 보자.

산타마리아 델리 안젤리 성당

콜로세움

카라칼라 욕장

카라칼라 황제의 명으로 지어진 대중 목욕탕 유적지. 지금은 오페라 공연장으로 사용된다. 여름밤, 벽돌 기둥을 배경 삼아 펼쳐지는 오페라 공연은 잊을 수 없는 추억거리이다.

'로마'라는 이름에서

이탈리아의 수도를 떠올리는 사람이 몇이나 될까.

로마는 고대 세계를 주름잡은 로마 제국을 잉태했던 곳, 지금의 유럽, 북아프리카,

중동 지역을 포함한 지중해 연안을 지배하며 세력을 떨치던 대제국의 심장이 아니던가.

로마는 인류 역사 그 자체로 다가온다. 기원전 7세기 경, 테베레 강가에 있는 7개의 작은

언덕에서 시작된 고대 로마. 늑대 젖을 먹고 자란 쌍둥이 형제, 로물루스와 레무스가

세웠다고 전한다. 안으로 이탈리아 반도를 통일하고 밖으로 점점 세를 넓히던 로마는 지중해

건너편 강력한 경쟁국이었던 카르타고와 세 차례의 포에니 전쟁을 승리로 이끌며

기원전 3세기 지중해의 패권을 장악한다. 그리고 200여 년 간의 팍스

로마노가 시작된다. 가장 넓은 영토를 통치한 세계 최대 제국이었던 그 시절.

화려한 문화를 꽃피우고 평화의 시대를 맘껏 누린다. 그러나 꽃은 피면 지는 법.

다양한 세력으로 이루어진 로마 제국은 권력다툼과 내란, 외침에 시달리다

동로마, 서로마로 나뉘더니 게르만족의 침입으로 제국의 영광은 사그라들고 만다.

기원전부터 역사를 쌓아온 로마는 발끝마다 유적이 채인다.

눈길이 닿는 곳마다 어김없이 오랜 역사의 흔적들이 로마를 증명한다.

모든 신을 위한 신전 판테온, 옛 유적지 포로 로마노, 개선문, 그리고 성당들.

너무 많아 어디부터 가야할지 정하기도 힘들다. 그래도 가장 기대되는 곳은 역시

콜로세움이다. 다양한 민족이 모여 살던 로마, 강력한 군사력과 문화적 열등감이

얽히고 설킨 로마 한복판에서 이천년 넘게 자리를 지켜온 콜로세움.

로마의 풍자시인 유베날리스의 표현처럼 빵과 서커스를 날실과 씨실로 하여

콜로세움의 지붕을 덮은 천막을 짜지 않았을까. 이미 끝난 '로마의 평화'를 덮고

점점 깊어가는 사회 갈등을 덮을 천막.

모든 길은 이곳 로마로 통한다고 했던가.

드디어 우리도 로마로 향한다.

로마 제국이 세워진 언덕

로마법을 따르라

비행기에서 내려 기차를 갈아타고 도착한 곳은 떼르미니 역. 로마에 오면 오래된 도시의 향기가 느껴지지 않을까 기대했는데, 웬걸 누가 코를 베어가도 모를 정도로 복잡하다. 대도시 한복판 그대로다. 이곳이 그렇게 고대했던 로마이던가. 로마 시민과 세계 각지에서 모여든 관광객들이 내뿜는 열기와 소음이 뒤엉켜 펄펄 끓고 있었다. 고대 도시 로마의 느낌은 온데간데없다. 일단 정신부터 차려야한다. 짐을 든 두 손에 힘이 들어간다.

어찌어찌 떼르미니 역을 빠져나오니 40°가 넘는 뙤약볕이 우리를 반긴다. 가방을 끌고 호텔을 찾아 나선 길, 우툴두툴 돌로 된 보도블럭이 가끔씩 가방을 뒤집는다. 돌이 깔린 길에 적응이 안 된다. 호텔까지는 역에서 10분 남짓. 역에서 가깝고 들락날락 하기 딱 좋은 거리다.

호텔 안으로 들어서니 시원한 바람에 살 것 같다. 그런데 땀이 채 마르기도 전에 다짜고짜 숙박세를 내란다. 다른 도시에서는 들어보지 못한 일. 쾌적한 여행환경을 위해서 로마에 머무는 동안 매일 내야 한단다. 하기는 전 세계에서 관광객이 몰려오니 쓰레기, 소음, 교통문제 등 도시가 몸살을 앓겠구나 싶기도 하다. 헌데 그것보다 '로마에 오면 로마법을 따르라'던 말이 먼저 생각나는 건 왜일까. 첫날부터 로마에 왔다는 사실이 실감난다. 짐을 풀고 나니 피곤한 몸이 쉬라고 유혹을 한다. 하지만 몇 달을 머물러도 다 못 볼 것 같은 로마의 유적 앞에서 조급해진 마음이 몸을 일으켜 세운다.

호텔을 나서니 아까는 안 보이던 장면이 보인다. 2인용 자동차, 정말 작고도 귀엽다. 그런데 이 차가 주차된 모습은 더 앙증맞다. 일렬 주차된 길, 다른 차들 사이에 수직으로 주차되어 있다! 그런데도 통행에 전혀 지장이 없다. 이렇게 작은 차는 상상도 못했다. 타고 갈 수만 있다면야 좀 작은들 어떠랴. 단단하게 잘 만들면 그만이지. 이 나라 사람들의 검약 정신이 부럽다.

금강산도 식후경, 올 때 눈여겨 보아두었던 중국집으로 들어갔다. 그때까지만 해도 로마에 묵는 내내 여기서 밥을 먹게 될 줄은 몰랐다. 로마 시내를 걷고 또 걷고, 버스 타고 종일 돌아다니다 더위와 피곤에 지쳐 호텔로 돌아오는 길목이라 딱 좋았다. 게다가 맛도 괜찮았다. 메뉴판 첫 장에 우리나라 사람들이 좋아할만한 음식을 한글로 써놓은
친절도 기억난다.

지하철역은 떼르미니 기차역과 붙어 있다. 지하에 큰 슈퍼마켓이 있었는데 여기도 매일 아침저녁으로 들렀다. 아침에 나갈 때는 물, 저녁에 돌아올 때는 과일과 빵 사러. 복잡한 지하에서 길을 잃고 헤매다

골목길에 90° 회전하여 주차된 작은 2인용 자동차

보면 눈앞에 나타나던 슈퍼마켓. 로마를 떠날 때쯤에는 길 찾기 선수가 되어 최단 거리로 슈퍼마켓에 갈 수 있었다. 가끔 로마를 추억할 때면 이런 사소한 기억들이 웃음과 함께 떠오른다.

로마의 출발점 팔라티노 언덕

로마는 7개의 언덕 위에 세워진 도시다. 그중 가장 오래된 언덕 팔라티노, 우리도 로마가 시작된 곳에서 시작하자. 지하철을 타고 팔라티노로 향한다. 팔라티노, 콜로세움, 포로 로마노를 묶은 입장권을 손에 쥐고 팔라티노 언덕부터 오른다. 안내판에는 33개의 장소가 표시되어 있었지만 너른 언덕에 붉은 벽돌의 건물, 아니 건물이라기보다는 벽만 남아 있어 어디가 어딘지 분간하기 어려웠다. 아그리젠토에서 돌 하나하나를 불러내 생생하게 설명해준 루이지가 그립다.

33곳의 장소가 표시된 안내판을 사진으로 찍는다. 이 사진을 보면서 잔해만 남은 돌무더기 유적과 일대일 대응시키면 어디가 어딘지 구분할 수 있으리라. 한참을 걷다가 로마를 세웠다는 로물루스의 집으로 짐작되는 곳을 찾았다. 벽돌로 보이는 직육면체의 돌무더기만 수북하게 쌓여있다. 로마의 시작이 기원전 700년 무렵이니 그의 흔적을 찾으려는 시도가 무색하기는 하다.

당시 귀족이나 부유한 시민은 언덕 위에, 평민이나 노예는 평지에 살았다. 아우구스투스를 비롯한 로마의 황제들은 이 팔라티노 언덕에 사는 걸 좋아했다지. 카이사르의 양자이자 로마 제국의 초대 황제로 추대된 옥타비아누스가 바로 아우구스투스이다. 그는 황제가 된 후 이 언덕에 아폴로 신전을 세웠다. 그의 집은 신전과 연결되어 있고 로물루스의 집터와도 가까웠다. 아마도 로물루

1 33곳의 위치와 이름이 표시된 안내판 2 로물루스의 집. 위쪽에서 내려다볼 수 있다.

스의 승계자임을 자처하고 시와 음악의 신 아폴로를 수호신으로 삼아 로마에 평화가 왔음을 상징적으로 보여주려는 의도가 아니었을까.

아우구스투스 이후 다른 황제들도 그 옆에 궁전을 지었는데, 81년에 즉위한 도미티아누스 황제의 것이 화려하다. 집무 공간인 도무스 플라비아, 관저인 도무스 아우구스타나와 함께 경기장처럼 생긴 스타디움도 만들었다. 무너진 벽과 터만 남은 폐허 속에서 다른 건 몰라도 이 스타디움만은 한 눈에 알아볼 수 있었다. 흙길을 밟으며 붉게 무너져 내린 벽돌담을 돌아 포로 로마노로 향한다.

포로 로마노에서 시작된 직선 도로

귀족들이 살던 언덕과 언덕 사이, 팔라티노 언덕의 북쪽 평지는 자연스럽게 시민들의 교류장소가 되었다. 이곳을 포로 로마노라고 하는데, '바깥에 있는 토론장소' 정도의 뜻이란다.

포로 로마노는 처음으로 만들어진 시장이자 공공장소의 역할을 하던 포룸인데 기원전 6세기부터 약 300년가량 고대 로마의 중심지였다. 신전과 상점 등이 들어차 있었고 원로원과 재판소 등 공공장소가 밀집해 있어 늘 사람들로 붐볐다. 군중을 향한 연설이 줄을 잇고 수시로 토론과 선거가 치뤄지고, 전쟁의 승리를 기념하여 행진하던 곳이었다. 형사 재판이나 검투 경기가 열리는 날이면 더 많은 군중들이 모였을 것이다. 공공생활의 중심을 넘어 사람들이 모여 여론을 형성하고 그럼으로써 정치가 이루어지는 곳, 정치, 경제, 문화 모든 면에서 로마 공공생활의 중심이자 핵심이었다. 그래서 포로 로마노를 세계적인 만남의 장소라고 일컫나보다.

긴 직사각형 모양의 스타디움. 경기가 열리기에는 크기가 작아 황제의 정원이 아니었을까 추측한다.

고대 로마는 왕이 통치했지만 왕의 자리가 세습되지는 않았다. 군인은 각자 마련한 무기로 전쟁에 참여하고 그 성과를 나누었다. 영토가 넓어진 만큼 시민들의 권리도 높아졌다. 시민들은 포로 로마노에서 자신의 의견을 피력하고 권리를 주장했을 것이다. 이런 역사적 배경이 있었기에 기원전 500년경 왕이 물러나고 귀족과 평민들 간에 법률적 평등이 이루어진 공화정 시대가 열린다. 오랜 세월 귀족과 평민이 정치 투쟁을 벌인 결과였다. 그 바탕에 포로 로마노가 있지 않았을까 하는 생각이 든다.

뜨거운 태양을 이고 동쪽 끝 티투스 황제 개선문에서 서쪽 끝 셉티미우스 세베루스 황제 개선문까지, 포로 로마노 거리를 관통하여 걷는다. 원기둥

캄피돌리오 광장 쪽에서 바라본 포로 로마노. 폐허가 되었지만 오랜 세월을 견디며 서 있는 기둥만으로도 당시의 신전이 얼마나 웅장했을지 상상할 수 있다.

모양의 신전 기둥, 직육면체로 남아 신전을 증명하는 디딤돌, 아치문에 새겨진 고대 로마인들의 전쟁과 삶, 기둥 하나 돌 하나가 깊은 역사를 품고 있다.

우리의 관심은 로마의 도로 원표. 도로 원표는 로마에서 다른 도시까지의 거리를 잴 때 시작점, 즉 로마의 기준이 되는 표식이다.

로마 고속도로의 출발점, 두 눈을 크게 뜨고 포로 로마노 안에 있다는 도로 원표를 찾는다. 포로 로마노 서쪽, 캄피돌리오 광장으로 나가는 쪽에 있다는데 안내판도 제대로 없고 위치도 정확히 모르니 답답하기만 하다. 이리저리 왔다갔다 시간은 속절없이 흐르고, 기어이 퇴장시간이 다가왔다. 떠밀리다시피 포로 로마노를 나온다. 좀 더 확실하게 알아보고 올 걸……. 이렇게 눈앞에서 놓치고 나니 후회가 밀려온다.

셉티미우스 세베루스 황제 개선문 옆, 삼단으로 된 로마 도로 원표

서울에 돌아와 자료를 찾아보니 도로 원표는 셉티미우스 세베루스 황제 개선문 바로 옆에 있었다. 잘 찍은 사진을 보니 붉은 벽돌로 쌓은 원기둥에 당시에는 대리석으로 외관을 감쌌는지 군데군데 대리석이 붙어 있다. 아, 이래서 못 찾았구나. 돌이켜보면 포로 로마노 곳곳에 붉은 벽돌 무더기들이 얼마나 많았던가. 안내판이 있었다면 모를까 그냥은 보고도 지나쳤을 거라고 생각하니 조금은 위로가 된다.

도로와 함께 뻗어나간 로마 제국

로마인들은 기원전 312년부터 약 700년 동안 영국, 북아프리카, 중동까지 총 85,000km의 고속도로망을 건설했다. 오늘날 유럽의 주요 도로는 이 시절에 만들어진 로마 도로를 따라 만들어졌고, 그중 일부는 여전히 사용 중이라고 한다. 로마인들은 도로가 제국의 유지와 확장에 핵심이라는 사실을 일찍부터 깨달았던 것이다. 모든 길은 로마로 통한다는 말이 생겨난 이유를 알겠다.

길을 닦은 속도도 엄청났다. 로마는 47년 즈음 지금의 영국에서 1천 마일의 도로를 4년에 걸쳐 닦았다고 한다. 1천 마일이면 대략 16,000km. 1년에 400km, 매년 서울에서 부산 거리의 도로를 건설한 셈이다. 경부 고속도로가 2년 5개월 만에 완공된 것을 생각하면 실로 놀라운 속도이다.

로마는 왕이 통치하던 왕정시대, 집정관이 통치하던 공화정시대를 거쳐 황제가 통치하는 시대로 접어든다. 공화정시대에 이미 이탈리아 반도와 지중해 일대를 장악한 로마는 트라야누스 황제 시대(98년~117년)에 가장 넓은 영토를 확보하게 된다. 이 과정에서 가장 필요한 것은 기동성이다. 잘 닦여진 길은 많은 사람들과 물자를 빠르게 실어 나를 수 있다. 핏줄과 같이 유기적으로 연결된 길은 군대, 무기, 군량이 더 많은 곳으로 진출할 수 있게 해주었다. 평화로운 시기에는 그 길로 더 많은 물자들이 오갔고, 활발한 무역은 더 많은 세금이 걷힘을 의미했다. 로마인들이 정복하는 곳마다 길을 닦고 또 닦은 이유이리라.

고속도로가 로마인들의 첫 작품은 아니다. 로마 이전에 모든 길은 페르세폴리스로 통했다. 지금의 이란, 페르시아의 수도인 페르세폴리스. 기원전 525년 페르시아는 앗시리아를 격파하고 오리엔트를 통일했다. 페르시아의 왕 다리우스 1세는 제국을 연결하는 도로를 닦았다. 세계 최초의 고속도로였을 이 도로의 길이는 무려 2,698km. 말을 바꾸어 타는 역만 100여 개가 넘었다니 과연 '왕의 길'이라 불릴 만하다. 평상시에는 공물과 세금을 걷어 들이고 전쟁 때는 전쟁 물자 수송도로가 되었을 길. 로마인들이 이 사례를 벤치마킹한 것은 아닐까.

로마인들은 일직선으로 쭉 뻗은 도로를 건설했다. 방해물을 피해 지그재그인 길도 있고 오르막 내리막도 있었겠지만 되도록 직선길을 만들었다. 로마 도로에 서면 약 5킬로미터 앞에 소실점이 보일 정도이다. 당시 사람들은 땅에 어떻게 직선을 그려 나갔을까? 로마인들은 그로마groma라는 측량 도구를 활용했다. 그로마는 한 지점에서 직선 또는 수직을 표시할 수 있는 기구로 고대 이집트 시대부터 널리 사용되던 측량도구이다.

땅에 직선을 그려라

고대 로마의 도로를 닦아 보자. 이미 닦인 도로 A구간을 이어 B구간을 건설한다고 가정하자. 고대 로마인들은 도로를 직선으로 연장하기 위해 그로마를 어떻게 사용했을까?

그로마는 '두 점을 연결하는 직선은 단 하나뿐이다'라는 수학적 개념을 이용한 도구이다. 이것은 중학교에서 배운 유클리드의 첫 번째 공준이다. 두 점을 잇는 직선은 하나뿐이므로 그 직선 위에 또 다른 점을 택하면 세 점은 당연히 일직선 위에 있게 된다. 이 원리를 생각하며 좀 더 자세히 알아보자.

직선 도로를 닦기 위해 측량하는 모습을 위에서 내려다본 그림

위 그림은 그로마를 이용하여 직선을 그리는 과정을 위에서 내려다본 것이다. 그로마에 매달린 다림줄 ㄱ, ㄴ과 B 구간에 꽂은 막대는 모두 점으로 생각할 수 있다. 두 점 ㄱ, ㄴ을 지나는 직선이 B 구간에 꽂은 막대 1과 겹쳐 보이면 ㄱ, ㄴ, B구간의 막대 1은 모두 일직선 위에 있게 된다. 그러니 세 점을 이은 직선을 따라 길을 내면 당연히 직선 모양의 도로가 될 것이다. B구간에 도로와 수직이 되도록 막대 2를 한 개 더 꽂으면 B구간에도 직선이 생긴다.

이 과정을 계속 반복하여 직선을 그리며 도로를 닦았을 것이다.

한풀 꺾인 태양을 느끼며 로마 시내를 걷는다. 포로 로마노를 빠져나와 에마누엘레 2세 기념관 앞을 가로지르니 로마 제국의 영토를 최대로 확장시킨 트라야누스 황제의 탑이 보인다. 113년 다키아(지금의 루마니아) 전쟁에서 승리한 기념으로 세운 탑이다. 가까이 갈수록 파란 하늘을 찌를 듯 솟은 우윳빛 대리석 기둥의 우아한 자태에 탄성이 절로 난다. 방금 지나온 기념관의 생경한 하얀색과 비교된다. 하얀색이 어찌 이리 다른가.

탑에는 바닥부터 꼭대기까지 나선형으로 올라가며 다키아 전쟁을 기록한 그림이 새겨져 있다. 한편의 서사시다. 자세한 내용은 알 수 없어도 승전의 기쁨을 기록하고자 했던 황제의 마음을 읽기에는 충분했다. 원래 이 탑은 지금처럼 혼자만 동떨어져 있지 않았다. 트라야누스 포럼에 있었기 때문이다. 당시에는 건물들이 즐비했고 탑 옆 건물에 올라 탑에 새겨진 내용을 자세히 볼 수도 있었다. 지금은 나선을 따라가며 탑 전체를 석고로 떠서 박물관에 전시해놓고 있으니 박물관에 가면 그 내용을 자세히 볼 수 있다.

이 원기둥 탑은 높이가 대략 30m 정도 되는데 지름이 3.7m인 원기둥 20개를 차곡차곡 쌓아 만들었다. 그런데 놀랍게도 기둥 속에는 꼭대기까지

트라야누스 황제의 승전 기념 원기둥 탑

올라갈 수 있는 나선형 계단이 있다. 원기둥 중간 중간 보이는 작은 구멍은 계단을 따라 올라가는 사람을 위해 채광과 통풍을 고려한 것일까?

처다보고 있자니 고개가 아프다. 사람 키만 한 기단 위에 원기둥이 있고, 그 위에 정사각형 판과 성 베드로 조각상도 얹혀 있어 실제로는 38m나 되니 그럴만도 하다. 처음에는 트라야누스 황제의 상이 있었는데 1588년 교황 식스투스 5세가 성 베드로 상으로 바꾸었다고 한다. 다시 좀 떨어져서 올려다본다. 위로 올라가도 나선의 간격이 크게 차이나지 않는 걸 보니 밑에서 본다는 사실을 염두에 두고 나선형 띠의 간격을 조정한 게 틀림없다.

다키아 전쟁을 기록한 그림이 나선형으로 새겨져 있다.

나선의 폭이 같아 보이려면?

트라야누스 황제의 원기둥 탑에 그려진 나선의 폭은 아래쪽이나 위쪽이 비슷해 보인다.
거대한 원기둥에 그려진 아래쪽 나선과 위쪽 나선의 폭이 같아 보이려면 실제로 그 폭은
얼마나 달라야 할까?

만약 나선의 간격을 같게 유지하면서 원기둥에 선을 그려 넣었다면 위로 갈수록
나선의 간격은 좁아 보여야 한다. 정말 그럴까?

직각삼각형 ACO에서 $\overline{AB}$와 $\overline{BC}$의 길이가 같고, 점 O
에서 바라본다고 하자.

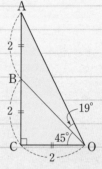

A를 바라보는 각이 B를 바라보는 각보다 크다. 변 OC
와 $\overline{BC}$의 길이가 같으므로 B를 바라보는 각은 45°, 변
AC의 길이는 OC의 길이의 2배이므로 삼각비의 표를
이용하면 점 O에서 점 A를 바라보는 각은 약 64°이다.
따라서 각 AOB는 64°−45°=19°이다.

보는 각이 크면 보이는 길이도 길어 보이므로 눈으로 보
기에 변 AB와 변 BC의 길이는 19:45의 비율로 실제와
다르게 보인다. 즉 점 O에서 직각삼각형을 보았을 때 변 AB가 변 BC보다 0.4배
정도 짧아 보인다.

실제로 나선 띠의 폭은 아래쪽이 3로마 피트 (약 90cm), 위쪽은 4로마 피트(약
120cm)이다. 위쪽으로 올라갈수록 폭이 넓다. 아래쪽에서 쳐다보는 사람들의
시선을 고려했다는 의미이다.

그렇다면 얼마나 멀리서 보아야 맨 아래쪽 나선의 폭과 맨 위쪽 나선의 폭이 같아 보일까? 그 거리를 계산해 보자.

원기둥 탑의 높이 30 m는 100 로마 피트이다.

탑에서 x 로마 피트 떨어져서 바라본다면 다음 그림에서 $\overline{AD}=100$, $\overline{AB}=4$, $\overline{CD}=3$일 때, $\overline{OD}=x$의 값을 구하는 문제가 된다.

삼각함수의 정의에 따라

$$\tan(2\theta+\alpha)=\frac{100}{x}$$

$$\tan(\theta+\alpha)=\frac{100-4}{x}=\frac{96}{x}$$

$$\tan\theta=\frac{3}{x}$$

이므로 다음과 같은 방정식을 세울 수 있다.

$$\tan(2\theta+\alpha)=\tan(\theta+(\theta+\alpha))$$

$$=\frac{\tan\theta+\tan(\theta+\alpha)}{1-\tan\theta\tan(\theta+\alpha)}$$

$$\frac{100}{x}=\frac{\dfrac{3}{x}+\dfrac{96}{x}}{1-\dfrac{3}{x}\times\dfrac{96}{x}}$$

이 방정식을 풀면 $x=10\sqrt{288}\fallingdotseq170$(로마 피트)가 된다.

따라서 이 원기둥으로부터 170 로마 피트, 약 51m 정도 떨어져서 바라보았을 때 맨 아래쪽 나선의 폭과 맨 위쪽 나선의 폭이 같아 보인다는 것을 알 수 있다.

그러니 조금 떨어져서 바라보자.

원기둥 탑을 세운 정교한 공법

이 거대한 탑을 세운 당시 사람들을 생각하면 이천 년이나 지난 지금, 현대문명의 기계로 호기를 부리는 건 우습다. 원기둥을 이루는 20개의 돌들은 평균 무게가 32톤 정도이고 가장 높은 곳의 정사각형 돌은 53.3톤이나 된다고 한다. 당시 크레인 역할을 하던 바퀴 모양의 기구는 15m 또는 18m 정도를 들어 올릴 수 있었다. 50톤이 넘는 돌을 34m 높이까지 들어 올리는 것은 새로운 도전이었을 것이다. 역사가들은 원기둥 탑 주변에 직육면체 모양의 보조탑을 만들어 원기둥을 한 개 한 개 쌓아올렸을 것이라고 추측한다. 돌 부딪는 소리, 바퀴에 감긴 로프 돌아가는 소리, 여기 저기서 외치는 고함소리. 거대한 원기둥 돌을 균형을 맞추어 들어 올리는 모습. 아마도 네 방향에서 로프를 풀도록 지시하는 건 중앙에 높이 올라선 감독의 몫이었을 것이다. 깃발로 신호를 했을까. 균형이 안 맞으면 공든 탑이 무너질 수도 있는 일이다.

탐욕 앞에 무너지는 유적

탑 밑에는 로마의 최전성기를 누린 트라야누스 황제가 묻혀 있다. 다키아를 정복하고 123일간 축제를 벌였다는 황제. 엄청난 양의 소금과 금은을 빼앗고 다키아 인들이 다시는 일어설 수 없도록 십만 명에 달하는 사람들을 로마로 끌고 와 노예로 삼았다. 그리고 다키아에는 로마 군을 정착시켰다. 나라 이름도 '로마인들의 땅'이라는 뜻의 로마니아(Romania, 루마니아)로 바뀌었다. 이런 이유로 루마니아는 슬라브 민족들 틈에서 라틴 민족국가가 되었다. 곰곰히 생각해보니 이건 인종청소가 아닌가? 갑자기 정복자의 승전 기념탑 앞에서 감탄사를 늘어놓고 있다는 사실이 씁쓸해졌다.

인류 역사에 전쟁이 없을 수는 없을까. 무기의 발달로 원거리 전쟁, 전장에서 군인의 밀도 감소, 화력을 앞세운 전쟁과 함께 취하는 경제적 제재와 같이 형태만 다를 뿐 부족 간, 나라 간 폭력을 행사하는 행동양식은 별로 변한 게 없다.

인간의 삶을 황폐화시키는 또 다른 폭력은 인간의 탐욕이다. 이곳 트라야누스 포룸만이 아니라 포로 로마노를 비롯하여 로마 유적 곳곳이 폐허가 된 이유는 귀족과 교황 등 상류층의 탐욕이다.

2세기 경 로마의 인구는 백만 명이 넘었다고 한다. 백만 명이 넘는 인구가 사는 도시, 그 도시의 중심지인 포로 로마노는 얼마나 번화했을까. 하지만 제국이 멸망한 후 13세기 로마의 인구는 2만 명이 안 되었다. 이후 교황은 로마를 가톨릭 세계의 수도로 새롭게 건설한다. 그들은 성당이나 궁전, 귀족의 저택을 지을 때 고대 로마의 유적에서 건축 자재를 가져오는 데 거리낌이 없었다. 판테온과 같이 성당으로 사용된 건물은 온전히 살아남았지만 포로 로마노는 거대한 채석장이 되었고, 로마 전역에 퍼져 있던 고대 로마의 유적들 역시 형체를 유지하기 어려웠다.

유적들이 파손되는 일은 지금도 흔하게 벌어지고 있다. 인간의 탐욕이 가장 무섭고 경계해야 할 대상이 아닌가 싶다.

로마 제국의 심장

함성이 들리는 듯 한 콜로세움

다키아 승전 기념탑을 벗어나 지하철을 탔다. 내릴 역은 콜로세움. 콜로세움을 보지 않고 어찌 로마를 보았다 할 수 있겠는가. 지하철 밖으로 발을 내딛기 무섭게 사람들에게 밀려간다. 앞 사람 뒤통수만 보일 뿐 맞게 가고 있는지 확인할 수도 없다. 한 방향으로 빽빽하게 몰려가는 양떼 속 한마리 양이 된 기분이다. 내려가려던 사람들은 밀고 올라오는 기세에 놀라 역 밖에서 대기 중이다. 여름의 로마는 어딜 가나 관광객 천지다.

밖으로 나오자 눈앞이 환해지며 거기에 콜로세움이 있다. 정말 있다! 눈이 부시게 푸르른 하늘 아래 우뚝, 드디어 로마에 왔노라. 그리고 보았노라.

콜로세움, 한 눈에 들어오지 않을 정도로 거대하다. 그런데 지하철 역과 너무 가깝다. 이렇게 가까워도 될까 걱정스러울 정도이다. 세월의 때가 앉고 색도 바랜 낡은 고대 유적, 콜로세움 앞으로 알록달록 옷을 입은 현대인들이 분주하게 돌아다니고 있었다. 일행을 찾는 사람, 관광객이 덜 나오게 사진을 찍으려고 애쓰는 사람, 입 벌리고 콜로세움을 바라보는 사람. 넋놓고 쳐다 보면 저절로 입이 벌어지는 건 나라가 달라도 똑같은가 보다. 사람 구경하는 재미도 쏠쏠하다.

외벽의 절반과 내부는 파손되었어도 장한 모습으로 우뚝 서 있는 콜로세움

　로마를 여행하면서 익숙해지지 않는 것이 있다. 버스를 타고 지나가는데 몇 천 년 전 유적이 태연하게 서 있는 것, 젤라또를 먹으며 유적을 아무렇지 않게 쳐다보는 일. 따지고 보면 우리나라도 마찬가지이지만 가까이 있어 익숙한 우리 유적에서는 느끼지 못한 생경함이다. 콜로세움도 우리의 숭례문처럼 도심 한복판에 무심하게 서 있었다.

　입장권을 미리 사 두었어도 줄을 서야 한다. 터널처럼 생긴 회랑을 따라 늘어선 줄이 길다. 이렇게 여러 개의 아치를 일렬로 배열하여 터널같이 만든 구조를 볼트vault라고 한다. 차례를 기다리며 아치도 올려다 보고 기둥도 만져 보지만 여전히 이천 년 전 건물이라는 것이 실감나지 않는다.

　드디어 콜로세움 입구다. 계단을 올라 안으로 들어섰다. 눈앞에 거대한 원

콜로세움에 입장하기 위하여 볼트 아래로 길게
줄 서 있다.

형 경기장이 펼쳐졌다. 반대쪽 사람이 잘 안 보일 정도로 거대하다. 상암 월드컵 경기장보다 더 커 보인다. 로마인들이 앉았던 관람석은 허물어졌지만 지하층의 벽과 1층부터 4층까지 확연히 구분되는 관람석은 그 위용을 충분히 짐작케 한다.

타원 모양의 관람석을 따라 걷다가 경기장 전체가 잘 보일만한 곳에 멈추었다. 전 세계 관광객들은 경기장을 보러 몰려들었지만, 이천 년 전 로마인들은 검투사들의 목숨을 건 경기를 보러 이 넓은 경기장을 채웠으리라. 눈앞의 콜로세움에 영화 속 장면들이 겹쳐진다. 돌덩어리일 뿐이지만 내 귀에는 관람객의 함성 소리가 들리는 것 같다. 4층에 앉은 천민들이 짧은 순간 누렸을 일탈의 즐거움. 경기에 진 검투사의 회한어린 얼굴. 그리고 지하에 갇힌 사자의 울부짖는 소리. 콜로세움 바닥에 정한 술이라도 한 잔 뿌려주고 싶은 심정이건만 내 손에는 페트병에 든 물 뿐이구나.

고대 로마의 최첨단 종합 경기장

콜로세움은 고대 로마의 유적 중 규모가 가장 크다. 높이가 48m로 십여 층 건물과 맞먹고, 둘레는 545m로 약 5만 명을 수용할 수 있다. 이천 년 전 로마의 인구는 1백만 명이었다. 그 10배인 1천만 명이 사는 서울, 상암 월드컵축구장 관람석이 6만 5천석 정도, 잠실야구장 수용인원이 5만 명 정도이니 지금과 비교해도 엄청난 규모임을 알 수 있다.

규모 뿐 아니라 내부 구조도 오늘날 못지않다. 대형 경기장에 필요한 편의 시설은 모두 갖추었다. 관중이 편하게 이동할 수 있는 널찍한 통로, 사무실, 검투사 대기실, 간단한 음식을 파는 곳과 검투사와 관련된 기념품을 파는 곳도 있었

타원 모양의 콜로세움 내부. 1, 2, 3, 4층의 관람석은 대부분 파괴되어 흔적만 남아 있다.

다니 오늘날과 크게 다르지 않다. 인기 있는 검투사와 관련된 기념품은 잘 팔렸다고 한다. 로마 사람들도 간식을 사고 기념품 구경도 하면서 이 통로를 지났을 것이다. 이런 시설들을 만들 수 있었던 건 원형 볼트로 생긴 널찍한 공간 덕분이었다.

경기장의 관람석은 신분에 따라 정해졌는데, 가장 아래쪽은 신분이 높은 귀족과 관료들, 2, 3층은 로마 시민 중 평민, 4층은 천민이나 노예들의 자리였다. 각 관람석으로 가는 입구도 달랐다. 1층은 입구에서 가깝고 가기도 쉬웠지만 4층은 긴 계단을 지그재그로 한참을 올라가야했다. 4층 관람석은 거의 사라졌지만 남아 있는 벽만으로도 높이를 짐작할 수 있다. 그곳에서 경기장을 내려다보

콜로세움 지하. 지면이 붕괴되어 시멘텀과 돌로 초석을 세운 지하 벽이 보인다.

면 어지럽지 않았을까. 게다가 입석이었단다. 2층의 관중석은 30°, 3층의 관중석은 35°로 경사지게 하여 위쪽 관중들도 무대를 잘 볼 수 있도록 배려하였다. 지금도 경기장의 관중석은 대부분 아래쪽과 위쪽의 경사도가 다르다.

4층 위쪽에는 비나 햇빛을 피하기 위한 '벨라리움'이라고 불렀던 돛과 비슷하게 생긴 개폐형 천막 지붕도 있었다. 이 천막 지붕을 설치하기 위해 나폴리의 해군이 동원되었다고 한다. 오늘날로 치면 일종의 돔구장이라고 해야 하나. 멋지고도 대단한 아이디어다. 경기장 밑에도 여러 시설을 만들었다. 지하는 나중에 지어졌는데 12미터 깊이로 판 후 시멘텀<small>시멘트와 비슷한 건축자재</small>과 돌로 초석을 세웠다. 이것이 연못 위에 세워진 콜로세움 구조를 지탱한다. 히포지움이라 부르는 이 지하에는 검투사들의 대기실 뿐 아니라 동물들의 우리, 심지어 엘리베이터가 있었다. 맹수나 검투사들이 위쪽 경기장으로 이동할 때 사용되었을 엘리베이터는 깜짝 쇼를 위해 꼭 필요한 시설이었다. 콜로세움은 한마디로 로마제국이 건설한 최첨단 종합 경기장이라 할 수 있겠다.

콜로세움은 원형경기장으로 불리지만 실제 모양은 원이 아니라 타원이다. 긴 쪽 지름이 188m, 짧은 쪽 지름이 156m나 되니 한 바퀴를 다 돌려면 시간이 꽤 걸린다. 콜로세움을 한 바퀴 돌고나니 고대에 이렇게 엄청난 크기의 건축물을 지었다는 것에 다시 한 번 감탄하게 된다. 이렇게 큰 건물을 지을 수 있는 비법은 무엇이었을까?

타원으로 그린 콜로세움

콜로세움을 위에서 내려다 보면 그 모양이 원이 아니라 타원임을 확인할 수 있다. 콜로세움의 전체 모양을 식으로 나타내 보자.

타원은 긴 지름(장축의 길이)과 짧은 지름(단축의 길이)에 의해 모양과 크기가 결정된다. 측정에 의하면 콜로세움의 장축의 길이는 188m, 단축의 길이는 156m라고 한다. 각 길이의 절반은 94, 78이므로 타원을 좌표평면에 나타내면 다음과 같다.

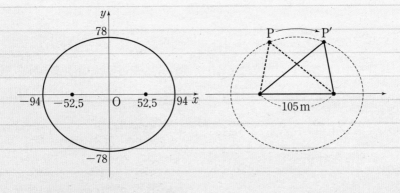

이 타원은 끈을 이용하여 그릴 수 있다.

$94^2 - 78^2 = 2752 \fallingdotseq (52.5)^2$이므로 타원의 초점의 좌표를 구할 수 있다.

따라서 105m 떨어진 곳에 두 초점을 잡고 188m인 끈의 양 끝을 각각 고정시킨 후 팽팽하게 당기면서 P점을 움직이면 콜로세움과 같은 모양의 타원을 그릴 수 있다.

콜로세움의 경우 장축의 길이와 단축의 길이 차이가 심하지 않아 그 모양이 원에 가까운 통통한 타원이다.

로마인의 건축 비법, 콘크리트

로마인들은 지중해 연안을 정복한 뒤 그리스 문화를 받아들이면서도 그들만의 건축 방식을 개발하고 발전시켰다. 그리스는 비탈진 경사면에 부채꼴 모양의 극장을 만든 반면, 로마는 평지에 원형경기장을 세웠다. 또 그리스 인들이 공연을 즐긴 반면, 로마인들은 경기를 즐겼다. 그리스의 신전은 두 기둥 사이에 수평 방향으로 석재를 올려 기둥 사이 거리가 짧고 간격이 비교적 촘촘한데 로마 건축물의 기둥 사이 거리는 상대적으로 멀다. 그래서 기둥과 기둥 사이에 생겨난 널찍한 공간을 여러 용도로 활용했다.

이렇게 로마인들이 새로운 건축의 시대를 열 수 있었던 것은 놀라운 재료, 콘크리트 덕분이었다. 이집트 인들은 석회석과 사암, 그리고 화강암을, 그리스 인들은 석회석과 대리석을 주로 사용하였다. 모두 그 지역에서 흔하게 구할 수 있는 재료였다. 그런데 이런 석재로는 콜로세움 같이 높은 건물은 지을 수 없다.

로마인들은 이를 가능하게 하는 새로운 재료, 콘크리트를 개발하였다. 석회석과 모래, 자갈에 물을 붓고 섞어서 굳히면 석회 모르타르가 만들어진다. 여기에 화산재인 포졸라나를 섞으면 강도가 5배에서 8배 정도 강해질 뿐만 아니라 물속에서도 굳는다. 포졸라나는 베수비오 화산이 있는 나폴리만 일대에 쌓여 있던 흙이므로

화산재인 포졸라나. 나폴리 근처의 포졸리에서 처음으로 발견된 화산성 흙이다.

당시 사람들에게 포졸라나는 정말 흔한 재료였다. 석회 모르타르에 화산재인 포졸라나를 섞은 것을 '시멘텀'이라고 불렀는데 이것이 오늘날 우리가 말하는 시멘트이다. 이 시멘텀에 골재를 섞어 만든 것이 '콘크리트'로 몇십 미터 높이의 건물을 지탱할 만큼 강도가 높았다. 건축에 일대 '혁명'이 일어난 것이다. 이 콘크리트는 1800년 대 철근이 들어 있는 콘크리트가 고안되기 전까지 최고의 건축 자재였다.

지금 봐도 위용이 당당한 콜로세움, 이 엄청난 경기장에서 많은 사람들이 다치고 죽었지만, 더 많은 사람들은 쾌락을 즐겼다. 로마 제국이 엄청난 영향력을 가진 강력한 국가였음엔 틀림없지만 천 년의 역사가 평탄했을 리 없다. 네로 황제 자결 후 혼란의 시대에 황제로 추대된 베시파시아누스는 폭동을 일으킨 군중의 마음을 얻어야 했다. 당시 로마는 시민 백만 명 중 30만 명 정도가 실업 상태였다고 한다. 그런 로마 시민에게 일자리와 함께 즐거움, 함성을 지르고 음식과 돈이 넘쳐나는 축제를 선사하여 제국을 지지하도록 해야 했다. 네로 황제의 황금 궁전과 동상이 있던 자리에 로마 제국의 강력한 힘을 보여 줄 새로운 건축물을 짓기 시작했다. 콜로세움은 대중을 통제하기 위한 강력한 오락거리였다. 더 많은 세금을 걷을 수 없었던 탓에 아들 티투스가 예루살렘에서 데려온 노예 3만 명을 경매에 부쳐 얻은 비용과 약탈한 보물로 건축비를 충당하였다.

로마 제국의 힘을 과시하기 위해 전세계 멀고 먼 곳에서 끌고 온 코끼리, 하마, 타조, 표범 등 희귀한 동물들의 서커스가 벌어졌다. 코끼리가 춤을 추고 표범이 전차를 끄는 서커스가 열리다가 검투사들이 맹수와 결투를 벌였다. 목숨을 잃거나 선풍적인 인기를 끌며 부를 거머쥐었던 검투사의 이야기는 세월의 무게를 잔뜩 안은 콜로세움이 전해주는 전설이 되었다.

아치로 세운 콜로세움

콘크리트에 버금가는 로마인들의 건축 비법으로 아치를 꼽을 수 있다. 아치를 적용한 건축이 콜로세움이며 콜로세움이 곧 아치이다. 콜로세움의 반원기둥은 그리스 신전처럼 건물의 하중을 받아 견디는 구조물이 아니다. 기둥은 장식일 뿐, 건물 전체의 하중을 떠받들고 있는 구조는 바로 아치이다.

초기의 아치는 기둥과 기둥 사이에 기둥과 수직이 되는 상판을 얹어놓는 형태였다. 위에서 누르는 힘을 상판이 모두 받기 때문에 금이 가거나 무너지기 쉬웠는데 기둥 사이가 넓을수록 심했다. 상판이 견딜 수 있는 두 기둥 사이 간격은 대략 4미터라고 한다. 출입문을 크게 만들기 위해서는 아래로 누르는 힘을 분산시키는 방법을 찾아야만 했다. 무너지지 않게 점차 상판을 여러 개로 쪼개

아치를 통해 들여다본 콜로세움

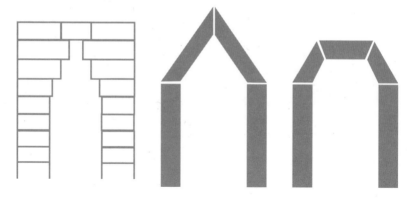

상판이 기둥과 수직인 형태에서 점차 둥글게 바뀌어간 아치의 모양

어 위 그림과 같은 형태로 만들어 갔으며, 결국에는 둥근 형태가 되었다. 우리가 흔히 말하는 아치는 둥근 모양이다.

아치의 원리는 간단하다. 쐐기 모양의 홍예석을 반원 모양으로 쌓으면 돌들이 서로 밀어내 아치 위쪽의 무게가 아치를 거쳐 기둥으로 집중된다. 이렇게 건물 전체의 무게가 기둥을 통해 바닥으로 전달된다. 기둥 사이의 간격을 넓혀도 마찬가지다. 따라서 기둥 사이의 폭을 전보다 훨씬 넓힐 수 있다. 또 출입문 위로 쌓아야 하는 돌도 줄어들어 건물 전체의 무게도 줄일 수 있다.

아치를 만들 때 가장 중요한 것은 힘의 균형이다. 균형이 깨지면 무너지는 건 한순간이다. 그만큼 어려운 작업이며 정교한 기술이 필요했다. 아치는 어떻게 만들었을까? 아치 모양 틀을 만들고 그 위에 홍예석을 쌓은 다음 중앙에 홍예머릿돌을 마지막으로 얹는다. 돌을 받쳐두었던 틀을 치우면 완성이다. 하지만 틀을 치우는 순간 아치가 무너지는 일이 허다했다. 뿐이랴. 완성된 아치가 무너지기도 했다. 오늘날에도 수백 년을 견뎌온 건물의 아치가 무너지는 일이 있는

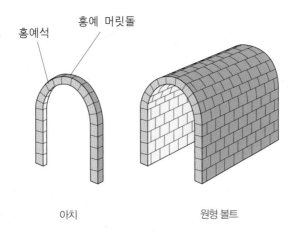

홍예석   홍예 머릿돌

아치   원형 볼트

데 이는 오랜 세월 지진, 홍수, 태풍 등으로 조금씩 힘의 균형이 어긋나면서 생기는 일이다.

기본적인 아치의 모양은 반원이다. 고대 로마 시대의 아치 대부분이 그렇다. 특히 이때 지어진 수로들은 아치 건축의 백미로 꼽힌다. 로마 시대 사람들은 물을 풍족하게 사용하기 위해 수로를 만들어 도시까지 물을 끌어들였다. 이 수로들은 동력 없이 순전히 물의 낙차만을 이용하도록 설계되었는데, 이 과정에서 2단, 3단의 아치 다리를 만들었다. 만약 아치가 아닌 벽으로 만들었다면 무게를 견디지 못해 무너졌을지도 모를 일이다. 고대 로마 당시 지어진 가르교(현재 프랑스에 위치)는 총 길이가 50km나 되는 수로의 일부인데, 강을 가로지르는 높이 49m의 3단 아치 수로는 말 그대로 장관이다. 이 수로의 시작 부분과 끝부분의 높이 차이가 17m(1km 당 34cm) 정도밖에 되지 않는다니 놀라울 따름이다.

로마인들은 여기서 그치지 않고 아치를 연달아 길게 이어 원형 볼트라고 하는 아치 모양의 긴 터널을 만들어냈다. 아치와 마찬가지로 무게를 옆으로 흘려 보내기 때문에 무거운 천장을 지탱할 뿐 아니라 터널 아래쪽에 넓은 공간을 만들어낸다.

결국 콜로세움은 콘크리트와 같은 새로운 건축 자재의 발견, 무게를 분산시키고 넓은 공간을 확보하는 아치와 볼트 공법의 발견, 그리고 크레인같이 건축 자재를 높이 올릴 수 있는 건축 장비의 발명 덕분에 9년 만에 그 거대한 위용을 드러낼 수 있었다. 콜로세움은 그 자체가 고대 로마의 발달된 건축 기술을 보여주는 위대한 문화유산이다.

콜로세움 벽에 새겨진 숫자의 의미

이번에는 멀찌감치 떨어져 콜로세움을 감상한다. 원래 4층으로 지어졌지만 지금은 북쪽 절반은 4층까지, 나머지 절반은 외벽이 허물어져 3층까지만 남아 있다. 외벽이 남아 있는 쪽으로 걸어가 한 층 한 층 올려다본다. 한 층에 80개의 아치를 세워 3층까지 총 240개의 아치가 있고 4층에는 직사각형 모양의 창을 내었다. 자세히 보면 각 층마다 기둥 모양이 다르다. 도리아, 이오니아, 코린트 양식의 기둥을 층마다 다르게 사용하며 위로 갈수록 하중이 가벼워지도록 치밀하게 계산했다. 마치 고대 기둥 발달사를 보는 듯하다.

콜로세움에서 궁금했던 점 중 하나는 경기가 끝난 후 사람들이 어떻게 경기장을 빠져나갔을까 하는 것이다. 콜로세움을 꽉 채운 5만 관중이 밖으로 나가는 데 15분 정도밖에 걸리지 않았다고 하니 뭔가 특별한 방법이 있었을 것이다. 바깥벽을 유심히 살펴보았다. 이게 뭐지? 아치 문 위에 흐릿하게 로마 숫자가 보인다. 한쪽 방향으로 돌면서 보니 23, 24, …, 37, 39, …. 잘 보이지 않는 숫자도 있지만 숫자가 점점 커지고 있었다. 콜로세움은 지정된 관람석으로 출입하는 문이 정해져 있었다더니, 번호를 새겨 출입문을 구분했던 것으로 보인다.

1층 출입구로 사용한 76개의 아치, 당시 사람들은 자신의 입장권에 쓰여진 아치 번호를 보고 찾아 들어갔을 것이다. 출입문의 숫자를 확인하고 싶다면 4층 벽이 남아 있는 북쪽 벽을 찾아보시라.

1 콜로세움 외벽에 남아 있는 출입구 번호 LIII. 숫자 53이다.
2 각 층마다 기둥의 양식이 다르다. 1층은 도리아식, 2층은 이오니아 식, 3층과 4층은 코린트식 기둥이다.

콜로세움에 새겨진 로마 숫자

콜로세움에 입장하려면 입장권에 써 있는 숫자를 읽어야 한다. 로마 시민이 되어 로마 숫자 읽는 법을 알아보자. 그리고 지정된 문으로 찾아 들어가 보자.

로마는 이집트나 그리스처럼 십진법을 사용했는데 각 단위를 뜻하는 숫자가 있었다. 즉, 1은 I, 10은 X, 100은 C, 1000은 M으로 나타내었다. 아라비아 숫자가 전해지기 전이라 이집트 숫자처럼 나타내고 싶은 개수만큼 늘어놓는 방법으로 수를 기록하였다. 예를 들면 3은 III, 20은 XX, 1234는 MCCXXXIIII와 같이 나타내었다. 여기에 기록의 편리함을 위해 5, 50, 500을 나타내는 기호를 따로 만들어 사용하였고, 덧셈과 뺄셈도 응용하였다.

1	I
10	X
100	C
1000	M
5	V
50	L
500	D

예를 들어 7은 IIIIIII과 같이 I을 7개 늘어놓지 않고 5를 뜻하는 V에 2를 더하는 방법으로 VII와 같이 나타내었다. 마찬가지 원리로 70은 50+20으로 LXX와 같이 나타내었다. 한편 IV는 5에서 1을 뺀 4, IX는 10에서 1을 뺀 9로 읽었다. 이런 식으로 똑같은 기호를 여러 번 써야 하는 불편함을 최소화하였다. 같은 기호를 가장 많이 나열하는 횟수가 세 번이면 충분했다.

예를 들어 1948은 다음과 같이 쓴다.

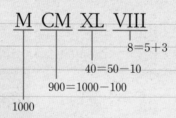

M CM XL VIII

8=5+3

40=50−10

900=1000−100

1000

콘스탄티누스 황제의 개선문 아치와 반원 아치

콜로세움 옆에는 콘스탄티누스 황제의 개선문이 있다. 현재 로마에는 로마 제국 시절에 세워진 개선문이 세 개 있는데 가장 오래된 것이 티투스 황제의 개선문, 두 번째가 셉티미우스 세베루스 황제의 개선문으로 둘다 포로 로마노 안에 있다. 세 번째이면서 규모가 가장 큰 개선문이 바로 콘스탄티누스 황제의 개선문이다. 파리 개선문이나 우리나라 독립문의 원형이기도 하다.

앞의 두 개선문이 예루살렘, 오리엔트 등 외적을 물리치고 승리를 기념하기 위해 세운 반면 콘스탄티누스 황제의 개선문은 내전의 승리를 기념하여 세웠다. 312년 정적 막센티우스를 물리친 기념으로.

콜로세움에서 내다본 콘스탄티누스 황제의 개선문. 아치의 크기가 달라 높이도 다르다.

3개의 아치가 눈에 들어온다. 콜로세움의 아치는 크기가 모두 똑같은데 개선문의 아치는 가운데가 크고, 양 옆의 두 개는 작다.

콘스탄티누스 황제의 개선문에 사용된 아치 역시 반원이다. 반원 아치는 기둥 사이의 간격이 넓어지면 아치를 그리는 원도 커져야 한다. 이 개선문의 아치는 기하학적인 비례는 잘 맞아 아름답지만, 당시 기술로는 기둥 사이의 간격이 넓어지면 아치 역시 커질 수밖에 없다는 것을 보여준다.

수학으로 지은 판테온

로마의 모닝 커피는 하루종일 입안을 맴도는 마력이 있다. 진한 향기와 입안 가득 퍼지는 부드럽고 고소한 풍미 때문에 에스프레소의 매력에 빠져버렸다. 로마에 머무는 동안 아침 식사보다 커피 생각이 간절해 매일 매일 열심히 호텔 식당으로 출근했다. 판테온을 보러 가는 날도 커피를 연달아 두 잔 느긋하게 마시면서 생각했다. 많은 사람들이 판테온은 몰라도 천정에 큰 구멍이 뚫린 건물 사진을 본 적은 있을 것이다. 나 역시 아주 오래 전, 그 사진을 처음 보았을 때의 놀라움과 함께 비가 오면 어쩌지? 걱정했던 기억이 떠올랐다.

물병을 챙겨 버스에 오른다. 정류장에서 내려 골목 한두 개를 지나자 좁은 틈으로 판테온이 얼굴을 드러냈다. 오벨리스크가 서 있는 작은 광장 뒤로 판테온의 우윳빛 대리석 기둥이 보이고 옆으로 돌아가자 둥근 돔이 보인다.

세월을 건너낸 건물에는 위엄이 있다. 단순한 건물일수록 더욱 그렇다. 투박하면서도 날렵한 느낌을 주는 판테온. 복잡한 도시 한복판에 세워진 거대한 돔과 엄청난 두께의 벽, 현실이 아닌 것 같다.

독보적인 인기와 권력을 누리던 율리우스 카이사르가 살해되고 옥타비아누스와 안토니우스가 권력을 다투던 기원전 31년, 옥타비아누스는 이집트의 클레오파트라에게 선전 포고를 했다. 이집트보다는 이집트와 연합한 안토니우스를 겨냥한 포석이었다. 옥타비아누스의 오른팔, 아그리파가 지휘하는 함대는 악티움 바다에서 클레오파트라와 연합한 안토니우스를 싱거울 정도로 쉽게 제압해 버렸다. 안토니우스도, 클레오파트라도 자살하고 만다. 옥타비아누스는 오랫동안 지속되던 내전을 끝내고 로마 제국의 문을 열었다.

판테온은 기원전 27년, 악티움 해전을 기념하여 아그리파 장군이 세운 신전이다. 정면의 삼각형 박공에는 준공을 기념하는 글귀 아그리파 'AGRIPPA'가 선명하다. 정면에 쓰인 M · AGRIPPA · L · F · COS · TERTIVM · FECIT를

판테온은 기원전 27년 아그리파 장군이 악티움 해전을 기념하여 세운 신전이다. 정면의 삼각형 박공에 아그리파를 기념하는 글귀가 쓰여 있다.

풀어 쓰면 Marcus Agrippa, Lucii filius, consul tertium fecit로 '루시우스의 아들인 마르쿠스 아그리파가 세 번째 집정관 임기에 만들었다.'라는 뜻이다. 그러고 보니 미술 시간에 열심히 그렸던 석고상의 이름이 아그리파였다. 안타깝게도 아그리파가 지은 판테온은 80년에 일어난 화재로 사라졌고, 지금 건물은 125년 하드리아누스 황제가 재건한 것이다.

판테온은 '모든(pan) 신에게 바치는 신전(theon)'이라는 뜻으로 모든 신에게 제사를 지내기 위해 세웠다고 한다. 로마 제국은 정복한 지역의 관습, 제도, 종교를 포용하는 정책을 펼쳤다. 악티움 해전을 승리로 이끈 옥타비아누스가 아우구스투스세상에서 가장 존엄한 자라는 칭호를 얻으면서 출범한 제정 로마는 관대함을 천명하는 몸짓이 필요했다. 모든 신을 모시는 신전을 짓는다는 사실만으로도 정복당한 민족의 신을 차별하지 않는 로마의 관용을 보여주기에 충분했을 것이다.

천정에서 햇빛이 쏟아지고

판테온에 들어서자 둥글고 높게 열린 공간이 우리를 맞아준다. 마치 새로운 하늘이 열리는 것처럼 환하다. 지름 9m에 이르는 천정의 구멍이 크지 않게 느껴질 정도로 내부 공간은 높고 넓다. 안에는 장중하면서 숙연한 분위기가 가득하다. 천정에서 쏟아져 내리는 햇빛 때문일까? 수많은 관광객들이 돌아다니는데도 묵직한 분위기가 유지되는 것이 신기하다. 누가 말하지 않아도 걸을 때 조심조심, 말할 때 소곤소곤, 웃을 때 미소만 살짝. 뭔가 떨어뜨리면 소리가 크게 울려 사람들이 죄다 쳐다볼 것 같아 저절로 조심하게 된다. 엄숙한 이곳에서 드리는 미사가 궁금하다.

판테온에 들어서자 저절로 천정으로 눈이 간다. 정말 뚫렸나 하고. 햇살이 아래로 은은하게 퍼지면서 그윽한 분위기를 자아낸다. 그렇게 위를 보고 있자니 신전 안에는 해가 2개라는 생각이 든다. 천정에 하나, 벽에 하나. 천정을 통해 들어온 햇빛이 안쪽 벽을 비추고 있다. 동그랗게 맺힌 것이 정말 선명하게 밝아서 또 다른 해인 것 같은 착각에 빠진다. 여름이라 태양의 고도가 높은 탓인지 햇살이 꽤 아래쪽까지 부서진다.

판테온 꼭대기 원형으로 열린 구멍으로 자연 채광이 된다.

해가 비추는 위쪽은 신들의 세계. 사람들이 서성대는 아래쪽은 인간 세상. 아무리 복잡한 일들이 일어나도 결코 신들의 세계에 미치지 못할 것 같은 성스러운 분위기를 한 줄기 햇빛이 연출하고 있었다.

바닥에 깔린 사각형, 원형의 짙은 갈색 타일이 경건함을 더한다. 둥근 벽에 길게 뻗은 대리석 기둥 사이에 아치로 구획된 경당과 벽감들이 있다. 코린트식 기둥이 받치고 있는 경당은 미사를 올리는 공간이고, 8개의 벽감마다 조각상이나 무덤이 놓여 있었다.

가장 눈길을 끄는 무덤은 라파엘로의 것이다. 라파엘로는 르네상스를 대표하는 화가로 바티칸 교황청 벽에 〈아테네 학당〉을 그린 것으로 유명하다. 〈바위의 성모)라는 제목의 조각상 왼쪽에 라파엘로의 흉상이 있고, 아래쪽에 따스한 노란 불빛에 싸인 대리석관이 놓여 있다. 르네상스 이후 판테온은 무덤으로 사용되었는데, 왕도 귀족도 아닌 화가의 무덤이 안치되어 있다니 놀랍다. 이탈리아인들이 얼마나 라파엘로를, 예술을 사랑하는지 알 것 같다. 37세의 젊은 나이에 생을 마감한 그는 소원대로 판테온에 묻혔다.

원과 삼각형으로 완벽한 판테온

가장 오래된 돔, 판테온은 돔 건축의 원형이다. 르네상스 시대에 지어진 피렌

1 판테온 내부에는 신들이 아니라 왕들의 무덤, 성화들이 벽면을 따라 둘러 있다.
2 르네상스를 대표하는 화가 라파엘로의 무덤.

체 두오모의 돔과 푸코의 진자로 유명한 파리 팡테온의 돔 모두 이 판테온을 본따 지어졌다. 철근을 사용하지 않은 돔으로는 판테온의 돔이 가장 크다.

피렌체 대성당의 돔을 완성한 브루넬레스키는 설계 전 판테온을 연구했다. 미켈란젤로가 성 베드로 성당의 돔을 설계할 때 일부러 지름을 판테온보다 1m 작게 했다는 유명한 이야기가 판테온의 위상을 말해준다. 판테온을 천사의 설계라고 극찬한 미켈란젤로였으니 판테온보다 더 크게 짓는 것은 불경스러운 일이었을 것이다.

미켈란젤로는 판테온의 무엇을 천사의 설계라고 생각한 것일까? 갈릴레오는 우주는 수학의 언어로 되어 있다고 말했다. 천사의 설계란 어쩌면 수학을 이용한 설계가 아닐까?

판테온의 기본구조는 원기둥 모양의 벽체 위에 반구 형태의 돔을 얹은 모양이다. 여기에 문을 내면서 앞쪽으로 기둥을 세우고 지붕을 얹어 출입문을 장식했다. 출입문 정면에는 이등변삼각형 모양의 박공을 만들었다. 밖에서 볼 때 원기둥, 반구, 직육면체, 삼각형과 같은 도형 모양으로 설계하여 사람들이 기하학적인 아름다움을 느끼도록 했다.

내부에도 못지 않은 수학의 언어를 베풀었다. 판테온의 내부 높이와 폭이 약 43.3m로 같아서 판테온의 바닥에서 천정까지 꼭 맞는 구를 하나 끼워 넣을 수 있다. 또 천정의 중심과 바닥에 꼭 맞는 정삼각형도 그릴 수 있다. 단순한 둥근 모양으로 우주를 상징하고 천정에 청동 별을 박아(지금은 사라지고 없다.) 천체를 재현한, 그야말로 우주의 모습을 우주의 언어인 수학으로 풀어낸 건축물이다.

판테온은 원기둥 모양의 벽 위에서 꼭대기로 모이는 아치를 쌓아올리는 방

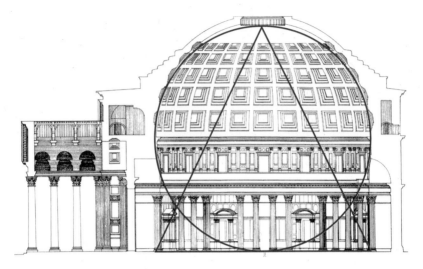

판테온은 내부에 구와 정삼각형이 꼭 맞는 형태로 설계되었다고 한다.

식으로 지었을 것이다. 벽의 두께가 무려 6.4m이다. 밖에서 보면 벽면 중간 중간에 벽돌이 아치형으로 박혀있는데 무게를 지탱하기 위해 고심한 흔적같 다. 외벽 군데군데 남아 있는 대리석이 원래는 대리석으로 마감했음을 말해 준다.

벽체에서 돔 부분으로 올라갈수록 벽은 점점 얇아져 천정에 뚫린 구멍에 이 르면 두께는 겨우 1.2m다. 아치를 이용해 무게가 벽을 타고 흘러내리게 하면서 도 위쪽 무게를 줄인 지혜가 돋보인다. 위, 아래 돌의 재료도 다른데 위쪽은 가 벼운 부석을 사용하였다. 제주도 같은 화산지역에서 발견되는 부석은 구멍이 숭숭 나 있어 물에 뜰 정도로 가벼운 돌이다. 콘크리트는 화산재를 섞어 강도를 높였는데 부석 역시 폼페이에서 가져오지 않았을까 짐작한다.

돔의 구멍은 지붕의 무게를 줄이는 역할과 더불어 채광과 환기도 책임졌다.

1 판테온의 정면
2 판테온의 뒤쪽
3 판테온의 바깥 벽면에서 벽돌을 아치형으로
 박아 넣은 모습을 볼 수 있다.

제물을 바칠 때 그을음이나 연기가 빠져나가는 통로가 되기도 했을 것이다.

그런데 여전히 풀리지 않는 궁금증, 비가 오면 어쩌지? 구멍 지름이 9미터나 되니 안으로 들이칠텐데, 안에서 비를 맞았을까? 부슬부슬 내리는 비 정도는 판테온 내부의 상승 기류 때문에 안으로 들이치지 못했을 것이다. 지중해성 기후인 이탈리아에서 장대비는 흔치 않지만, 그래도 가끔씩 쏟아져 내리는 비를 대비해 빗물이 모여 흘러나갈 수 있는 배수구를 만들어 놓았다.

판테온 역시 역사의 풍파 속에서 약탈의 손길을 벗어나지는 못했다. 7세기 동로마 제국의 황제 포카스는 판테온을 교황 보니파시오 4세에게 넘겨주었다. 교황은 이 건물을 성당으로 개축하면서 고대 로마의 장식을 없애고 지붕을 벗겨냈다. 뜯어낸 청동 타일은 다른 장식품들과 함께 콘스탄티노폴리

경당의 아치구조 양쪽에 오목 정다면체 모양의 장식물이 놓여 있다.

스콘스탄티노플로 보냈다. 수백 년 세월 속에 외관을 장식한 대리석도 사라졌다. 급기야 17세기 초 교황 우르바노 8세는 현관 천장의 청동을 녹여 대포를 만들었다.

별다각형 장식물

다시 고개를 들어 돔의 구멍을 하염없이 쳐다보는데 돔 안쪽으로 움푹 패인 사각형들이 눈에 들어왔다. 질서정연하게 만들어진 다섯줄의 사각형들이 위로 올라갈수록 점점 작아져 훨씬 높아 보이는 효과를 낸다. 처음에는 사각형마다 금속장식이 있었다니 햇빛에 반짝일 때마다 기품이 넘쳐났을 것이다.

좀 더 아래쪽, 경당의 아치 양쪽으로 오목 정다면체 모양의 장식이 보인다.

기하학으로 가득한 건물 속 오목 정다면체 장식물. 그런데 너무 높이 있어 정확한 모양이 보이지 않는다. 카메라 줌기능으로 당겨 보니 오목 정다면체 중 가장 뾰족하게 보이는 오목 뾰족별 정십이면체이다.

판테온을 나오며 벽의 두께가 정말 6m가 넘는지 확인하고 싶었다. 하지만 관광객에게 밀려 나오는 통에 어디가 벽인지 분간하기 어려웠다. 통로처럼 보이는 입구를 지나며 '지금 벽을 통과하는 중이구나' 짐작할 뿐이다.

밖으로 나오니 햇빛이 모든 것을 태울 듯하다. 판테온 안쪽 벽에 부서져 내리며 은은하게 공간을 채우던 그 햇빛인가 싶다. 사람들은 판테온을 위대한 건축물이라고 이야기한다. 수천 년 전에 지어진 건물이라서가 아니라 당시 문화의 집대성이며 이후 건축과 삶에 큰 영향을 미쳤기 때문이다. 오늘 판테온에 와 본 것만으로도 이탈리아에 온 비행기 값은 충분히 값어치를 다 했다는 생각이 들었다.

판테온의 오목 정다면체 장식

경당 위에 놓인 오목 뾰족별 정십이면체는 오목 정다면체 중의 하나이다. 오목 정다면체가 무엇인지 알아보자.

오목 정다면체는 정다면체의 조건을 갖춘 오목한 다면체를 말한다. 플라톤의 다면체라고도 불리는, 볼록 정다면체는 발견된 지 오래 되었지만 오목 정다면체는 1619년 케플러가 2개, 1809년 푸앵소가 2개 발견하여 4개임이 밝혀졌다.
오목 뾰족별 정십이면체는 정이십면체의 모든 면에 뾰족한 모양의 삼각뿔을 붙인 것과 같은 모양이다.

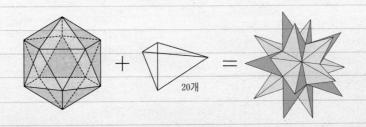

20개

오목 뾰족별 정십이면체는 흔히 별모양이라고 하는 $\frac{5}{2}$ 별각형이 한 꼭짓점에 3개씩 모인 모양이다. $\frac{5}{2}$ 별각형이란 원 위에 일정한 간격으로 5개의 점이 놓여 있을 때, 한 점에서 출발하여 그 점으로부터 두 번째 위치에 있는 점을 이어나갈 때 그려지는 다각형을 말한다. 그 모양이 보통 우리가 그리는 별과 같아서 별다각형이라고 부른다.

아래 그림의 1번 점에서 출발했다면 1번에서 두 번째 위치에 있는 3번 점으로 선을 긋고, 다시 3번에서 두 번째 위치에 있는 5번 점으로 선을 긋는다.

이와 같은 과정을 반복하면 1 → 3 → 5 → 2 → 4 → 1의 순서로 선을 그어 별다각형이 완성된다.

한편, 별다각형의 꼭짓점과 변은 볼록다각형과는 다르다. 꼭짓점은 별다각형을 만들 때 원 위에 있던 점 5개를 말하고, 변은 꼭짓점과 꼭짓점을 이은 선분을 말한다. 즉, 그림에서 꼭짓점은 1, 2, 3, 4, 5로 5개이고, 변은 꼭짓점 1과 3을 이은 변을 1-3 과 같이 나타낸다면, 1-3, 1-4, 2-4, 2-5, 3-5로 5개이다.

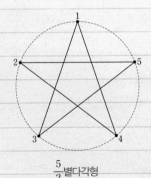

$\frac{5}{2}$ 별다각형

오목 뾰족별 정십이면체에서는 주황색 별다각형이 한 면이다.

자오선이 그어진 성당

욕장을 개축한 산타 마리아 델리 안젤리 성당

이탈리아 여행은 마치 성당 순례 같다. 걷다보면 성당, 돌아서면 성당이다. 건물 자체가 유적일뿐 아니라 미켈란젤로 같은 대가들이 성당 벽을 캔버스 삼아 작품을 남겼으니 들를 수밖에.

성당 순례에 지쳐갈 즈음, 발걸음을 재촉한 곳이 있으니 바로 산타 마리아 델리 안젤리 성당이다. 사실 우리를 부른 건 성당이 아니라 성당 바닥에 그려진 자오선. 이 자오선은 달력을 확신할 수 없던 시절, 수년간의 연구 끝에 햇빛의 위치로 날짜를 알아내던 장치이다.

호텔에서 걸어서 10분, 지도가 가리키는 방향으로 눈을 돌리니 떼르미니 역 너머 붉은 벽이 보인다. 바로 저기로군.

산타 마리아 델리 안젤리 성당은 겉모습부터 사뭇 다르다. 고대 로마 디오클레티아누스 황제의 욕장으로 지어졌기 때문이다. 수많은 기술자와 노예들이 298년부터 짓기 시작해서 8년 만에 완공하였다. 천정의 높이가 14m나 될 정도로 로마 최대 규모를 자랑했지만 오래 사용되지는 못했다.

1563년 그 터에 미켈란젤로가 설계한 성당이 완공되었는데 1749년 루이지

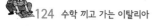

고대 로마 황제의 욕장을 개축한 산타 마리아 델리 안젤리 성당.

반비텔리가 증개축하면서 미켈란젤로가 설계했던 모습은 사라지고 오늘날의 모습을 갖추게 되었다고 한다. 그래서인지 입구 쪽 십자가가 아니면 성당이라고 생각하기 힘들다. 짓다 만 것 같기도 하고 이제 막 짓기 시작한 것도 같다. 증개축을 하더라도 있는 건물을 최대한 살리려는 이탈리아인들의 생각을 읽을 수 있었다.

더위를 피하고픈 마음에 아침마다 날이 흐리기를 바랐지만 오늘만큼은 예외다. 날이 쨍쨍해서 자오선에 햇빛이 비쳐야만 한다. 아무 때나 볼 수 있는 광경이 아니기 때문에 해가 남중하는 시각도 잘 맞추어 가야 한다. 위치도 확인할 겸 성당에 들러 장중한 분위기를 즐긴다. 성당 벽에는 갈릴레오에 대한 포스터가 20여 장 걸려 있다. 지구 모양의 진자를 매달아 푸코의 진자를 흉내 낸 것도

산타 마리아 델리 안젤리 성당 바닥의 자오선 바닥에 금속 띠로 자오선을 표시하고 그 옆에 숫자들을 새겨 놓았다.

있었다. 날짜를 측정하는 자오선을 품은 성당이라 그런지 지구의 운동에 대한 자료를 구비해 놓았다.

드디어 바닥에 그려진 자오선을 찾았다. 모르고 보면 그저 금속 줄일뿐. 이제 위치도 알았으니 마음 편하게 박물관에 들렀다가 시간 맞춰 와야겠다.

들쭉날쭉 달력

성당 맞은편에는 마르시모 궁전 국립박물관이 있다. 넓디넓은 디오클레티아누스 황제의 욕장을 발굴하면서 나온 유물들을 전시하고 있다. 입구가 일반 건물같아 지나치기 쉬운데, 내용이 알차고 층별로 정리도 잘 되어 있었다. 당시

사용했던 동전, 납골당 형태의 묘지들, 욕장을 장식했던 화려한 모자이크, 다양한 조각상 등을 볼 수 있다.

그중 내 눈이 멈춘 곳은 고대 로마의 달력, 파스티였다. 오래되어 너덜너덜 떨어져나간 달력은 율리우스력이 시행되기 전의 것과 후의 것이 함께 전시되어 있었는데, 사람들이 많이 오가는 공공장소에 새겨져 있던 것이란다.

고대 로마에서는 양력과 음력을 함께 사용한 달력을 만들고 거기에 종교 행사 날짜들을 적었다고 한다. 암호같은 글자와 로마 숫자들이 복잡해 보인다. 어디 아는 내용이 있나, 반복된 규칙은 없나 눈을 크게 뜨고 살펴본다.

반갑게도 첫째 줄에 낯익은 글자가 보인다. IAN, FEB, MAR, ……, SEP, ……, DEC. 1월, 2월, 3월, ……, 12월의 이름을 적어 놓았다. 가끔 QVI(7월)처럼 전혀 다른 표현도 보인다. 각 달의 맨 끝에는 로마숫자로 XXIX와 XXXI이 적혀

율리우스력 이전에 고대 로마에서 사용하던 달력 파스티. 조각조각 남은 것을 복원했다. 각 달의 이름이 지금과 비슷하다.

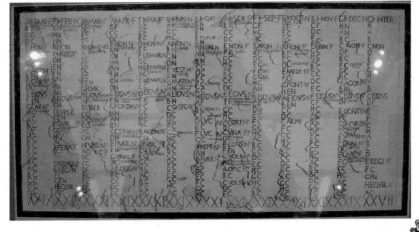

파스티의 한 부분

있다. 29와 31, 당시에는 한 달이 29일 또는 31일이었나보다. 다시 살펴보니 1월은 29일, 2월은 28일, 3월은 31일, ……, 12월은 29일로 지금과 많이 다르다. 이렇게 1달에 1줄씩, 12줄이 있고 가장 오른쪽 끝에 INTER라는 한 줄이 더 있는데 맨 아래에는 XXVII(27)이라고 적혀 있다. 2월과 3월 사이에 적당히 끼워 넣던 윤달이라고 한다. 세로로 알파벳 A부터 H까지 반복되는 것으로 볼 때, 8일 단위로 생활했다는 것을 알 수 있다. 이후 기독교를 받아들이면서 자연스레 7일 단위로 바뀌었다고 한다. 그런데 이 수들을 대충 더해 봐도 365가 훌쩍 넘는다. 어찌 된 일일까?

당시 로마의 1년은 윤달인 2월의 날 수에 따라 355일부터 길게는 378일이 되기도 했단다. 기원전 46년에 이르자 달력과 실제 계절의 차이가 몇 달이 될 정도로 1년의 길이가 엉망이 되었다. 당시 날짜와 달력을 관리하는 일은 제사장의 권한이었는데 임기를 연장하려는 관리, 임기를 당기려는 관리들의 뇌물을 받은 제사장이 1년의 길이를 제멋대로 고치는 경우가 허다했기 때문이란다. 달력은 무용지물이었을 것이다.

율리우스 카이사르는 황제가 되자 달력 개혁을 단행하였다. 1년을 365일로 하고 4년마다 1일을 더하는 윤년을 둔 율리우스력을 시행한다. 이에 따라 기원전 46년은 달력을 맞추기 위해 1년의 길이가 445일이 되었다. 역사상 가장 긴 1년이었다. 수정된 파스티는 곳곳에 공표되었고 기원전 45년부터 새로운 달력에 따라 생활하게 되었다. 율리우스력은 윤년을 시행하는 방법만 다를 뿐 각 달과 그 달에 속한 날 수는 지금과 같다.

월	1월	2월	3월	4월	5월	6월	7월	8월	9월	10월	11월	12월
날짜	31	28 (29)	31	30	31	30	31	31	30	31	30	31

율리우스력, 1년 365일

정확한 부활절 날짜를 알아내라

기독교에서 중요한 행사 중 하나는 예수의 부활을 기념하는 부활절이다. 초기에는 부활절 날짜가 불규칙했으나 325년 니케아 공의회에서 춘분 다음 보름달이 지난 첫 일요일로 정하였다. 태양력으로 춘분은 3월 21일경이다. 그런데 16세기가 되자 달력에 의한 춘분이 실제보다 느려졌다. 율리우스력의 오차 때문이었다. 율리우스력의 1년 길이는 365.25일로 실제 지구의 공전 주기보다 조

새로운 달력 그레고리력에 따라 1582년 10월 4일 다음이 15일로 열흘을 건너뛰었다.

금 길어서 128년에 1일 정도의 차이가 발생했다. 작은 차이 같지만 중세에 이르자 달력의 날짜가 지구의 움직임보다 10일 가량 느려져 일반인들도 그 차이를 알아차릴 정도가 되었다. 해의 움직임을 보고 10일의 차이를 알기는 어렵지만, 달은 주기가 29일 정도이니 10일의 차이는 상당히 크다. 보름달이 떠야 할 때 초승달이 떠 있다면 뭔가 이상하다는 생각이 들 것이다. 사정이 이쯤되자 로마 교황청에서는 달력위원회를 구성하여 달력 개혁을 시도하기에 이르렀다. 부활절 날짜를 제대로 알기 위해서였다.

1572년 그레고리우스 13세(Gregory XIII)는 교황으로 즉위하면서 달력개혁에 박차를 가해 1582년 2월 24일, 새로운 달력 그레고리력을 발표하였다. 이에 따라 1582년 10월 로마의 달력에서 열흘이 사라졌다! 이후 유럽을 중심으로 그레고리력이 시행되었고, 차츰 세계로 퍼져 나갔다.

우리가 사용하고 있는 태양력이 바로 이 그레고리력인데, 윤년 규칙을 다음과 같이 정하여 실제 태양의 움직임과 달력 사이의 오차를 최대한 줄였다.

• 4년마다 윤년을 둔다.
• 100의 배수가 되는 해에는 윤년이 없다.
• 400의 배수가 되는 해에 다시 윤년을 둔다.

그후 그레고리력에 따라 부활절이 결정되었다.

성당 바닥에 자오선을 긋다

과연 그레고리력은 믿을만 했을까? 교황 클레멘토 11세는 그레고리력이 정확한지 확인하길 원했다. 그는 정확한 부활절 날짜를 알아내기 위해 교회 안에 천문대를 만들기로 하고, 프란체스코 비안치니에게 명을 내렸다.

비안치니는 이탈리아의 철학자이자 과학자로, 1713년 뉴턴의 뒤를 이어 런던왕립학회의 의장을 맡았던 사람이다. 그는 교황의 제안을 받자 천문학자, 역사가와 함께 수학자 마랄디를 참여시켜 팀을 구성하였다. 우선 비안치니는 천장이 높고 남북으로 길게 지어진 산타 마리아 델리 안젤리 성당을 선정했다.

1년 동안 해의 움직임을 관찰할 수 있는 충분히 긴 직선을 그릴 수 있기 때문이다. 또 벽에 작은 구멍을 뚫어 성당 훼손을 최소화하는 지혜도 발휘했다. 1655년 천문학자 카시니가 이탈리아 볼로냐의 성페트로니오 대성당(미완성)에 그린 자오선(그 길이가 무려 66.5m로 세계에서 가장 길다.)을 모델로 수년간의 측정과 계산을 거듭한 끝에 1702년, 자오선 프로젝트를 마쳤다.

드디어 성당 내부에 부활절 날짜를 결정할 수 있는 장치가 만들어진 것이다. 많고 많은 성당 가운데 산타 마리아델리 안젤리 성당만은 꼭 들러보리라 마음먹었던 이유는 바로 이 장치, 바닥에 그려진 약 45m 길이의 직선 때문이다. 이 직선은 성당을 가로질러 지나는 자오선(남극과 북극을 잇는 큰 원)의 일부이다. 선의 한 쪽에는 37~220, 또 다른 쪽에는 20~65의 자연수가 차례대로 쓰여 있다. 이 직

비안치니가 17세기 당시 사용하던 망원경을 들고 있다.

선은 해의 움직임을 이용한 그림 달력이자 해가 남중하는 시각을 알리는 해시계인 셈이다. 벽에 뚫린 작은 구멍으로 들어온 햇빛이 비추는 숫자를 보고 그날의 날짜를 알 수 있다.

그림 달력답게 자오선 양쪽에 황도 12궁에 해당하는 별자리 그림이 새겨져 있고, 부활절 날짜를 결정하는 기준인 춘분도 표시되어 있다. 물론 교황 클레멘토의 이름도 볼 수 있다.

춘분일 때 해가 비치는 위치를 표시해 놓았다. PASCHAE는 부활절이란 뜻이다.

해를 이용한 달력

자오선 그리기는 의외로 간단하다. 막대를 땅과 수직이 되도록 꽂고, 정오를 피한 적당한 시각에 오른쪽 그림과 같이 그림자의 끝을 표시한 다음 그림자의 길이를 반지름으로 하는 원을 그린다. 그림자의 길이는 하루에 두 번 같으므로 이 원 위에 그림자의 끝이 다시 오는 때를 기다려 한 번 더 표시한다. 이렇게 생긴 각을 이등분하는 선을 그리면 이 직선이 바로 자오선의 일부이다. 매일 해시계가 12시

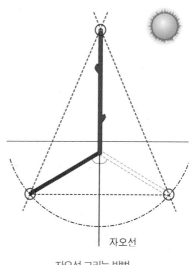

자오선 그리는 방법

를 가리키면 이 자오선 위에 막대의 그림자가 생긴다. 이때 그림자 끝을 정확하게 구분하기 쉽지 않으므로 막대 끝에 작은 구멍을 뚫어 그 구멍으로 들어오는 빛의 위치를 확인하면 측정의 오차를 보완할 수 있다.

로마나 우리나라가 위치한 북반구를 기준으로 해가 머리 위를 지나는 시각에 그림자의 길이를 생각해 보자. 지구는 적도면과 23.5° 기울어진 궤도를 따라 공전하므로 태양의 고도는 매일 달라진다. 여름에는 해의 고도가 높아 그림자의 길이가 짧고 반대로 겨울에는 해의 고도가 낮아 그림자의 길이가 길다. 이 원리를 이용하여 자오선 달력을 만들어낸 것이다.

성당 벽에 작은 구멍(벽에 뚫은 구멍까지의 높이는 20.34m)을 뚫은 다음 매일 해시계가 12시를 가리킬 때, 즉 해가 머리 위에 올 때 햇빛이 비치는 곳에 표

시한다. 사실 햇빛이 성당 바닥에 비친 모양은 타원이다. 하지일 때는 거의 원에 가깝고, 동지에 가까울수록 더 길쭉한 타원이 된다. 타원 모양으로 비친 햇빛을 한 점으로 여기면 이 점은 자오선 위에 있으며 매일 그 위치가 달라진다. 해가 머리 위에 있을 때(해는 동쪽에서 떠서 서쪽으로 지므로 해가 머리 위에 있을 때는 가장 남쪽에 있을 때이다) 해의 높이를 남중고도라고 하는데, 산타마리아 델리 안젤리 성당이 있는 위도 41.54°, 동경 12.129°에 의해 결정된다.

비안치니는 자오선 양쪽에 수를 새겼는데 모두 해의 남중고도와 관련이 있다. 자오선 왼쪽에 새겨진 수는 구멍 뚫린 벽면과 햇빛이 이루는 각의 크기이다. 이 각은 90°에서 해의 남중고도를 뺀 값이다. 자오선 오른쪽에 새겨진 수는 벽면과 햇빛이 이루는 각에 대하여 바닥에서 구멍까지의 높이와 벽에서 햇빛이 비치는 곳까지의 거리의 비를 계산한 값이다.

성당이 있는 곳의 남중고도는 해가 가장 높게 뜨는 하지에 71.3도이고, 해가 가장 낮게 뜨는 동지에 24.4도이다. 그러므로 자오선 왼쪽 값이 하지 때는 90−71.3＝18.7로 19, 동지 때는 90−24.4＝65.6으로 65 근처에 해가 비친다.

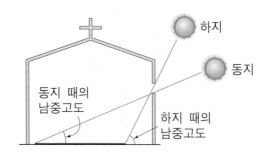

하지 때는 해가 높아 벽 가까운 곳에, 동지 때는 해가 낮아 벽에서 먼 곳에 해가 비친다.

벽에 햇빛이 들어오는 구멍을 뚫어 자오선 위에 비치게 하였다. 좁은 구멍을 통해 들어온 햇빛은 성당 내부에서 원뿔 모양으로 퍼져 바닥에 맺힌 상은 타원이 된다.

자오선에 새겨진 수

성당 바닥의 자오선 양쪽에는 숫자가 새겨져 있다. 자오선 왼쪽에 적힌 숫자는 햇빛이 벽면과 이루는 각도를, 오른쪽에 적힌 숫자는 날짜를 알려준다. 그런데 날짜를 알려주는 수는 어떻게 계산한 것일까?

사진에 찍힌 숫자를 통해 알아보자. 왼쪽의 48은 90°에서 남중고도를 뺀 각의 크기가 48°라는 뜻이다. 오른쪽에 적힌 111은 이 각 48°에 의해 결정되는 값이다. 직각삼각형에서는 직각이 아닌 각의 크기에 따라 직각을 낀 두 변의 길이의 비가 정해지는데, 이 값을 탄젠트(tan)라고 한다. 그림에서 tan 48°는 벽에서 햇빛이 비치는 곳까지의 거리 b를 바닥에서 구멍까지의 높이 a로 나눈 값이다. tan 48°의 값이 1.11이므로 여기에 100을 곱하면 111이 얻어진다.

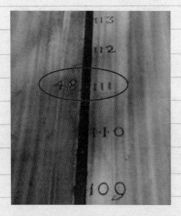

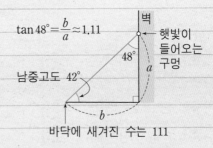

$$\tan 48° = \frac{b}{a} \approx 1.11$$

벽

햇빛이 들어오는 구멍

48°

a

남중고도 42°

b

바닥에 새겨진 수는 111

자오선에 기록된 숫자. 왼쪽은 90°에서 남중고도를 뺀 수이고 오른쪽은 날짜를 알 수 있는 수이다.

자오선 오른쪽 값도 하지일 때 가장 작고, 동지일 때 가장 크다. 하지일 때는 빛이 들어오는 각 18.7°에 대한 탄젠트 값이 0.338이니 100을 곱하면 34, 해가 가장 낮게 뜨는 동지일 때는 65.6°에 대한 탄젠트의 값이 2.20이므로 100을 곱하면 220이 된다. 그러니 성당 바닥의 자오선에는 34부터 220까지의 수만 기록하면 된다. 34에 해가 비추면 하지이고, 220에 해가 비추면 동지임을 알 수 있다.

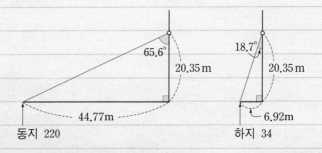

그렇다면 34나 220이 쓰인 곳은 벽에서 몇 미터 떨어져 있을까?

그 거리는 지면에서 구멍까지의 높이 a에 달려 있다. 이 성당에서는 구멍까지의 높이가 20.35m이므로 하지일 때 (거리)$=\tan 18.7° \times 20.35 ≒ 6.92$(m)

즉 벽에서부터 약 6.92m 떨어진 곳에 숫자 34가 새겨져 있다. 마찬가지로 동지일 때 (거리)$=\tan 65.6° \times 20.35 ≒ 44.77$(m), 벽에서부터 약 44.77m 떨어진 곳에 숫자 220이 새겨져 있다.

자오선에 비친 햇빛으로 날짜를 읽다

12시 조금 못 미쳐 국립 박물관에서 헐레벌떡 뛰어나왔다. 경보선수처럼 성당으로 돌진했다. 그런데 아까 봐 둔 자오선 위로 햇빛이 비치지 않는다. 이게 어찌 된 일이지? 성당을 휘휘 돌아보다 의아한 마음에 사람들을 살핀다. 갈릴레오 포스터를 읽는 사람, 의자에 앉아 묵상하는 사람, 장식을 둘러보는 사람…… 어느 성당에나 있을 법한 신자와 관람객들이다. 모두 무심해 보인다.

자오선에 찍히는 동그란 햇빛은 대체 어디로 간 걸까. 이 햇빛을 보려고 서울에서부터 날아왔는데, 얼마나 기다렸는데…… 아차차! 한참을 생각하다 찾아온 깨달음! 허탈한 웃음이 나왔다. 이탈리아는 섬머 타임을 실시한다. 그러니까 지금 12시는 정오가 아니라 11시인 것이다! 전화위복이라고 해야 하나? 해가 남중하려면 아직 한 시간이나 남은 셈이다. 다시 느긋한 마음이 되어 점심을 먹으러 나간다.

성당 뒤쪽, 골목길을 두리번거리니 과일 수레, 샌드위치, 햄버거, 스파게티 등 여러 가지 길거리표 먹거리가 가득하다. 요기를 하고 성당으로 돌아와 이번에는 편안하게 기다렸다.

자오선을 따라 걷는다. 벽 위쪽 구멍 한 번 쳐다보고, 바닥 한 번 쳐다보고. 그러기를 몇십 번. 오후 1시 10분

관광객이 자오선 오른쪽에 맺힌 동그란 햇빛을 사진에 담고 있다.

쯤, 드디어 자오선 근처로 햇빛이 떨어졌다. 하지가 지난 지 얼마 되지 않아 바닥에 맺힌 햇빛은 거의 원에 가까웠다. 보고 있는 동안 원 모양의 햇빛은 점점 자오선 쪽으로 이동했다. 대리석 바닥에 동그랗게 떨어진 밝은 햇빛 주변으로 사람들이 점점 많아졌다. 이미 자료나 책, 사진으로 보았는데도 실제 내 눈으로 보는 느낌은 굉장히 경이로웠다. 모두들 자기나라 말로 이 신기한 광경을 누군가와 소곤거렸다. 1시 15분이 살짝 지나자 햇빛은 자오선을 표시한 금속 띠 위를 지나 반대편으로 이동했다.

햇빛은 숫자 45를 비추었다. 8월 1일에는 햇빛이 45에 비치는구나 하고 생각했다. 성당 벽에는 날짜별로 해가 남중한 시간과 그때의 위치(탄젠트 값에 100을 곱한)를 적은 표가 붙어 있다. 7월 31일에는 44를 비춘다고 되어 있는 걸 보니 아직 8월 표로 교체하지 않았나 보다. 당시 이탈리아 수도사들은 수 년에 걸친 측정 끝에 자오선에 쓰인 수와 날짜 사이의 관계를 알아냈다고 한다. 덕분에 부활절 날짜를 정확하게 알 수 있었다.

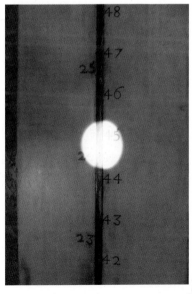

8월 1일 남중하여 자오선 금속 띠에 햇빛이 정확하게 비친 모습

우리 나라에도 해를 이용한 시계가?

우리나라에도 이와 비슷한 장치가 있었다. 해를 이용해서 시간과 절기를 측정하는 앙부일구, 해와 별을 이용한 일성정시의는 널리 알려져 있지만 날짜를 측정하는 장치가 있었다는 것을 아는 사람은 드물다.

세종은 일 년의 길이가 정확히 몇 날인지, 어느 절기인지 알아내기 위하여 경복궁에 '규표'를 설치하였다. 바닥에 남북으로 길게 그은 직선에 동서 방향으로 그은 눈금을 '규', 그 끝에 수직으로 세운 막대를 '표'라 하였다. 정오에 수직으로 세운 막대표의 위쪽을 가로지른 가느다란 막대가 만드는 그림자가 가리키는 눈금을 보고 일 년 중 어느 날인지 판단하였다. 눈금이 가장 길 때가 동지, 가장 짧을 때가 하지, 동지와 하지의 가운데에 해당하는 날을 봄에는 춘분, 가을에는 추분이라 하고, 이 네 절기를 뺀 나머지 20절기를 그 사이에 약 15일 간격으로 배열하였다.

서양에는 노몬gnomon이라 부르는 해시계가 있는데, 땅에 세워놓은 막대가 규표와 같다. 해와 그림자를 이용하여 시각이나 날짜를 알려면 반드시 필요한 장치여서 세계 곳곳에서 발견되는 것은 우연이 아니다. 중국 역시 춘추전국시대에 규표를 이용하여 1년의 길이가 365.25일임을 알았다고 한다. 표 높이는 8척(166cm 정도)으로 사람의 키와 비슷하다. 피타고라스의 정리에 따르면 길이가 6, 8, 10인 삼각형은 직각삼각형이므로 규의 길이를 6척, 표의 길이를 8척으로 하였을 것이다.

그림자의 끝은 경계가 분명하지 않다. 규의 그림자 끝 역시 흐릿하게 번져 날짜를 읽기 어렵자 구리판에 바늘구멍을 뚫어 영부라는 것을 만들었다. 규가 만드는 그림자의 끝부분으로 영부를 옮겨 그림자의 끝을 지나는 햇빛이 영부에 뚫린 작은 구멍을 통과하도록 한 것이다. 햇빛이 떨어지는 위치를 선명하게 읽기 위한 장치로 성당 벽에 조그만 구멍을 뚫은 것과 같은 이치이다.

규표와 로마 성당의 자오선은 같은 원리로 만들어진 것이기 때문에 바닥의 눈금

도 같은 모양이다. 양쪽 모두 하지 쪽은 눈금이 촘촘하고 동지 쪽으로 가면 눈금이 성글어진다. 탄젠트라는 용어가 없었을 뿐 우리나라에도 그 원리는 구현되고 있었다.

아피아가도에서 만나는 스파르타쿠스

로마를 떠나는 날이다. 보지 못한 곳도 많고, 한번 더 가 보고 싶은 곳도 있는데……. 마지막 날, 아피아가도에 들르기로 했다. 기원전 312년 공화정 때 착공된 가장 오래된 길. 로마에서 남동쪽으로 뻗은 이 도로는 지금도 사용하고 있다.

로마의 '길' 하면 무조건 아피아가도가 떠오르기도 하지만 이 길에 꼭 와보고 싶었던 이유는 스파르타쿠스 때문이다. 그는 공화정 말기, 로마가 지중해 해안선 대부분을 장악한 시절의 인물이다. 지중해 전역에서 약탈한 보물과 강제로 징수한 세금, 엄청난 수의 전쟁 포로로 상상할 수 없는 부를 누리던 로마. 하지만 언제나 그렇듯이 부는 공평하게 나누어지지 않았다. 폼페이우스, 크라수스, 카이사르 등 거대한 군벌들은 막대한 부를 축적한 반면, 농지를 잃은 참전용사들은 도시로 흘러들어 빈민이 되었고 외국에서 끌려온 노예들의 원한은 높아만 갔다.

로마 군인이었던 스파르타쿠스는 탈영하여 노예가 되었다고 한다. 그는 70명의 검투사를 이끌고 검투사 양성소를 탈출한 뒤 로마를 상대로 전쟁을 일으켰다. 농장과 광산에 끌려와 있던 노예들은 노예로 사느니 전사로 죽겠다는 결의로 합류하였을 것이다.

아피아가도는 기원전 71년, 인간의 권리를 찾으려 했던 스파르타쿠스와 6천여 명의 사람들을 매단 십자가가 끝없이 서 있던 길이다. 자유를 향한 3년의 몸부림이 처절하게 끝나버린 아피아가도. 이곳에서 스파르타쿠스와 그와 뜻을 함

고대 로마 제국의 가장 오래된 길, 아피아가도

께 한 12만 명에 달했던 사람들을 생각하며 묵념에 잠긴다. 지금도 어디에서인
가 자유를 억압당하는 사람을 위해 한 인간으로서 갖춰야할 예의랄까. 하지만
스파르타쿠스의 흔적은 찾을 길 없고 자동차들만 무심히 지나간다.

　이젠 돌이 깔린 이 길에 꽤 익숙해졌다. 자동차가 지나가며 내는 소리도 그다
지 시끄럽지 않다. 관리가 잘 되어 파인 곳도 없고 시원하게 쭉 뻗어 있다.

　폼페이에서 본 움푹 파인 길이 아피아가도와 겹친다. 베수비오 화산이 뿜어
낸 화산재에 묻혀 옛 상태 그대로 남아있던 그 길. 꽤 큰 돌 위에 수레바퀴 자국
이 선명했다. 얼마나 많은 사람과 수레가 다녔길래 단단한 돌이 그렇게 패였을
까. 당시 폼페이 사람들의 삶이 수레바퀴 자국에 남아 있는 듯했다. 돌길에 바

퀴 자국이 나도록 열심히 산 그들의 삶의 흔적은 아직도 발굴 중이다. 길, 건물, 생활소품들이 폼페이 사람들의 이야기를 하나 둘 들려주리라.

아피아가도는 로마의 무엇을 기억하고 있을까. 승전을 과시하는 로마 군사들의 행진을, 식민지에서 약탈한 보물과 보석을 실은 수레를 기억할까? 길을 닦느라 피땀 흘린 이름 없는 사람들, 시대의 고난을 온몸으로 짊어지고 이 길을 떠났을 사람들의 모습을 기억하고 있을까?

커다란 용기와 힘을 가졌을 뿐만 아니라 인간의 자유와 존엄을 지키기 위해 자신을 바친 스파르타쿠스, 사람들은 그와 함께 한 사람들의 최후를 기억하고 있을런지. 이곳을 찾은 우리라도 그를, 그의 외침을 기억해야 하지 않을까 하는 마음에 옷깃을 여미게 된다.

아피아가도 길 양쪽으로 십자가가 쭉 세워져 있었을 당시의 광경을 상상하다보니 문득 윤동주 시인이 생각났다. 십자가가 허락된다면 모가지를 드리우고 꽃처럼 피어나는 피를 어두워가는 하늘 밑에 조용히 흘리겠다던. 중학교 때인가 국어 시간에 배웠던 그 시가 여기, 이탈리아 남쪽에서 떠오르다니. 윤동주에게 어두웠던 하늘, 스파르타쿠스에게 어두웠던 하늘이 지금은 좀 밝아졌을까.

폼페이의 돌 길. 두 줄의 수레바퀴 자국이 선명하다.

두 팔 벌린
교황의 품에 안기다
바티칸

바티칸 박물관

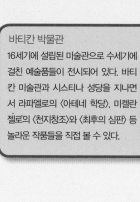

16세기에 설립된 미술관으로 수세기에 걸친 예술품들이 전시되어 있다. 바티칸 미술관과 시스티나 성당을 지나면서 라파엘로의 〈아테네 학당〉, 미켈란젤로의 〈천지창조〉와 〈최후의 심판〉 등 놀라운 작품들을 직접 볼 수 있다.

바티칸 박물관

성 베드로 성당

성 베드로 성당

베드로가 순교한 자리에 세워진 성당. 성당 앞 광장에 서면 타원 모양으로 둥글게 배열된 기둥과 그 위 성인들의 조각상이 보여주는 위용에 감탄하게 된다. 성당 안 화려하고 장중한 스테인드글라스가 뿜어내는 엄숙함 속에서 미켈란젤로의 피에타를 감상할 수 있다. 성당 위 돔에 오르면 로마 시내가 한눈에 내려다 보인다.

산탄젤로 성 ●

산탄젤로 성
로마 황제의 무덤으로 지어진 성인데, 교황
의 피난처로, 군사요새로, 심지어 감옥으로
쓰이기도 했다. 지금은 국립박물관이며 성
베드로 성당과 직접 연결되는 통로가 있다.

바티칸

로마의 북서쪽, 높은 장벽으로 둘러싸인 세계에서 가장 작은 독립국이다.

한 개의 도시로 이루어져 있어 시국이라 부른다.

그러나 크기만으로 바티칸을 작다 말할 수 있을까.

세계 카톨릭의 중심으로 그 영향력은 절대적이다.

바티칸에서 가장 먼저 떠오르는 건 바티칸을 빙 둘러싼 높은 장벽이다. 대부분의 나라가 강이

나 산맥으로 국경을 삼는 것과 달리 이 장벽이 바티칸과 이탈리아를 구분 짓는다.

종교를 상징하는 나라인데, 왜 국경이 필요하며, 왜 그렇게 높아야 할까.

두 팔 벌린 성 베드로 광장의 모양처럼 들어오는 사람 누구나 환영하는 나라는

현실에서는 불가능한 일일까.

그다음으로 떠오르는 건 흰 연기. 교황이 서거하면 전 세계 추기경들이 모여

다음 교황을 선출한다. 비공개로 콘클라베라고 부르는 선거를 집행한 뒤

그 결과를 투표 용지를 태워 나오는 연기로 외부에 알린다. 흰 연기는

선출되었다는 뜻이고 검은 연기는 결정되지 않았다는 뜻이다. 흰 연기가

피어올랐다는 뉴스가 나올 때까지 마음 졸이며 기다렸던 기억이 있다.

하지만 바티칸이 처음부터 전 세계 가톨릭의 중심지는 아니었다. 아니,

가톨릭은 세계에 널리 퍼진 종교가 아니었다. 팔레스타인 지방에서 시작되어

서아시아로, 380년 로마 제국이 국교로 삼으면서 유럽으로 퍼져나가기

시작했다. 15세기 후반, 이른바 '대항해 시대' 이후에 유럽과 근동을 벗어나

세계로 퍼져나간 종교이다.

서로마 제국이 멸망하면서 로마의 교황은 권력의 중심으로 급부상하였다.

직접 영토를 다스리며 세속 권력보다 더 큰 권력을 누리기도 하였다.

넓은 영토와 권력, 거기에 종교의 힘까지 가졌으니 중세 시대야말로

교황 천하의 시절이었을 것이다.

두 팔 벌린 성 베드로 성당

성 베드로 광장에 서다

바티칸은 작은 나라이지만 볼 것으로 가득 찬 거대한 곳이다. 성 베드로 성당과 광장, 돔, 수세기에 걸친 예술품들로 가득한 세계 최대 규모의 박물관을 모두 돌아보려면 하루가 짧다.

아침부터 서둘러 길을 나섰다. 지하철에서 내려 발걸음을 재촉하자 멀리 성 베드로 성당의 돔이 보인다. 브라만테가 맡았다가 미켈란젤로가 재설계하면서 판테온 돔의 지름보다 1m 작게 만들었다는 바로 그 돔이다. 그러니 바티칸으로 향하는 첫걸음이 성 베드로 성당인 것은 너무나 자연스러운 일. 6만 명을 수용한다는 엄청난 규모의 성 베드로 성당은 319년 베드로가 순교한 자리에 세워졌다. 그 낡은 성당을 천 년도 더 지난 1506년에 다시 축성하기 시작하여 120년 후 완성한 것이 지금의 모습이라고 한다.

우리 일행을 반갑게 맞아준 것은 성당 앞 광장이었다. 베르니니가 설계했다는 성 베드로 광장. 둥그런 모양으로 줄지어 선 기둥들은 베르니니가 의도한 대로 이곳을 찾아오는 모든 사람을 포용한다는 뜻을 확실하게 느끼게 해주었다. 그는 성 베드로 성당의 돔을 그리스도의 머리, 대성당은 몸, 타원 모양의 양쪽

회랑은 두 팔로 묘사함으로써 성 베드로 성당에 오는 모든 이들을 종교, 종족, 언어, 관습 등을 초월하여 하나님의 집에 초대한다는 그리스도의 참 모습을 표현하였다고 한다. 두 팔 벌려 사람들을 감싸 안는 모습으로 친근하면서도 정제된 아름다움을 뿜어내고 있었다.

기다란 대리석 기둥이 만들어내는 타원형 광장과 기둥마다 세워진 140명 성인의 조각상. 광장은 30만 명 규모로 넓디 넓으면서도 짜임새 있어 보였다. 광장 중앙에 오벨리스크를 세워 중심을 잡고, 그곳에서부터 바닥에 방사형으로 부채꼴 모양을 그렸다. 광장의 바깥쪽은 4등분하여 다른 공간과 연결된 열린 공간, 열주들의 공간이 각각 마주보면서 대칭을 이루고 있다.

성 베드로 성당의 돔에서 내려다 본 광장. 중앙에 오벨리스크가 우뚝 서 있고 양쪽으로 분수대가 있다.

기둥이 한 줄로 서다

광장 입구에 서서 감탄하다 대리석 기둥을 찬찬히 보기 시작했다. 284개의 대리석 기둥은 네 개씩 줄지어 서 있는데, 광장의 특별한 지점에서는 그 네 개가 겹쳐져서 한 줄로 서 있는 것처럼 보인다고 한다. 그곳이 어디일까 찾아나섰다.

조금씩 자리를 옮기면서 어디에서 기둥 4개가 1개로 겹쳐 보이나 살피다보니 점점 분수대 가까이 가게 되었다. 몇몇 사람이 서성이고 있는 발밑에 하얀색 원형 표지판이 있다. 사람들이 그 표지판을 딛고 서서 이쪽저쪽을 둘러보고 있다. 어서 보고 가라는 무언의 압력을 넣으며 그들이 자리를 뜰 때까지 주위를 서성인다. 그러면서 기둥들이 어떻게 보이나 살피는데 서로서로 앞뒤로 포개어진 기둥이 숲을 이루고 있다.

드디어 우리 차례다. 앞서 간 그들처럼 표지판을 딛고 선다. 과연! 좀전과 달리 회랑의 기둥 4개가 겹쳐지면서 가장 앞 줄의 기둥만 보였다. 엄숙한 성당 광장에서 만나는 베르니니의 재치가 즐거움을 준다.

이 표지판 위에 서서 대리석 기둥들을 보면 4개의 기둥이 한 개처럼 보인다. 오벨리스크 반대쪽에도 같은 표지판이 있다.

그런데 직선이 한 점에서 방사형으로 뻗어 나가기 때문에 뒤쪽으로 갈수록 기둥 사이의 간격은 벌어진다. 즉, 앞줄에 선 기둥 사이의 간격보다 뒤쪽 줄의 기둥 사이의 간격이 더 넓어지게 된다. 이 사실을 베르니니가 그냥 지나쳤을리 없다. 어떻게 처리했을지 궁금해하며 회랑으로 발걸음을 재촉했다. 이곳 역시 성당이든 돔이든 들어가려면 줄을 서야 한다. 어느새 회랑에는 사람들이 기둥처럼 길게 늘어 서 있다. 다른 때 같았으면 최단거리로 가겠지만 오늘은 다르다. 일부러 기둥 열이 시작되는 지점부터 기둥 사이를 걸어 간다. 기둥 하나하나가 위로 쭉쭉 뻗은 나무들 같아 기둥나무 숲 속을 걷는 기분이다.

타원 모양을 따라 시계 반대방향으로 걸어가고 있으니, 왼쪽보다 오른쪽 기둥들의 간격이 더 넓어야 하는데 기둥 사이 간격이 다르다는 느낌이 들지 않는다. 뒤쪽으로 갈수록 기둥의 굵기를 약간씩 굵게 만들어 기둥 사이의 간격이 같도록 설계한 베르니니의 눈속임 때문이다. 초점에서 볼 때 맨 앞의 기둥에 가려 보이지 않으면서도 맨 앞의 기둥보다 굵게 만들려면 반드시 수학이 필요했을 것이다. 건축가 베르니니는 성당 건축에 이런 재치를 발휘할 만큼 유연하고 또 섬세한 사람이었구나 감탄하게 된다.

1 네 줄로 서 있는 기둥이 모두 보인다 **2** 원형 표지판 위에서 보면 기둥이 한 줄로 보인다.

성 베드로 광장처럼 큰 타원 그리기

성 베드로 광장은 굉장히 큰 타원 모양이다. 원은 아무리 커도 쉽게 그릴 수 있지만 타원은 그렇지 않다. 건축가들은 이렇게 큰 타원을 어떻게 그렸을까?

전해지는 가장 오래된 방법은 이탈리아의 건축가 세바스차노 세를리오 Sebastiano Serlio의 방법이다.

(1) 원점 O로부터 같은 거리에 있는 점 A, B를 중심으로 반지름의 길이와 중심각의 크기가 같은 부채꼴을 그린다.

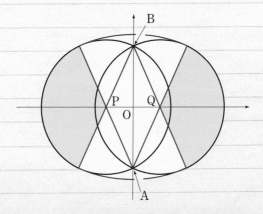

(2) 두 부채꼴이 만나는 두 점 P, Q를 중심으로 지름의 길이가 처음 부채꼴의 반지름 길이와 같은 원을 그린다.

이렇게 그린 후, 부채꼴과 원을 잇는 곡선을 그으면 타원과 거의 비슷한 곡선을 얻을 수 있다. 부채꼴의 반지름의 길이, 중심각의 크기, 원의 중심과 반지름의 길이를 조정하여 타원의 크기나 모양을 바꿀 수 있다.

기둥을 한 줄로 세운 비밀

베르니니는 어떤 방법으로 성 베드로 광장의 기둥을 한 줄로 세웠을까? 광장의 모양이
달라도 가능한 일일까?

결론부터 말하면 광장의 모양이 달라도 기둥 열이 성 베드로 광장의 기둥처럼 겹
쳐 보이도록 설계할 수 있다. 원이든 타원이든 직사각형이든 도형 내부에 한 점을
정하고, 그 점에서 아래와 같이 방사형으로 직선을 그어 그 직선을 따라 여러 줄
로 기둥을 배치한다. 그러면 처음 정한 점 위에 섰을 때 기둥들이 서로 포개어져
보인다.

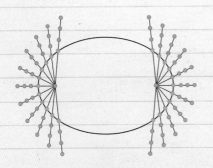
타원일 때
기둥 4개가 일렬로 보이도록 한 설계

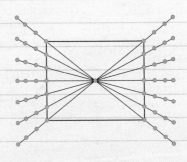
직사각형일 때
기둥 4개가 일렬로 보이도록 한 설계

위 그림은 도형과 기둥(점으로 표시)을 위에서 본 것이다. 이 설계에 의하면 처음
정한 점에 서서 기둥을 보면 분홍색으로 표시된 기둥만 보이고 뒤에 선 기둥(하늘
색 점)들은 가려져 보이지 않는다.

넓어 보이는 사다리꼴 앞마당

줄을 설 때마다 이 많은 사람들은 다 어디 있다 내가 줄 설 때 나타나나 싶다. 끊임없이 줄지어 행진하는 개미들같다. 관광 성수기이니 어딜 가도 번잡스럽겠지만 괜시리 억울하다. 저들도 우리를 그렇게 생각하겠지? 하는 순간 정신이 번쩍 든다. 최단거리인 직선으로 달려간다.

줄을 서면 왼쪽으로 성당 앞마당이 보인다. 앞마당은 사다리꼴 모양인데, 사다리꼴의 평행한 두 변 중 짧은 쪽이 광장, 긴 쪽이 성당과 이어져 있다. 광장 쪽에서 올라오면서 보면 앞마당이 상대적으로 넓어 보인다. 착시 때문이다. 마당의 모양이 직사각형일 경우 원근법에 의해 먼 쪽이 좁아 보인다. 그 원리를 거꾸로 적용하여 마당을 사다리꼴로 만들고 짧은 변 쪽을 입구로 하면 오히려 직사각형에 가깝게 넓어 보인다.

미켈란젤로가 설계한 캄피돌리오 광장에도 같은 원리가 구현되어 있다. 계단을 올라 캄피돌리오 광장에 서면 사다리꼴 모양의 광장이 펼쳐지는데 실제보다 넓어 보인다. 광장으로 올라가는 계단 역시 마찬가지이다. 계단 위쪽을 아래

1 성 베드로 성당 앞의 사다리꼴 공간. 광장을 지나 성당으로 들어가기 위해 앞마당에 올라서면 실제보다 넓어 보인다 **2** 사다리꼴 모양의 캄피돌리오 광장. 광장이 실제보다 넓어 보인다.

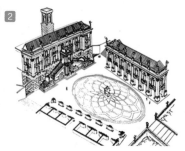

쪽보다 더 넓게 만들어 아래에서 볼 때 위쪽이 아래와 같은 폭으로 보이도록 했다. 좁은 공간을 시각적으로 넓고 시원하게 만드는 좋은 방법이다.

로마 시내를 한눈에 품다

여행을 하면서 생긴 본능, 목표물이 보이면 일단 걷는다, 멀든 높든 따지지 않고. 시원한 기둥 그늘에서 쉬면서 보니 저 멀리 성 베드로 성당의 돔 위로 알록달록한 점들이 움직인다. 맞다! 저기에 올라갈 수 있었지. 돔으로 마음이 동한다. 벌떡 일어나 걷는다.

어차피 엘리베이터를 타도 중간에 내려 걸어가야 한다는 말에 호기롭게 계단을 선택했다. 구비구비 한참을 애를 써 쿠폴라에 오르니 시원한 바람이 인사를 건넨다. 이야! 이래서 여기 오르는구나. 눈앞에 로마 시내가 시원하게 펼쳐진다. 그동안 저 아래를 누비고 다녔구나. 탄성이 절로 나온다.

로마 시내 어디어디를 다녔더라? 기억을 떠올리며 보석을 찾듯 하나하나 눈으로 짚어본다. 멀리 로마 시내를 가로지르는 티베르 강, 판테온 지붕, 녹색의 보르게세 공원, 봉긋하게 솟은 성당의 돔들이 여기저기서 아는 체를 한다. 유난히 하얀 비토리오 에마누엘레 2세 기념관은 멀리서 보아도 참 거슬린다. 그나마 콜로세움을 가로막지 않아 다행이다. 포폴로 광장의 쌍둥이 성당 돔이 서로 포개어져 정다워 보인다. 사진도 찍고 사람도 구경하며 여유롭게 햇살과 바람을 즐긴다.

바티칸을 내려다보니 잘 가꾸어진 정원이 눈에 들어온다. 도시 국가라서 건물이 다닥다닥 붙어 있을 것으로 상상했는데 예상외로 절반 정도가 정원이다.

교황이 이 정원으로 산책을 나오기도 하나? 문득 교황은 어느 건물에서 지내는지 궁금해진다.

바티칸은 전 세계 가톨릭교회의 수장인 교황이 사는 곳으로 가톨릭 종교의 중심이다. 초대 교황으로는 성 베드로가 추대되었고, 2013년에 선출된 성 프란체스코 교황은 제266대 교황이다. 추기경들이 모여 단 한 명의 교황을 선출하는 지금의 방식은 사실 그리 오래되지 않았다. 기독교가 공인된 4세기 훨씬 후이니까 말이다. 독일을 제외한 유럽의 추기경들이 모여 처음으로 교황을 선출한 때가 1073년, 교황 그레고리오 7세 때이고 전 세계의 추기경이 한 곳에 모여 한 명의 교황을 선출하게 된 건 최근이다. 217년부터 1449년까지는 교리와 관련된 대립, 합법적인 교황의 추방, 이중 선거 등 복잡한 상황 속에서 40명 정도의 교황이 2명, 3명씩 서로 교황이라 주장하기도 했고, 많게는 동시에 5명의 교황이 대립한 적도 있었다고 한다.

이런 상황이 벌어진 이유는 종교의 영향력이 컸고 이에 비례하여 교황을 중심으로 한 교황청의 권위와 부가 그야말로 하늘에 닿을 정도였기 때문일 것이다. 중세 시대만 해도 교황청은 로마를 중심으로 하는 교황령을 통치하는 또 하나의 세속 권력이었다. 교황령은 이탈리아 중부를 아우를 정도로 넓었다. 사실 교황은 교황령을 통치하는 또 한명의 왕이나 마찬가지였다. 게다가 종교 지도자이기도 했기 때문에 교황이 가진 권력과 부는 대단한 것이었다. 교황은 이를 바탕으로 종교적인 문제 뿐 아니라 자신들의 권익을 보호하고 영향력을 유지하기 위해 정치에 개입하는 일이 잦았으며, 이는 곧 정치 권력을 대표하는 왕과의 대립을 의미했다. 왕 역시 종교를 자신의 영향력 밑에 두려 했기 때문에 추기경 임명 등을 놓고 의견 대립도 잦았다. 때로는 왕을 능가하는 권력을 가진 교황도

1 성 베드로 성당 돔에서 바라 본 산탄젤로 성 **2** 베드로 광장의 북쪽 주랑 옆에서 산탄젤로 성까지 이어진 성벽

있었으니 왕과 교황은 중세 시대 내내 권력을 놓고 긴장된 관계를 유지하면서 다툼을 벌였다. 하지만 가톨릭 개혁 이후 교황들은 점차 세속 권력을 잃고 지금은 종교 지도자의 역할을 하고 있다.

산탄젤로 성으로 피신하는 길

성 베드로 광장 조금 위쪽 강가에 산탄젤로 성이 보인다. 이 성은 원래 로마의 황제 하드리아누스가 자신과 가족의 무덤으로 사용하기 위해 지었다. 실제 여러 황제들이 묻혀 있기도 하다. 로마 제국이 멸망한 후에는 로마 교황청의 피난처로, 또 군사 요새로 개조되면서 심하게 훼손되었고, 한 때는 감옥으로 사용하기도 했단다. 아우렐리우스가 로마 바깥에 성벽을 쌓을 때 이 성의 벽돌을 가져다 썼다는데 지금은 국립 박물관이다.

산탄젤로 성이 눈에 들어온 이유는 이곳과 이어져 있는 성벽 위 통로가 잘 보였기 때문이다. 이 통로는 산탄젤로 성과 성 베드로 성당을 직접 연결하는데, 길이가 800m 정도이다. 유사시에 교황이 산탄젤로 성으로 피산하기 위해 만들었다고 한다. 존경받아 마땅한 교황이 바티칸을 버리고 산탄젤로 성으로 대피해야 했던 이유는 도대체 무엇일까?

앞서 말한 세속 권력과의 긴장된 관계가 원인이기도 하지만 외부 침략 때문이기도 하다. 교황청이라고 외부 침략에 예외일 수 없으니 스스로를 방어해야 했다. 이런 배경에서 1277년, 교황 니콜라스 3세는 교황청이 위험할 때 안전하고 빠르게 피신할 수 있도록 벽을 쌓고 그 위에 통로를 만들었다. 그는 바티칸을 영구적인 교황의 근거지로 삼고 정원과 궁전을 확장하는 등 교황권의 회

다리에서 바라본 산탄젤로 성. 양쪽으로 조각상이 화려하다.

복을 위해 힘쓴 인물이다. 실제로 위험에 처한 교황이 이 통로를 이용해 성으로 피신한 일이 여러 번 있었다고 한다. 1527년 신성 로마 제국의 황제 카를 5세가 로마를 침공했을 때, 교황 클레멘토 7세는 이 통로를 통해 산탄젤로 성까지 도피하였다. 성당 쪽 벽의 높이가 더 높고 성 쪽으로 갈수록 차차 낮아지는 내리막이어서 좀 더 편하고 빠르게 이동할 수 있었으리라.

성 베드로 성당의 쿠폴라 안쪽. 사람이 걸어다닐 수 있다.

성 정면의 산탄젤로 다리는 성으로 들어가는 입구를 겸하고 있다. 베르니니가 만든 천사 조각상들이 다리를 장식하고 있어 로마의 다리 중 가장 아름답다는 평가를 받는다. 일정을 끝내고 돌아갈 때 저 다리를 꼭 건너가리라. 목표물을 정했으니 이제 여행 본능대로 움직이는 일만 남았다.

쿠폴라와 연결된 길은 성당 안쪽을 통과하도록 되어 있는데, 돔과 건물이 연결되면서 채광창이 난 곳에서 아래를 내려다 볼 수 있다. 위로는 천정화가 손에 잡힐 듯 가깝다. 온통 모자이크인데 번쩍이는 건 금이란다. 꼭대기에 돔 완성을 기념하여 새긴 '성 베드로의 영광을 위하여, 식스토 5세 교황, 교황 재위 제 5년, 1590년' 이라는 글씨가 보인다. 발밑에도 돔 아래 부분을 한 바퀴 돌며 원 모양 띠에 글씨가 쓰여 있는데, 글자 높이가 2m나 된단다. 웬만한 사람 키보다 크다.

내려다보니 성당의 높이와 규모가 실감난다. 사람들이 한쪽 방향으로 꼬물꼬물 움직이면서 성당을 둘러보는 모습이 재미있게 보인다. 그중에는 가끔 위를 올려다보는 사람들도 있는데 목이 아픈지 곧 제 갈 길을 간다. 때마침 16개의 채광창으로 들어온 햇빛이 안쪽을 비춘다. 성스러운 분위기에 종교와 관계없이 마음이 숙연해진다.

미켈란젤로가 본 예수와 마리아

돔에서 내려와 성당에 들어서자 오른편 유리벽 너머에 미켈란젤로의 피에타가 있다. '피에타'는 이탈리아 말로 슬픔, 비탄을 뜻하는데 성모 마리아가 십자가에서 내려진 예수를 안고 비통에 잠긴 모습을 조각한 작품의 제목으로 많이 쓰였다. 수많은 조각가, 화가들이 예수를 품에 안은 마리아의 비통함을 표현한 피에타 중 성 베드로 성당에 있는 미켈란젤로의 것을 으뜸으로 치는 이유는 무엇일까.

문외한인 나로서는 그저 직접 보라는 말밖에는 할 말이 없다. 여러 장의 사진으로 피에타를 보았을 때도 미켈란젤로의 피에타에서 풍기는 비통함, 절망, 숙연함을 따를 작품이 없다는 느낌이었는데, 실제로 보자 그 아픔이 주변을 덮고 있는

성 베드로 성당에 있는 미켈란젤로의 피에타

듯 했다.

예수의 무게를 감당하기 위해 살짝 오른쪽으로 기운 성모 마리아의 자세, 힘이 빠져 축 늘어진 예수, 돌을 깨고 갈아서 만든 것이라 믿기 어려운 사실적인 표정과 근육, 세세히 뜯어볼수록 감탄하게 되는 이 조각에는 재미있는 이야기가 있다. 미켈란젤로의 초기 작품으로 분류되는 이 피에타는 프랑스 추기경의 요청으로 만들어졌는데 완성 후에도 대금을 받지 못했다. 미켈란젤로는 고민 끝에 아무도 모르게 피에타를 성당 안에 두고 나와 버렸다. 조각상을 본 많은 사람들이 칭찬하는 말 속에 다른 조각가의 작품이라는 소문이 떠돌았다. 20대 초반의 젊은 미켈란젤로는 억울한 마음에 밤에 몰래 들어가 조각상에 글귀를 새겨 넣었다.

MICHEL. AGELVS. BONAROTVS. FLORENT. FACIEBAT.

망원경으로 보니 마리아의 어깨에 두른 띠에 작은 글씨가 보인다. '피렌체에서 온 미켈란젤로 부오나로티'라는 뜻이란다. 그러나 미켈란젤로는 만물을 만든 하나님은 어떤 창조물에도 자신의 이름을 새겨 넣지 않았다는 것을 깨닫고 자신의 오만함을 후회하며 평생 어떤 작품에도 자신의 이름을 새기지 않았다고 한다. 이 세상 여기 저기 남겨진 나의 흔적이 부끄러워지는 순간이다. 부끄러움을 감추고 싶어 망원경에 눈을 바짝 대고 유리벽 너머 미켈란젤로의 서명을 읽는다.

피에타를 조금이라도 더 마음에 담고자 관광객에게 떠밀리면서 꽤 오래 버텼다. 유리벽 너머로 보는 피에타이지만 너도 나도 조금이라도 가까이 보려는 바람에 피에타 앞은 꽤 번잡스럽다.

다른 조각상처럼 가까이에서 볼 수 있었던 피에타가 유리벽 너머로 들어가게 된 것은 1972년에 일어난 사건 때문이다. 1972년 5월, 정신분열증 환자가 성모 마리아를 망치로 내려친 사건이 발생했다. 6개월 만에 보수되어 다시 돌아온 피에타는 그때부터 방탄유리를 사이에 두고 관람객을 맞이하게 되었다.

피에타 상 앞에 비하면 성당 안은 한갓지다고 말할 정도다. 관광객들이 수없이 쏟아져 들어왔지만 워낙 넓은 탓에 내부를 충분히 즐기며 돌아다닐 수 있었다. 성인들의 조각상, 아치로 만들어진 경당, 코린트식 기둥, 테셀레이션으로 꾸민 바닥과 천정의 문양, 스테인드글라스 창문 등 곳곳에 예술적이고 기하학적인 아름다움이 가득했다. 지하에는 역대 교황들이 묻혀 있다. 베드로 이래로 교황이 선종하면 묻히는 곳이 바로 이곳이다.

포로처럼 묶인 광장의 오벨리스크

성당을 둘러보고 다시 광장으로 나온다. 광장은 아직도 햇빛이 한창이다. 젤라또 생각이 간절해진다. 더울 때마다 찾게 되는 젤라또. 한국으로 돌아가도 먹고 싶어질 것 같다. 쫄깃하면서도 부드러운 식감, 달콤하고 시원한 것이 더위에 지친 몸과 마음을 달래주는 데 특효약이다. 그래서 젤라또를 파는 젤라떼리아는 항상 손님들로 붐빈다. 가게마다 맛과 종류가 조금씩 다르니 그야말로 골라먹는 재미가 있다. 만만치 않은 가격에 뱃살 걱정까지 해야 하지만 웬만해서는 유혹을 떨치기 힘들다.

반면 우리나라에서 흔한 하드나 아이스크림은 좀처럼 찾기 힘들다. 슈퍼마켓 냉장고에도 변변한 것이 없다. 한 번은 큰 슈퍼마켓에서 이탈리아어를 보고 또 보고 힘들게 아이스크림을 골랐는데, 먹으면서 젤라또 생각이 더 났다. 이렇게 더위를 핑계로 오늘도 젤라또를 먹는다. 입이 시원하니 살 것 같다. 뜨거운 광장을 이리저리 돌아다니는 사람들을 보고 있자니 만화경 속을 들여다보는 느낌이다. 입맛을 다시며 무거운 몸을 일으켜 나도 만화경 속으로 들어간다.

바티칸 박물관 예약 시간까지는 여유가 있어 오벨리스크를 보러 성 베드로 광장 한가운데로 향한다. 유럽의 오벨리스크들은 이집트에서 약탈해온 것이다. 이 오벨리스크는 37년 로마의 3대 황제 칼리굴라가 이집트에서 실어와 경기장을 장식했다가 1586년 지금의 위치로 옮겨진 것이다. 뜨거운 태양을 온몸으로 받으며 널따란 광장에 우뚝 서 있는 오벨리스크의 자태는 장하지만 씁쓸한 느낌을 지울 수 없다. 전쟁 포로처럼 끌려와 광장에 묶인 오벨리스크, 약탈당한 우리나라 문화재 역시 이역만리 타국에서 돌아올 날을 기약하지 못한다.

성 베드로 광장의 자오선에서 날짜를 읽다

오벨리스크는 강한 햇살을 받아 그림자를 드리우고 있었는데, 바닥을 보니 오벨리스크에서부터 분수대 쪽으로 하얀색 선이 이어져 있다. 이건 뭘까? 선을 따라가는데 중간 중간 원형 대리석 판이 박혀 있고 그 안에 글자와 숫자가 쓰여 있다. 자세히 보니 낯익은 글자가 보인다. 열두 달의 이름이다.

아! 이 선도 자오선이구나. 아까는 몰랐는데 다시 보니 선이 상당히 길다.

이 자오선은 성 베드로 성당을 등졌을 때 오벨리스크의 왼쪽에 그어져 있는데, 오벨리스크와 분수대를 연결하는 직선처럼 보이기도 한다. 분수대를 관통해서 꽤 길게 그어져 있는데, 분수대 때문에 마치 끊어진 것처럼 보여 눈에 잘 띄지 않는다. 하지만 관찰력이 뛰어난 사람들 눈에는 하얀 원형의 대리석이 중간 중간 박혀 있는 직선이 눈에 띌 것이다.

이 직선이 바로 남북 방향으로 그어진 자오선으로, 한가운데에 서 있는 오벨리스크의 그림자를 기준으로 만들어졌다. 오벨리스크의 그림자가 선 위에 비추는 시각이 해시계로 12시이다. 태양이 남중하는 시각을 알려주는 해시계인 셈이다. 오벨리스크의 높이가 41m나 되므로 그 그림자를 이용하려면 자오선의 길이도 길어야 될 것이다.

직선 위에 드문드문 박아넣은 7개의 하얀 원형 대리석에는 저마다 오벨리스크의 그림자 끝이 오는 날짜가 적혀 있다. 오벨리스크에서 멀어질수록 원과 원 사이의 간격은 더 멀어지는데, 산타 마리아 델리 안젤리 성당에서 숫자들의 간격이 다른 것과 같은 이유이다. 오벨리스크에서 가장 가까운 원에는 하지인 6월 22일, 가장 먼 원에는 동지인 12월 22일, 그 사이의 원에는 2개의 날짜가 적혀 있다. 간단한 달력인 셈이다. 적어도 한 달에 하루는 날짜를 알 수 있으니 말이다. 오늘날과 같은 시계가 없었을 때 이정도면 훌륭한 시계이자 달력 역할을 하지 않았을까.

해가 뜨고 질 때마다 서쪽에서 동쪽으로 드리워지던 오벨리스크의 그림자가 의미를 갖게된 때는 1817년이다. 그때부터 오벨리스크는 달력의 역할을 하고 있다. 자오선이 로마의 산타 마리아 델리 안젤리 성당이나 성 베드로 광장에만 있는 것은 아니다. 피렌체의 산타 마리아 델 피오레 성당에도, 밀라노의 두오모에도 그려져 있고 햇빛이 들어오는 구멍이 뚫려 있다. 여행을 하며 곳곳의 자오선을 찾아보는 것도 흥미로울 것이다.

■1 성 베드로 광장의 자오선과 열두 달을 나타내는
   원형 대리석
■2 6월 22일 하지를 나타내는 원형 대리석

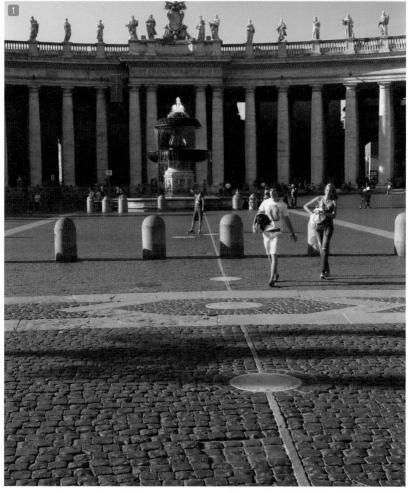

명화의 보고, 바티칸 박물관

바티칸 박물관은 또 다른 우주

성 베드로 성당과 광장을 둘러본 후 바티칸과 로마 시내를 구분하는 높은 담장 한쪽, 바티칸 박물관 그늘에 옹기종기 모여 앉았다. 어딜 가든 일단 그늘부터 찾아야 한다. 대리석 같은 돌 옆이면 더 좋다. 온도가 아무리 높아도 그늘에 있으면 서늘하니 견딜만 하다. 습도가 낮아서 그렇단다.

바티칸 박물관을 제대로 보기 위해 가이드를 대동했다. 박물관에 들어서자 한 가운데 지구의 환경오염을 표현한 구 모양 조형물이 자리잡고 있다. 그 옆을 지나 건물 안으로 들어서자 오래된 조각상들이 가득하다. 며칠의 여행이지만 보는 눈은 이미 수준이 높아져 웬만한 조각상은 길거리 돌 보듯 지나친다.

복도같은 지도의 방 양쪽에 큰 지도들이 걸려 있다. 원형경기장 쇼에서 희귀 동물들을 선보이며 로마가 세계를 지배하고 있음을 과시했던 것처럼 이곳저곳의 지도를 걸어놓은 것 역시 힘을 과시하는 하나의 방편이었다. 긴 복도를 걸으며 지도는 물론 천정의 화려한 프레스코화에 입이 저절로 벌어진다.

그나저나 이곳에서 사용하는 이어폰이 참 신기했다. 수신기를 목에 걸고 이어폰을 끼면 가이드가 하는 말이 무선으로 들리는데, 놀랍게도 다른 관광객에

1 바티칸 박물관 앞마당. 조형물과 사람들로 가득하다.

2 지도의 방. 색채가 화려하고 글씨체도 아름답다. 유럽을 중심으로 거의 모든 나라의 지도가 있는데, 지금과 상당히 비슷하다.

3 토루소. 교과서 속 사진으로만 보던 토루소를 볼 수 있다.

게는 들리지 않는다. 가이드가 소곤소곤 한국말로 설명하면 오로지 이어폰을
낀 우리들에게만 들린다. 이보다 더 좋을 수가 없다.

우리나라에서는 이런 마이크와 이어폰을 보지 못했다. 가이드가 마이크에 대
고 말하면 주변 사람들도 모두 듣게 된다는 말이다. 또 무선 마이크의 품질은
우리나라 것이 매우 뛰어나다는 사실도 알게 되었다. 학교 교실에서 마이크를
많이 사용하기 때문에 무선마이크의 품질이 발전했다는 것이다. 그래서 다른
나라에서도 우리나라 무선마이크를 많이 사용한다고. 하지만 아쉽게도 이어폰
기능이 있는 수신기는 수요가 없는지 개발되지 않았나보다.

바티칸 박물관에서는 내내 가이드의 설명을 들으며 따라다녔다. 이제 와서
하는 말이지만 가이드가 없어도 충분했을 거라는 생각이 든다. 바티칸 박물관
에는 오디오 가이드가 있는데, 워낙 잘되어 있어서 우리나라 말로 된 오디오 파
일을 스마트폰에 저장해 가면 족하다.

정말로 가이드가 필요한 곳은 팔라티노 언덕, 폼페이, 아그리젠토와 같이 고
대의 흔적이 폐허로 남아있는 곳이다. 안내물이 있어도 사진과 유적지를 비교
하여 구분하기 힘들기 때문이다. 무너진 담벼락과 돌덩어리, 기둥 몇 개로 남아
있을 뿐 아무 표지판도 없는 폐허에서는 가이드의 설명이 절실하다.

〈아테네 학당〉 그림 속 인물탐구

터널처럼 긴 복도를 지나 라파엘로의 방에 들어섰다. 1503년 교황 율리우스
2세가 그에게 바티칸 궁에 그림을 그리게 해서 이 방들을 '라파엘로의 방'이라
고 부른다. 이 중에서 율리우스 2세가 개인 서재로 쓰던 '서명의 방'에 철학, 신

학, 법, 예술을 주제로 한 4개의 프레스코화가 있다. 그중 철학을 주제로 한 그림이 그 유명한 〈아테네 학당〉이다.

한쪽 벽면을 꽉 채운 〈아테네 학당〉은 가로 7미터, 세로 5미터 크기의 대작이다. 두고두고 보고싶어 한 장 안에 담으려 애써보지만 아무리 뒤로 물러서도 카메라 안에 그림이 다 들어오지 않았다. 방은 좁고 사람은 많아 기념사진 찍기도 어렵다. 결국 아테네 학당 전체를 찍겠다는 욕심을 버리고 아쉬운 대로 일부라도 사진에 담았다.

라파엘로가 살았던 그때, 그림에 원근법을 적용하는 것은 더이상 새로운 일이 아니었다. 〈아테네 학당〉처럼 많은 사람이 등장해도 그림이 산만하게 보이지 않는 것은 한 개의 소실점으로 시선이 모아지기 때문이다. 사람들을 균형감 있게 배치했고 건물도 원근법에 따라 깊이감이 느껴지도록 그렸다. 눈길이 가는 곳을 따라 소실점이 어디인지 찾아보는 것도 소소한 즐거움이다.

〈아테네 학당〉이 주는 또 다른 즐거움은 등장인물이다. 이 작품 속에는 말 그대로 고대 그리스를 주름잡던 철학자들이 총망라되어 있다. 라파엘로가 이 벽화에 대해 아무런 설명도 남기지 않아 논란이 되는 인물도 있지만, 대체로 각자의 철학적 특징이 드러나도록 묘사되어 있기 때문에 누구인지 한 명 한 명 살펴보는 재미가 쏠쏠하다.

그림 중앙에서 이야기를 나누며 걸어 나오는 두 인물은 플라톤과 아리스토텔레스이다. 플라톤은 완벽을 추구하면서 이데아를 주장한 학자이다. 오른손으로 하늘을 가리키며 손바닥으로 땅을 가리키는 제자인 아리스토텔레스와 상반된 모습을 보인다.

플라톤의 왼쪽 아래, 한쪽 발을 돌에 얹은 채 몸을 비틀어 뒤를 보는 사람이

가장 멀리서 찍은 라파엘로의 〈아테네 학당〉. 왼쪽 아래로 이 방의 출입구가 보인다.

파르메니데스이다. 그는 엘레아 학파의 창시자이자 역설로 유명한 제논의 스승이기도 하다.

파르메니데스 왼쪽에 흰옷을 입고 머리가 긴 여인이 알렉산드리아의 수학자 히파티아, 눈부신 지성과 육체의 아름다움을 두루 갖추었다고 전해지는 수학자이자 철학자이다. 히파티아는 왕자들이나 철학자의 구혼에 자신은 진리와 결혼했다면서 평생 학자의 길을 갔다. 주소를 '철학자에게'라고 적어 편지를 보내면 그녀에게 배달되었다는 이야기가 있을 정도이다. 그러나 히파티아가 죽은 415년 무렵 그리스의 이성적인 철학과 사상은 파괴 대상이었다. 히파티아 역시 수학자, 철학자를 이교도로 몰아 탄압하던 기독교인들에 의해 잔인하게 살해당했다. 알렉산드리아 도서관의 파괴와 히파티아의 죽음은 사실상 고대 문명을 빛낸 그리스 철학과 과학에 종말을 고하고 기독교 교리에 반대되는 어떠한 사상과 철학도 용납하지 않는 암흑의 시대로 접어들었음을 의미한다.

히파티아의 저술은 전해지지 않지만 그녀를 인용하거나 발췌한 다른 이들의 책에서 그녀의 가르침을 엿볼 수 있다. 그중 다음과 같은 이야기가 전한다.

우화는 우화로, 신화는 신화로, 기적은 문학적인 허구로 가르쳐야 한다. 미신을 진리인 것처럼 가르치는 일은 최악이다. 아이들은 쉽게 그것을 믿게 된다. 일단 그렇게 되면 큰 고통과 비극을 겪고 난 후에만 그것을 떨쳐낼 수 있다. 잘못된 믿음을 가진 인간은 우리가 진리를 지키기 위해 싸우듯 미신을 지키기 위해서도 싸우려 들기 때문이다.

히파티아 앞쪽에 앉아 책에 뭔가 기록하고 있는 사람이 피타고라스이다. 반대편에서 컴퍼스를 바닥의 석판에 대고 설명하는 사람이 유클리드인데 『원론』이라는 책을 집대성하여 기하학의 기초를 세운 기하학의 아버지다운 모습이다.

〈아테네 학당〉 속 수학자들

플라톤

삼각형을 그려 보자. 우리가 그린 삼각형은 완벽한 삼각형일 수 없다. 그래서 플라톤은 진정한, 완벽한 삼각형은 '이데아'에 있다고 생각했다. 이러한 플라톤의 이데아론은 서양철학에 엄청난 영향을 끼쳤다.

유클리드

고대 그리스 시대까지의 수학을 집대성한 『원론』을 남겼다. 원론의 공준-정의-정리의 연역적 서술방법은 이후 학문의 기본 연구 방법으로 절대적인 영향을 끼쳤다.

피타고라스

자신의 이름을 딴 정리로 유명한 피타고라스는 종교 공동체를 운영한 수학자이자 철학자이다. 무리수의 존재를 인정하지 못해 히파수스를 살해한 사건은 고대 수학사의 가장 큰 비극이다.

파르메니데스

파르메니데스는 수학자는 아니지만 무한에 대한 역설로 널리 알려진 제논의 스승이다. 제논은 스승인 파르메니데스의 존재론이 옳음을 증명하기 위해 운동을 부정하는 화살 역설, 무한을 다룰 수 없게 만든 아킬레스와 거북이의 역설 등 40여 개의 역설을 제시하였다. 그 결과 고대 그리스에서는 무한을 피하게 되었다.

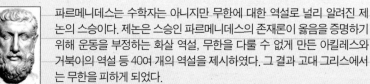

히파티아

여성 수학자 히파티아의 저술은 안타깝게도 전해진 것이 없다. 아버지와 함께 유클리드의 『원론』을 편집하였고 원뿔 곡선에 대한 아폴로니우스의 이론을 발전시켰으며 디오판토스의 책에 주석을 다는 등 많은 업적을 남겼지만 다른 이들의 책에서만 그 흔적을 볼 수 있다.

시스티나 예배당에서 만나는 〈천지창조〉

이탈리아에는 프레스코화가 정말 많다. 발길 닿는대로 아무 성당에 들어가도 대가들이 남긴 프레스코화를 보게 된다고 말할 정도이다. 그중 바티칸이 유독 기대되는 이유는 미켈란젤로의 위대한 작품 〈천지창조〉와 〈최후의 심판〉 때문이다. 바티칸 중앙 예배당 내부의 천장과 벽에 그려진 작품을 향해 걸음을 옮긴다.

〈천지창조〉가 그려져 있는 중앙 예배당에 들어서자마자 엄청나게 넓은 방을 가득 채운 사람들이 눈에 먼저 들어왔다. 발 디딜 틈 없다는 말이 실감날 정도로 빽빽이 들어 선 사람들이 하나같이 고개를 뒤로 젖히고 천장을 쳐다보고 있었다. 그 광경이 우습기도 했지만 나라고 별 뾰족한 수는 없다. 방에 들어서는 순간 고개부터 젖히고 본다.

사람들은 〈천지창조〉하면 비스듬히 앉아 있는 아담에게 손을 뻗고 있는 하나님 그림을 떠올린다. 하지만 그것은 일부일 뿐 미켈란젤로가 4년 동안이나 그렸다는 〈천지창조〉는 가로, 세로가 40m, 13m로 어마어마하게 큰 작품이다. 성당의 천장을 여러 부분으로 나누어 구약 성서의 이야기를 표현하였다.

중앙의 9개 직사각형은 창세기를 주제로 한 그림인데, 제단 쪽부터 •천지창조 첫날 빛과 어둠의 분리 •해와 달의 창조 •바다와 육지의 분리 •아담의 창조 •이브의 창조 •에덴동산에서 아담과 이브의 추방 •노아의 제사 •홍수와 노아의 방주 •술 취한 노아를 그리고 주변에는 구약성서의 이야기를 그렸다. 그 주변을 감싸는 직사각형에는 예레미야, 이사야와 같은 예언자, 선지자들을 그렸다. 삼각형에는 가족을, 네 귀퉁이 큰 삼각형에는 다윗과 골리앗, 유디트와 홀로페르네스 등 폭력적인 그림을 그렸다.

라파엘로에게 서명의 방 프레스코화를 그리게 했던 교황 율리우스 2세는 1508년 미켈란젤로에게 성당 천장을 장식하라고 명했다. 당시 미켈란젤로는 〈피에타〉, 〈다비드〉 같은 걸작을 통해 최고의 명성을 얻은 조각가였지만 자신을 화가라고 생각하지는 않았다. 하지만 교황의 명을 어길 수는 없는 일. 생생한 조각 작품을 보는 것처럼 입체적이고 웅장한 화면을 만들어 보자고 마음을 돌린 후, 1508년부터 1512년까지 4년 동안 거의 누운 자세로 천장에 그림을 그렸다고 한다.

그의 바람대로 인물들은 평면에서 튀어나올 듯 입체적이다. 근육은 손에 잡힐 듯하고 난간에 걸터앉아 늘어뜨린 다리는 허공에 떠 흔들리는 것만 같다. 사람들이 걸친 옷은 바람 불면 내 눈앞으로 흘러내릴 기세다. 원래부터 천정에 살고 있는 사람들 같다.

4년이 넘는 세월동안 누운 자세, 고개를 젖힌 자세로 그림을 그렸으니 고개도 아프고, 팔도 저리고, 눈에 물감이 들어가기도 했으리라. '붓에서 물감이 떨어져 얼굴은 모자이크 마룻바닥같이 헐었다'는 편지글에서 고통의 한 자락을 엿볼 수 있다. 작업이 끝난 뒤 몸이 굳어 몇 달을 그림 그리던 자세로 지냈다는 일화가 있을 정도니, 말로는 표현할 수 없이 고된 작업이었음에 틀림없다. 그 모든 어려움을

미켈란젤로의 초상화

시스티나 성당의 천정화 〈천지창조〉와 제단화인 〈최후의 심판〉.

이겨내고 이렇게 장엄한 광경을 연출한 미켈란젤로에게 모든 영광 있으라.

웅장한 규모에 넋이 나가 홀려 있었더니 고개가 슬슬 아파온다. 정신을 차리고 망원경으로 그림 설명서와 천장을 일대일 대응시키면서 천장 중앙의 창세기 부분을 자세히 살펴보았다. 천장이 워낙 높아서 망원경이 아니면 자세히 보기 어렵다.

최후의 날을 그린 벽화 〈최후의 심판〉

〈천지창조〉를 완성한 20여 년 후인 1533년, 미켈란젤로는 당시 교황인 클레멘스 7세로부터 시스티나 성당의 제단 벽 위에 〈최후의 심판〉을 그리라는 명을 받았다. 이 작품 역시 미켈란젤로 혼자 그렸는데 완성한 1541년에 그의 나이는 무려 61세였다.

당시는 십자군 전쟁의 실패로 카톨릭의 권위가 무너진 상태였다. 종교의 의미가 점차 퇴색하고, 종교가 내세우는 관념과 규범의 영역에서 사람들이 떠나가고 있었다. 세속적인 분위기 속에 연옥 사상이 생겨났다. 14세기 단테의 작품 『신곡』에 연옥에 대한 구체적인 묘사가 등장한다. 그전에는 교회를 통해서만 천국에 갈 수 있었으나, 이제는 이생에서 죄를 짓더라도 죽은 다음 연옥에서 죄를 씻으면 천국에 갈 수 있다는 믿음이 퍼져나갔다. 그 결과 기존 신앙 구조에서 이탈하는 등 종교 개혁의 씨가 뿌려지고 있었다. 또 이탈리아 지배를 둘러싸고 프랑스와 신성로마 제국(독일)이 네 차례의 전쟁을 치르는 등 매우 어려운 시기였다. 하지만 교황은 개혁이 아닌 종교재판을 강화하는 방법으로 교황권을 수호하려 애썼다.

〈최후의 심판〉이라는 주제 역시 바닥에 떨어진 교황의 권위를 회복하기 위한 몸부림이라고 볼 수 있다. '최후의 날'을 통해 현실의 여러 비판을 잠재우기 위해 경고하려는 의도가 보인다.

고개를 젖히고 거대한 예배당의 한쪽 벽면을 가득 채운 그림을 보고 있자니 교황청의 그러한 의도는 일면 성공한 것처럼 보인다. 장대한 스케일의 푸른 예배당 벽에 벌거벗은 인간의 육체와 동작이 매우 섬세하게 표현되어 있어 그리스도의 심판을 받기 위해 올라가는 죽은 자들의 표정과 감정이 그대로 전해진다. 진짜로 신 앞에 서서 나의 벌거벗은 모습을 내보이게 된다면 저 그림보다 더 부끄러운 얼굴, 후회하는 얼굴, 겁에 질린 얼굴이 되지 않을까.

미켈란젤로는 다른 화가나 조각가들과 달리 혼자 작업한 것으로도 유명하다. 다른 화가들은 제자들에게 그림의 주변부를 그리게 하기도 하는데, 유독 미켈란젤로는 몇 년이 걸리더라도 혼자서 완성하는 고집을 부렸다. 그래서 미켈란젤로의 그림에서 인간적인 고뇌, 천재의 외로움이 읽히나보다. 예술가로서 깊은 고뇌에 빠진 자신의 초상을 작품 속에 그려 넣었는데 자신을 껍질이 벗겨진

〈최후의 심판〉의 일부분. 미켈란젤로는 사람의 껍질에 자신의 얼굴을 그려 넣었다.

인간으로 표현하여 철저한 자기반성을 내보였다.

미켈란젤로는 마리아를 제외한 모든 인간을 완전한 나체로 그렸다. 벌거벗은 성화라니. 다른 곳도 아니고 기도를 위한 경건한 예배당 벽이 나체 그림으로 가득했으니 성직자들만 놀랐겠는가. 보는 이들마다 얼마나 놀랐을까? 그림 구경하느라 기도나 제대로 할 수 있었을까 싶다. 당시 정서로 볼 때 성화를 나체로 표현한 것은 대단히 충격적인 일이었기에 교황 피우스 4세는 그림을 그대로 둘 수 없다고 생각했다. '비속한 것은 가려야한다'는 칙령을 반포하여 등장인물의 나체에 덧칠을 시켰는데 이 작업은 미켈란젤로의 제자였던 볼테라가 맡았다. 그는 이 일로 기저귀화가라는 놀림을 받다가 스승의 작품을 망쳤다는 자책감과 사람들의 놀림을 견디지 못하여 자살하고 만다. 비극적 결말이다.

나선형 계단을 내려오며

바티칸 박물관의 마지막은 매우 수학적이다. 왜냐하면 관람을 마친 다음에는 1932년 주세페 모모가 설계한 나선형 계단을 빙빙 돌아 내려오기 때문이다. 이런 모양의 나선을 헬리코이드라고 부른다. 보통은 좁은 곳에 계단을 설치할 때 사용하지만 바티칸의 나선 계단은 좁아서라기보다는 주세페 모모가 추구한 특이한 아름다움을 선보이고 싶었던 것 같다.

바티칸의 나선 계단은 올라가고 내려가는 계단이 분리되어 있다. 마치 DNA 이중나선 구조처럼 이중의 헬리코이드로 설계되었다. 사진의 가장 아래쪽을 보면 계단이 시작되는 곳과 끝나는 곳이 둘로 분리된 것이 보인다.

올라가는 사람, 내려가는 사람이 마주치지 않도록 이중의 구조로 만든 이유

바티칸 박물관의 나선 계단. DNA 이중나선 구조처럼 이중의 헬리코이드로 설계하였다.

는 무엇일까. 사람들은 바티칸 박물관의 계단이 DNA 이중나선 구조를 닮아 마치 삶을 상징하는 것 같다고 말한다. DNA 구조가 밝혀진 때는 주세페 모모가 계단을 설계한 시기보다 나중인 1953년이지만 그렇다고 이 나선 계단이 인생을 상징하지 않는다는 것은 아니다. 원래 인생이란 그렇지 않은가. 일이 의도한 대로 되지 않고 엉뚱한 방향으로 벌어지는 것. 나선 계단이 먼저 만들어지든 DNA 이중 구조가 나중에 알려졌든 바티칸의 헬리코이드 계단은 인생을 의미한다는데 말이다.

르네상스를 꽃 피운
중세도시
피 렌 체

시뇨리아 광장 주변

지금도 시청으로 사용되는 베키오 궁과 여러 조각상들이 감싸고 있는 광장. 종교와 정치를 오가며 자신의 삶을 불태웠던 수도사 사보나롤라가 화형당한 곳이기도 하다. 바로 옆에 르네상스 회화를 만날 수 있는 우피치 미술관이 있다.

두오모 성당 주변

피렌체 관광의 중심. 성당, 세례당, 조토의 종탑 등이 오밀조밀 모여 있어 언제나 관광객들로 넘쳐난다. 두오모나 조토의 종탑 위에 올라 주변을 조망하는 맛이 일품이다.

산 마르코 수도원

사보나롤라가 머물던 수도원으로 회랑과 수도사들의 방에 그려진 안젤리코의 프레스코 벽화들이 볼만하다. 미켈란젤로의 다비드 상 진품을 볼 수 있는 아카데미아 미술관이 가까우니 함께 들러보면 좋다.

아르노 강과 베키오 다리

피렌체에서 가장 오래된 다리. 보석상, 미술품 상점 등이 즐비하다. 예전에는 우피치 미술관과 피티궁을 직접 잇는 통로 역할을 하기도 했다. 다리와 강에 비친 다리가 만들어내는 곡선의 대칭이 아름답다.

미켈란젤로 광장

미켈란젤로의 다비드 상이 있는 너른 광장. 해질녘 노을을 배경삼아 바라보는 아르노 강과 구시가지의 풍광이 아름답다.

베키오 다리

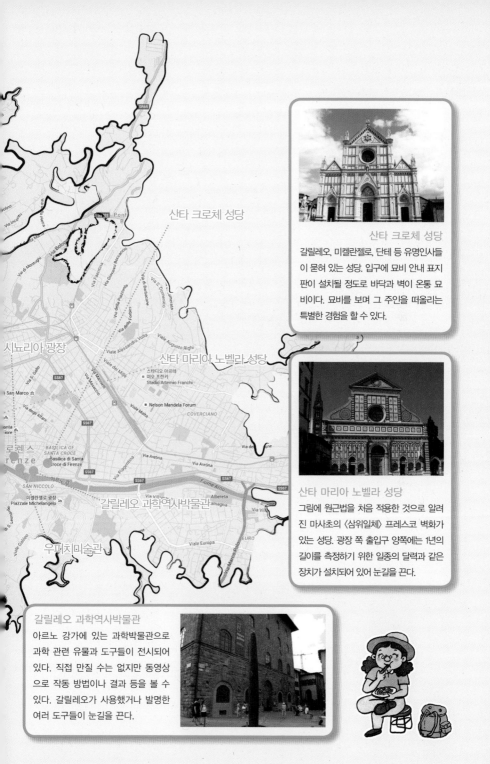

산타 크로체 성당

산타 크로체 성당
갈릴레오, 미켈란젤로, 단테 등 유명인사들이 묻혀 있는 성당. 입구에 묘비 안내 표지판이 설치될 정도로 바닥과 벽이 온통 묘비이다. 묘비를 보며 그 주인을 떠올리는 특별한 경험을 할 수 있다.

산타 마리아 노벨라 성당

산타 마리아 노벨라 성당
그림에 원근법을 처음 적용한 것으로 알려진 마사초의 〈삼위일체〉 프레스코 벽화가 있는 성당. 광장 쪽 출입구 양쪽에는 1년의 길이를 측정하기 위한 일종의 달력과 같은 장치가 설치되어 있어 눈길을 끈다.

시뇨리아 광장

갈릴레오 과학역사박물관

우피치미술관

갈릴레오 과학역사박물관
아르노 강가에 있는 과학박물관으로 과학 관련 유물과 도구들이 전시되어 있다. 직접 만질 수는 없지만 동영상으로 작동 방법이나 결과 등을 볼 수 있다. 갈릴레오가 사용했거나 발명한 여러 도구들이 눈길을 끈다.

피렌체에

도착한 건 늦은 오후. 짐을 풀자마자 해지는 아르노 강가로 향한다.

나지막한 미켈란젤로 언덕에 오르니 피렌체가 한눈에 펼쳐진다.

저 멀리 붉은 색 두오모와 성당, 조토의 종탑, 베키오 궁의 시계탑,

아르노 강을 가로지르는 베키오 다리와 물그림자가 눈에 들어온다.

중세 시대에는 무역과 금융업의 중심지였으니 꽤나 떠들썩했을 텐데,

지금은 도시 전체가 고즈넉하게 노을에 물들어간다.

꽃피는 마을이라는 뜻의 피렌체는 율리우스 카이사르가 붙인 것에서 비롯되었다.

당시 작고 보잘 것 없었던 피렌체는 교역으로 꾸준히 부를 축적하였고,

중세를 거치면서 유럽에서도 손꼽히는 부유한 도시로 발돋움하게 된다.

독립된 주권을 가진 도시국가로 성장한 피렌체는 피사, 시에나, 루카 같은

인접 도시국가들과 치열하게 경쟁하면서 중세 유럽의 중심도시가 된다.

그 중심에는 모직물 교역으로 경제력을 키운 메디치 가문이 있었다.

조반니, 로렌초로 대표되는 메디치 가문은 14세기 경 은행을 열어

크게 성공하였는데, 이 시절 피렌체는 유럽 금융업의 중심지가 되었다.

메디치 가문은 엄청난 부를 바탕으로 피렌체를 통치하기에 이르렀으며,

4세기에 가까운 통치기간 동안 예술과 건축에 대한 지원을 아끼지 않았다.

당대를 주름잡던 수많은 예술가와 건축가들이 피렌체를 중심으로 활동한 이유가

여기에 있다. 미켈란젤로, 레오나르도 다 빈치, 단테, 마키아벨리, 브루넬레스키 등

손으로 꼽기 힘들 정도이다. 피렌체는 메디치 가문의 막대한 후원을 밑거름으로

고전을 인간중심적 시각에서 재해석하고 예술에 접목시킨 르네상스의 진원지가

되었다. 번영의 꽃을 활짝 피우게 된 것이다. 선견지명이었을까.

율리우스의 눈에는 작은 마을 피렌체가 이미 꽃으로 보였던 모양이다.

그러고 보니 피렌체 성당의 두오모가 멀리서도 붉은 꽃봉오리같이 봉긋하다.

꽃잎이 지금 막 닫힌 듯, 막 열릴 듯, 그런 모양새로 어서 오라 재촉하는 듯하다.

피렌체의 중심, 붉은 두오모

붉은 두오모에 오르다

피렌체 하면 떠오르는 거대한 붉은색 두오모. 중세 분위기를 고스란히 간직한 도시 전경을 볼 수 있는 전망대이기도 하다. 아침부터 서둘러 가 보기로 한다. 유독 피렌체의 두오모가 기대되는 건 연인과의 사랑, 이별 그리고 만남을 그린 『냉정과 열정 사이』라는 영화 때문이다. 헤어졌던 주인공들이 서른 번째 생일에 피렌체 두오모에서 만나자던 약속을 기억하며 돔에 오르는 장면 말이다. 하늘 높이 두오모에 올라 옛연인과 10년 만에 재회하는 기분은 어떨지. 낭만적으로 재회할 연인도 없는 나는 사진이나 멋지게 남겨야겠다. 가방에서 하늘빛과 대비되는 색깔 옷을 골라 입고 밖으로 나선다.

이른 아침이라 관광객이 많지는 않다. 표를 손에 꼭 쥐고, 마음을 단단히 먹고 계단을 오른다. 당시 공사 인부들이 매일 올랐을 460여 개의 계단을 하나하나 밟으며. 얼마나 올랐을까. 앞선 사람들이 옆으로 사라진다. 벌써 꼭대기? 의아해하며 따라가니 돔 안쪽 발코니로 이어진다. 위로 올라갈수록 좁아지는 팔각뿔 안쪽 면을 따라 펼쳐지는 바사리와 그의 제자들이 그린 프레스코화 〈최후의 심판〉을 볼 수 있다. 바티칸의 시스티나 예배당에 그려진 미켈란젤로의 것

과 달리 밝은 느낌이다. 노란 색을 많
이 사용한 탓도 있겠지만 돔 꼭대기
에서 들어오는 빛 덕분이기도 하다.
미켈란젤로의 〈최후의 심판〉이 겁에
질린 나약한 인간들을 표현했다면 바
사리의 그것은 조용히 구원을 바라는
인간을 그린 것 같다.

붉은 빛의 두오모. 구시가지 어디에서나 볼 수
있다.

다시 안쪽 돔과 바깥쪽 돔 사이의
통로를 오른다. 다리가 무거워지고
숨이 턱에 찰 무렵, 경사가 심하게 구
부러지면서 수직 계단 위로 먼저 올
라간 일행이 손을 내민다. 드디어 꼭
대기다!

푸른 하늘과 시원한 바람, 그리고 온통 주황빛이다. 지붕 색깔이 어찌 이리
고운가. 고만고만한 건물들의 지붕이 붉은 색 도형 조각들을 이어 붙여 완성한
퍼즐 같다. 115m 높이가 실감나는 순간이다.

우리가 바깥으로 나온 곳은 돔 꼭대기 빛을 받아들이는 첨탑, 하얀 색 원기둥
부분이다. 발 아래가 바로 붉은 색 돔이다. 첨탑 바깥을 따라 한 바퀴 돌자 아르
노 강과 다리들, 베키오 궁, 우피치 미술관, 여러 성당들이 만들어내는 중세의
피렌체가 한눈에 들어온다. 두오모 옆으로 긴 직육면체 모양을 한 조토의 종탑
이 보이고, 문 사이로 사람들도 드문드문 보인다. 저기도 올라갈 수 있나 보다.
한적한 곳에 기대어 쉬면서 사람들도 구경한다. 영어, 독일어, 프랑스어, 중국

팔각기둥 위에 얹은 돔의 안쪽. 부풀린 팔각뿔 안쪽으로 바사리의 〈최후의 심판〉이 그려져 있다.

어, 한국어까지. 언어는 달라도 감탄사, 눈빛, 손짓에서 그들의 감흥이 나와 다르지 않음을 느낀다.

피렌체를 대표하는 성당

피렌체 두오모의 정식 이름은 산타 마리아 델 피오레 성당으로 꽃의 성모 마리아란 뜻이다. 이 두오모의 돔은 르네상스 건축의 문을 연 필리포 브루넬레스키의 역작이다.

피렌체에서 태어난 브루넬레스키는 법률 일을 한 아버지 덕에 비교적 유복한

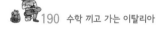

환경에서 자랐다. 어려서부터 인문 고전
학과 수학을 배웠다. 가업을 이었으면 하
는 부모의 바람과 달리 기계를 만지거나
고치는 등 손재주가 뛰어났기에 본인의
희망에 따라 공방에서 금세공하는 일을
시작할 수 있었다.

브루넬레스키 무덤의 부조

　그러던 중 1401년 산 조반니 세례당의
청동 문을 새로 설계하는 사업에 응모하
였는데, 당선은 로렌조 기베르티에게 돌
아갔다. 그 작품이 현재 산 조반니 세례당의 북쪽 문이다. 기베르티는 계속 작
업에 매진하여 천국의 문이라 불리는 동쪽 문을 완성하기에 이른다. 브루넬레
스키는 이 일을 계기로 건축으로 관심을 돌렸고, 기베르티와는 평생 경쟁 관계
였다고 한다. 공모전 실패 후 로마로 떠난 그는, 10년 이상 로마에 머물면서 고
대 로마 건축의 합리적이고 질서정연한 아름다움에 심취해 아치를 이용한 건축
과 판테온을 비롯한 돔 구조 등을 연구하게 된다.

　브루넬레스키에게 산타 마리아 델 피오레 성당 돔의 건축 설계안을 공모한
다는 소식이 들려왔다. 고대 로마 시대에 지어진 낡고 작은 성당을 허문 자리에
아르놀포 디 캄비오의 설계를 바탕으로 1296년부터 산타 마리아 델 피오레 성
당을 짓고 있었다. 당시 피렌체와 어깨를 겨루던 도시 대부분은 국력을 상징하
는 두오모를 하나씩 갖고 있었다. 부를 쌓으며 세력을 넓혀가던 피렌체에도 다
른 도시와 견주어 손색없는 성당이 필요했다. 새로 짓는 성당은 그 일대 어느
성당보다 아름답고 웅장해야 함은 당연했다. 거창하게 시작한 성당 건축은 설

계자가 사망하여 30년 동안 중단되기도 했고, 흑사병이 돌거나 자금이 없어 중단된 적도 있었다. 그래도 어찌어찌 진행되어 1418년에는 조토의 종탑을 비롯한 다른 건물들은 대략 완성된 상태였다.

문제는 돔이었다. 팔각기둥 위로 지름이 42m나 되는 돔을 올리는 일은 당시 기술로 감당하기 어려웠다. 지름 42m는 로마의 판테온과 맞먹는 규모였다. 큰 돔을 올리려면 어마어마한 양의 대리석, 나무, 벽돌, 모르타르 등의 재료를 팔각기둥 위로 올려야 하는데, 과연 무게를 감당할 수 있을까. 당시에는 지어진지 얼마 되지 않는 아치나 성당의 돔이 무너지는 일이 허다했다. 완성하기도 전에 무너졌다가는 피렌체의 망신이요 대참사가 될 수 있는 일. 돔을 올리는 일은 이래저래 시작도 못하고 천재를 기다리고 있었다.

드디어 시작된 대공사

1419년 모직물 길드에서 돔을 완성하기로 하고 설계를 공모에 붙였다. 사람들은 자신이 설계한 돔의 모형을 제출하였다. 당시에도 이해하기 쉽도록 건물의 구조나 완공 후 모습을 모형으로 만들어 보여주는 것이 보통이었는데, 모형 자체만으로도 규모가 상당했다고 한다. 치열한 경합 끝에 브루넬레스키의 안이 채택되었고 그의 진두지휘로 드디어 공사가 시작되었다.

브루넬레스키의 계획은 안쪽과 바깥쪽, 이중껍질 구조로 돔을 올리는 것이었는데, 그의 안이 채택된 결정적인 이유는 지지대 없이 돔을 쌓겠다는 놀라운 발상 때문이었다. 당시 기술로 지지대 없이 돔이나 아치를 만드는 일은 상상할 수 없었다. 보통은 돔과 비슷한 모양으로 나무틀을 만들어 돌을 받치면서 쌓아올

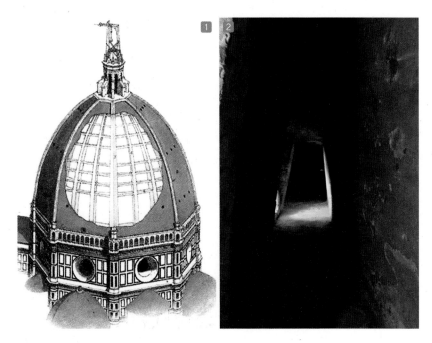

1 돔 뼈대의 기본 구조
2 돔으로 오르면서 이중 껍질 사이, 비어 있는 공간을 직접 확인할 수 있다.

린 다음 틀을 제거하여 완성하였다. 또는 임시로 봉긋한 흙더미를 쌓고 원하는 모양으로 아치나 돔을 만든 후에 흙을 치우기도 했다. 하지만 이런 방법들은 공사 규모가 너무 커서 시간과 비용이 상상을 초월했다.

브루넬레스키는 공사 전반을 자신이 관리감독하기 위해 의도적으로 불완전한 모형을 공개했다. 사람들은 실현 가능성을 반신반의하면서도 그의 방식을 채택했다. 이제 실력을 보여주는 일만 남았다.

브루넬레스키의 돔은 4개의 첨두아치가 서로 얽히면서 그 사이에 8개의 면이 생기는 구조를 가지고 있다. 여기에 각 면마다 뼈대를 수직방향으로 기울여 세우고, 수평으로는 아치를 연결시켜 원 위에 원을 포개어 쌓는 형태로 뼈대를 보강하였다.

안쪽 돔은 두껍고 바깥쪽 돔은 상대적으로 얇게 쌓았다. 또 두 껍질을 잇는 그물 모양 구조를 껍질 사이에 넣어 서로 지탱하도록 했다. 벽돌을 수평과 수직 방향을 적절히 섞어 쌓아 벽돌끼리도 서로를 지탱할 수 있게 했다. 말 그대로 모든 건축 재료들이 서로 지탱하도록 하면서 아래에서 위로 차근차근 쌓아 돔을 완성시켰는데, 당시뿐 아니라 지금으로서도 대단한 기술이라고 한다.

새로운 기술로 쌓아올린 돔

두오모의 돔은 첨두아치를 이용한 구조물이다. 3천7백 톤, 4백만 개의 벽돌이 사용되었다는 돔. 내리 누르는 압력은 상상을 초월한다. 이 압력을 견디기 위해 버팀벽을 설치하는데 당시 유행하던 고딕 양식을 따르면 버트레스를 벽에 덧대어 설치하는 것이 보통이었다. 그러나 브루넬레스키는 외부에 버팀벽을 덧붙이는 대신 팔각기둥이 돔의 무게를 견딜 수 있도록 돌, 나무, 쇠로 된 특별한 사슬을 만들었다. 이 사슬을 수평으로 조여 기둥을 보강한 후 그 위에 벽돌을 쌓기 시작했다. 외벽으로 덮여 있어 밖에서는 보이지 않는다.

아래에서 위로 벽돌을 올려주면 인부들은 벽돌이 원 모양을 이루도록 수평으로 쌓아 올렸다. 기둥 벽의 두께가 4m나 되었기에 그 위에서 벽돌을 쌓아 올리는 건 얼마든지 가능했다. 하지만 높은 곳까지 무거운 건축 재료를 운반하는 일, 원 모양으로 벽돌을 쌓아 올리는 일은 만만치 않았다. 브루넬레스키는 문제가 생길 때마다 직접 나서서 해결하려 애썼다. 말을 동력으로 회전운동을 상하

1 브루넬레스키가 발명한 기계, 타콜라의 설계도 **2** 성당 지하에 있는 브루넬레스키의 무덤

운동으로 바꾸는 '타콜라'라는 기계를 만들어 무거운 물건을 높이 들어 올리게 했다. 중심축을 세우고 반지름을 조절할 수 있는 기계를 만들어 차츰 안쪽으로 원 크기를 줄여 벽돌을 쌓도록 하기도 했다. 현장 감독이면서 스스로 기계를 발명하고 활용할 정도로 공학에도 해박했던 그는 필요한 기계를 직접 설계하고 제작하면서 공사를 착착 진행해 나갔다.

공사시간을 줄이기 위해 인부들은 돔 위에서 식사를 했고, 저녁때가 되어서야 아래로 내려왔다. 높이가 엄청나다보니 아래를 보면 현기증이 날 수도 있고 작업 도구를 떨어뜨리거나 추락사고의 위험도 있었다. 브루넬레스키는 인부들의 안전을 위해 아래가 보이지 않도록 안전판을 설치했다. 그런 노력이 있었기에 16년 동안 진행된 대형 건축공사치고는 인명사고가 매우 적었다고 한다.

돔의 높이가 점점 높아지고 돔 면의 기울기가 급격해질수록 무너질 가능성은 높아갔다. 두 껍질 사이의 간격은 점점 좁아져 공사에 더 세심한 신경을 써야했

바깥쪽 돔에 뚫려있는 구멍. 바깥쪽 돔에는 각 면마다 9개의 구멍을 뚫었다. 바람이 통하게 하여 저항을 완화시키기 위해서이다. 바람이 심하게 부는 날이면 이 구멍을 지나가는 바람 때문에 휘파람부는 소리가 난다고 한다.

다. 16년이나 되는 긴 공사기간 동안 어찌 어려움이 없었겠는가. 브루넬레스키는 위기가 닥쳐 올 때마다 반짝이는 아이디어로 문제를 해결해나갔으며 공사의 전 과정을 직접 감독하였다.

1436년, 드디어 돔이 완성되기에 이른다. 새로운 방식으로 쌓아올린 거대한 붉은 색 꽃봉오리가 피렌체의 팔각기둥 위로 피어올랐다.

성당 지하에는 돔을 지어 올린 브루넬레스키의 무덤이 있다. 자신이 완성한 성당에 묻혔으니 그도 만족스러울 것이다. 건축으로 도시의 모습을 바꾼 브루넬레스키와 피렌체 시민의 마음이 느껴진다.

함께 땀 흘리며 올라온 사람들이 내려간 뒤에도 내려갈 마음이 생기지 않았다. 쿠폴라에 기대어 한참을 더 있어도 마찬가지이다. 언제 또 이 곳에 올라 이 아름다운 풍경을 볼 수 있으랴. 여유를 부리다 일정이 틀어지겠다 싶어 아래를 내려다보니 관광객들이 성당 주위를 가득 메우고 있다.

그래, 오늘도 갈 곳이 많지. 내려오는 걸음은 한결 가볍고 여유롭다. 중간 중간 뚫린 9개의 구멍으로 들어오는 바람도 느끼고 풍경도 즐기며, 안쪽과 바깥쪽 돔 사이에 빈 공간도 확인하면서 계단을 내려온다.

내려와서 올려다보니 돔이 더 대단하게 느껴진다. 성당과 조금 떨어지자 돔이 눈에 더 잘 들어온다. 첨두아치 모양 돔이 반구일 때보다 보이는 면의 넓이도 넓고 높이도 더 높아 보인다.

꽃의 성당과 천국의 문

돔에서 내려오니 사람들이 넘쳐난다. 꼬불꼬불 웬 줄인가 싶어 얼떨결에 서고 보니 성당 안으로 들어가는 줄이란다. 옳거니, 제대로 섰구나. 물 한 모금 마시며 차례를 기다린다.

눈을 들어보니 주변이 온통 대리석이다. 돌 색깔이라고는 믿기지 않을 정도로 곱고 다양하다. 성당, 세례당, 종탑 바깥벽을 여러 색의 대리석을 사용하여 수직과 수평방향으로 마감했다. 하얀색은 카라라, 초록색은 프라토, 붉은색은 시에나 등 다른 도시에서 가져왔다고 한다.

산타 마리아 델 피오레 성당의 정면

산타 마리아 델 피오레 성당은 고딕 양식이지만 밀라노 성당이나 프랑스 성당 같은 전형적인 구조를 따르지 않았다. 돔을 제외하고는 첨두아

1 팔각형 기둥 모양의 산 조반니 세례당 **2** 세례당 동쪽 천국의 문, 로렌조 기베르티의 작품

치로 이어지는 높은 기둥이나 이 기둥을 잡아주는 버팀벽 같은 고딕 양식의 특징이 보이지 않는다. 오히려 로마네스크 양식을 많이 볼 수 있는데 벽은 두껍고, 아담한 크기의 창은 개수가 많지 않으며, 다양한 색깔의 대리석으로 바깥을 꾸며 놓았다. 장미 문양의 둥글고 화려한 창, 첨두아치 모양의 출입문, 스테인드글라스 등이 고딕 양식을 일부 받아들였음을 보여준다. 로마의 전통이 강한 이탈리아는 프랑스를 중심으로 유행하던 고딕양식을 그대로 받아들이지 않고 몇 가지 요소들만 건축에 적용시켰다고 하는데, 그나마 피렌체 지역을 중심으로 지어졌을 뿐 더 남쪽으로 내려가면 찾아보기 힘들단다.

성당 입구 앞, 팔각기둥 위에 팔각뿔 모양의 앙증맞은 모자를 쓴 모습의 산 조반니(성 요한) 세례당이 있다. 북, 남, 동쪽으로 3개의 문이 있는데, 그중 성당 입구와 마주보고 있는 동쪽 문 앞에 사람들이 엄청나게 몰려있다. '천국의 문'이라 불리우는 청동 부조를 보기 위해서다. 미켈란젤로가 천국으로 들어가는 입구에 세울 만큼 아름다운 문이라 말한 로렌조 기베르티의 작품이다. 아담과 이브, 카인과 아벨, 노아 등 성경 속 중요한 인물과 관련된 에피소드 10장면을 묘사하였다. 사실 진품은 성당 뒤쪽의 오페라 박물관에 전시되어 있다는데 사람들은 개의치 않는 것 같다. 문이 열리기라도 하면 마치 천국으로 들어갈 것처럼 그 앞을 떠날 줄 모른다. 사진 한 장 제대로 찍기도 어렵네.

단테가 묘사한 천국으로 가는 길목, 연옥

성당 안으로 들어가면 깔끔하고 정돈된 하얀색 벽면과 위쪽으로 난 둥근 창이 차분한 분위기를 연출한다. 엇갈려가며 천정을 받치고 있는 첨두아치와 기둥을 이용하여 내부 공간을 나눈 모습을 보니 고딕 양식을 적용했다는 것을 알수 있었다. 하지만 고딕 양식의 수직감이 주는 위압적인 분위기 대신 적당한 수직과 수평의 조화, 높은 원형창과 스테인드글라스로 들어오는 은은한 빛에 엄숙함을 느끼게 된다.

성당 안에는 브루넬레스키와 조토의 흉상도 있고, 그들이 그린 그림도 있다. 그런가하면 단테가 쓴 『신곡』The Divine Comedy, 신성한 희곡의 내용을 표현한 그림도 한켠을 차지하고 있다. 읽지 않아도 읽은 듯 생각되는 책이 고전이라 했던가. 신곡? 읽은 기억은 없는데 추천 도서목록에서 많이 봐서 그런가 꼭 읽은 것만 같다.

그림에는 빨간색 옷을 입은 단테가 자신이 쓴 신곡을 들고 서 있고 그 뒤로 지옥, 연옥, 천국이 왼쪽부터 차례로 그려져 있다. 지옥에는 자신의 죄를 뉘우치지 않은 사람들이 각종 벌을 받고 있으며, 가운데 흰색으로 그려진 연옥에서는 자신의 죄에 대해 벌을 받고 뉘우친 사람들이 천국에 가기를 기다리고 있다.

〈단테와 신곡〉, 도미니코 디 미켈리노, 1465년

오른쪽 천국의 모습은 붉은 색 두오모가 선명한 것으로 보아 다름 아닌 피렌체이다. 이 그림은 단테 탄생 200주년을 기념하여 피렌체 시민들이 미켈리노에게 주문해 그렸다고 한다. 그래서 피렌체를 천국의 배경으로 그린 것일까.

중세 시대는 현재 살고 있는 세상보다 죽은 후 살게 될 세상을 더 중요하게 생각했다. 사람은 결국 죽고, 그후 천국 또는 지옥에서 살게 되는데 교회와 기도를 통해 구원을 얻어야만 천국에 갈 수 있다고 생각했던 것이다. 살면서 누구나 크고 작은 죄를 짓는데 교회에 나가 참회하고 죄를 씻지 않으면 지옥에 간다니 어찌 교회에 나가지 않을 수 있겠는가.

이러한 사회적 배경과 인식은 중세 시대의 교회와 교황에게 절대적인 권력과 엄청난 부를 안겨주었다. 하지만 돈과 권력에는 부정부패가 따르는 법, 교회와 성직자라고 다르지 않았다. 돈이나 여자를 주고 교황직을 거래하는 일이 흔하게 벌어졌고, 그렇게 교황이 된 후에는 추기경이나 주교직을 사고 팔기 일쑤였다. 그런가하면 성지 예루살렘을 회복한다는 명목으로 십자군 전쟁을 일으켜 이루 말할 수 없이 많은 사람들의 삶을 피폐하게 만들었다. 돈을 주고 사기만 하면 지은 죄를 씻어준다며 면벌부(면죄부)를 팔아 교회의 배를 불렸다. 더 나아가 부패한 교회를 비판하며 종교 본래의 모습으로 돌아가자는 이들을 이단으로 몰아 처형했으니 사람들은 교회와 성직자를 어떻게 생각했을까? 신실한 믿음을 가진 사람들은 믿음과 교회 사이에서 갈등하지 않았을까.

이러한 카톨릭 교회의 횡포에도 불구하고 사람들은 구원을 얻기 위해 교회에 나갈 수밖에 없었다. 그때 단테가 『신곡』에서 연옥을 구체적으로 그려내기에 이른다. 교회를 통하지 않고도 천국에 갈 수 있는 길이 보이기 시작했다. 죽은 후에라도 연옥에 가서 죄를 씻으면 천국에 갈 수 있다지 않은가. 연옥이 로마 카톨릭의 공식 교리가 된 때는 1336년 교황 베네딕토 12세의 교서를 통해서이니 단테가 1321년 『신곡』을 완성하면서 그려 낸 연옥에 대한 구체적인 상이 도움이 되지 않았을까 짐작해 본다.

단테는 1265년 피렌체에서 태어났다. 평생 두 번 밖에 보지 못한 베아트리체라는 여성을 사모한 낭만주의자이자 그녀에게서 받은 영감으로 시를 쓴 문학가였다. 정치에도 깊숙이 참여했는데, 당파 싸움에 휘말려 피렌체에서 추방당했다. 조건부 사면을 거부한 그는 궐석재판에서 사형을 언도받았고 결국 죽을 때까지 피렌체로 돌아오지 못했다. 절박함과 고통은 걸작의 탄생에 필수 조건일까? 망명생활을 하며 1308년부터 죽을 때까지 십여 년 동안 이탈리아어로 『신곡』을 집필하였다. 당시 고급 언어인 라틴어가 아니라 이탈리아어로 글을 쓴 것은 『신곡』에 담긴 중세적인 카타르시스와 구원의 메시지를 보통 사람들에게 널리 알리려는 뜻으로 해석할 수 있겠다. 허균이 적자와 서자, 신분 차별을 타파하고 부패한 정치를 개혁하려는 사상을 퍼뜨리기 위해 소설 『홍길동』을 한글로 쓴 것과 같은 이유가 아닐까.

단테가 상상한 천국은 어디였을까. 영원한 연인, 베아트리체가 안내하던 연옥이었을까. 단테의 생각이 어떻든 화가는 천국의 모습을 피렌체로 그려놓았다. 현재 살고 있는 바로 이 곳이 천국이라는 메시지를 담으려 한 것은 아닐런지.

그림 속의 서로 다른 곳 찾기

발길을 돌리자 눈길을 끄는 그림이 나타났다. 나란히 그려진 두 개의 기마상이다. 단상 위 말을 탄 남자, 언뜻 보면 같은 그림같지만 그려진 시기도, 화가도 다르단다. 아주 오래전 PC방의 전신인 오락실에서 보았던, 두 개의 그림에서 다른 곳을 찾아 내는 게임이 생각난다. 어디가 다른지 하나하나 찾아볼까.

먼저 파올로 우첼리의 그림을 보자. 그는 아래쪽 단상은 아래에서 위를 올려다 본 시점으로 그렸지만, 웬일인지 기마상은 정면에서 본 시점에서 그렸다. 기마상에 시점을 맞추면 단상의 모양이 이상하게 그려지고, 단상에 시점을 맞추면 뒤쪽 말발굽을 화폭에 그릴 수 없다는 사실을 알아차리고 단상과 기마상에 소실점을 따로 적용했다. 20년이 지난 1456년, 안드레아 카스타뇨는 그 옆에 기마상을 그려달라는 의뢰를 받았다. 같은 문제에 봉착한 그는 말의 다리 모양을 살짝 바꾸었지만 그 문제를 피하지 못했다. 결과적으로 똑같은

1 〈존 호크우드경〉 파올로 우첼리, 1436. **2** 〈니꼴 다 톨렌티노를 기념하며〉 안드레아 카스타뇨, 1456. **3** 성당 내부에 두 작품이 나란히 전시되어 있다.

오류를 범한 그림이 그려졌고, 두 작품이 나란히 걸려 있는 것이 퍽 재미있다.

르네상스 시대의 화가들에게 현실세계를 보이는대로 화폭에 옮길 수 있고, 그림을 보는 사람 역시 현실감을 느끼도록 하는 원근법은 거스르기 힘든 새로운 흐름이었다. 하지만 원근법이 모든 문제를 해결해주지는 못했다. 원근법의 엄격한 적용은 그림을 딱딱하고 경직되게 할 수도 있고 때에 따라서는 다른 선택이 나을 수도 있다.

사람의 눈은 정확한 수학적 원근법으로 사물을 보지 않는다. 착시를 일으키기 때문이다. 좋아하는 색깔, 물건, 사랑하는 사람은 멀리 있어도 단번에 알아보기 마련. 심지어 가까운 것보다 더 잘 보이기도, 크게 보이기도 한다. 명암과 색채 역시 착시를 일으키는데, 가까이 있는 물체도 어두우면 잘 보이지 않고, 멀리 있어도 밝거나 색채가 화려하면 눈에 잘 들어오는 법이다.

원근법의 발견이 회화에 어떤 영향을 주었는지 궁금해진다. 르네상스 시대 앞뒤로 그려진 그림들이 가득한 우피치 미술관에서 직접 확인할 수 있겠지. 기대가 된다.

중세 시대 시계가 가리키는 시각

성당 안에서 가장 눈에 띄는 건 거대한 시계. 장식과 그림도 멋지거니와 지금의 시계와 전혀 다른 독특한 모양이 한 몫 한다. 일단 시각을 가리키는 바늘이 1개뿐이다. 원 모양 시계판은 아래쪽부터 시계 반대방향으로 1부터 24까지 로마숫자가 쓰여 있다. 이 시계, 지금도 작동한단다. 도대체 어떻게 보는 걸까?

우리는 하루의 끝이자 시작을 밤 12시로 정하고 있다. 그래서 날짜는 밤 12

시를 기준으로 바뀐다. 하지만 낮 12시부터 다음 날 낮 12시까지를 하루로 삼을 수도 있지 않을까? 고대 이집트인들은 해가 뜰 때 하루가 시작된다고 생각했다. 해가 뜰 때부터 다음 날 해가 뜰 때까지를 하루로 삼았다는 이야기다. 그런가 하면 유대인들은 해가 지면 하루가 끝나면서 새로운 하루가 시작된다고 생각했다.

14세기경 이탈리아를 비롯한 유럽 곳곳에서는 해가 질 무렵 하루를 마치며 기도하는 시각을 하루의 끝이자 시작으로 삼았다고 한다. 그러니까 중세 시대부터 사용한 이 시계로 1시는 지금으로 말하면 대략 저녁 8시쯤이다. 신에게 기도를 올리는 때를 기준으로 시각을 정하고 시계를 제작한 것만 봐도 그 시대 종교의 위상을 짐작할 수 있다. 그만큼 중세의 삶은 종교가 지배하는 세상이었다.

1 성당 내부 사진
2 입구 위쪽 벽의 예사롭지 않은 거대한 시계는 파올로 우첼리가 장식했다.

중세 시대 시계로 지금의 시각 읽기

중세 시대의 시계로 지금의 시각을 알 수 있을까? 사진 속 시계의 바늘은 대략 XV가 적힌 칸을 가리키고 있다. 지금이 중세 시대라면 15시라는 말이다. 그럼 지금의 시각으로는 몇 시일까?

현재 시각	중세 시각	기호 표현
20(오후 8시)	1(I)	1≡20
21(오후 9시)	2(II)	2≡21
⋮	⋮	⋮
1(오전 1시)	6(VI)	6≡1
2(오전 2시)	7(VII)	7≡2
⋮	⋮	⋮
9(오전 9시)	14(XIV)	14≡9
10(오전 10시)	15(XV)	15≡10

중세 시대에는 저녁 8시를 하루의 끝이자 시작으로 삼아 I 로 표시했다고 한다. 이 관계를 위와 같이 수학 기호 ≡를 사용하여 나타낼 수 있다.

이 계산에 의하면 성당의 시계가 가리키는 시각 XV는 오전 10시라는 뜻이다. 진짜 맞는지 확인하려 시계를 보니 어? 11시? 시계가 안 맞는다. 아차, 썸머 타임이다. 1시간을 더하니 지금 시각이 맞는다. 몇 분인지는 시침의 위치를 보고 대략 알 수 있다. 손목의 디지털시계와 성당의 시계 모두 11시 조금 넘는 시각을 가리키고 있다. 중세 시대의 시계도 이렇게 간단한 수학으로 읽을 수 있다.

브루넬레스키 동상이 바라보는 곳

엄숙한 분위기의 성당을 나오니 뜨거운 햇빛이 반긴다. 중세에서 현대로 시간 여행을 하는 기분이다. 성당 옆 조토의 종탑을 둘러보는데, 시선을 끄는 조각상이 있다. 성당을 설계한 캄비오와 돔을 완성시킨 브루넬레스키의 동상이다. 성당 남쪽의 건물 1층에 나란히 앉아 있다. 브루넬레스키 동상을 가만히 쳐다보니 시선이 위를 향한 것이 독특하다. 자신이 쌓아올린 돔을 바라보고 있는 중이란다. 그와 시선을 맞추어 바라보니 정말 돔 꼭대기가 보인다. 그는 무슨 생각을 하고 있을까? 동상의 표정만으로는 '신이시여, 제가 진정 저 돔을 쌓아올렸나이까' 하며 감탄하는 중인지, 돔이 무너질까봐 걱정 중인지 알 수가 없다. 하지만 돔을 바라 보는 건 분명하다.

왼쪽이 캄비오, 오른쪽이 브루넬레스키 동상. 브루넬레스키의 시선은 두오모 꼭대기를 향하고 있다.

동상이 바라보는 시선의 각도

돔을 바라보는데 고개가 자꾸 뒤로 젖혀지며 아프다. 갑자기 호기심이 발동했다. 브루넬 레스키의 동상이 돔의 꼭대기를 바라보는 각도는 몇 도일까?

스마트폰과 계산기를 이용하여 대략적인 각도를 구할 수 있다.

① 스마트폰으로 찾은 항공사진에서 돔의 중앙에 한 점 A를 찍는다.

② 동상이 있는 곳에 다른 한 점 B를 찍는다.

③ 자를 이용하여 지도 위의 A와 B 사이의 거리를 알아낸다.

④ A와 B 사이의 거리와 돔의 높이를 이용하여 지면과 시선이 이루는 각을 찾는다.

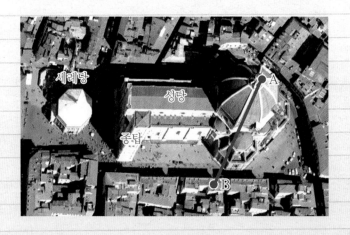

실제로 지도 위에서 두 점 A, B사이의 거리는 3.1cm 정도였다. 이 계산에 사용된 지도는 100m를 3.9cm로 표시하고 있으므로 비례식을 이용하면 두 지점 A, B사이의 지면에서의 실제 거리를 계산할 수 있다.

$100 : 3.9 = $(A, B 사이의 실제 거리)$: 3.1$

$\therefore$ (A, B 사이의 실제 거리)$= \dfrac{100 \times 3.1}{3.9} \fallingdotseq 79.5(\text{m})$

또한 지면에서 돔까지의 높이는 115m,
지면에서 동상의 눈높이까지는 4m라고 한다.

이제까지 얻은 길이들을 이용하여 문제해결에
필요한 그림을 그리면 오른쪽과 같다.
조각상이 돔 꼭대기를 바라보는 시선의 각을 θ라
하고 계산기를 이용하여 가장 가까운 탄젠트 값을
찾는다.

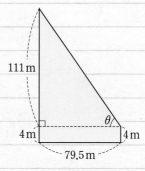

$\tan\theta = \dfrac{(\text{높이})}{(\text{수평거리})} = \dfrac{111}{79.5} \fallingdotseq 1.4$

$\tan 54° \fallingdotseq 1.4$

$\therefore \theta = 54°$

탄젠트 값 1.4에 가장 가까운 각은 약 54°이다. 어쩐지 고개가 아프더라니.
브루넬레스키의 동상이 돔을 바라보고 있다는 이야기를 재미삼아 지어냈다손 치
더라도, 이런 이야기를 지어낼 정도라면 피렌체 사람들이 그를 존경하면서도 친
근하게 여기는 건 아닐까 한다.

조토의 종탑 벽에서 만난 수학의 모습

돔에서 내려다본 조토의 종탑

성당 옆 날씬하고 길쭉한 사각 기둥 모양의 건물은 조토가 설계한 종탑이다. 1334년에 짓기 시작했는데 그때 조토는 이미 70을 바라보는 나이였단다. 25년에 걸쳐 5층 건물로 완성되었는데, 조토는 1층을 짓고 세상을 떠났다. 그래도 사람들은 이 탑을 여전히 조토의 종탑이라 부른다.

종탑의 바깥 면은 성당처럼 색깔 있는 대리석으로 꾸며져 있는데 하도 자연스러워 돌을 붙였다기보다 마치 물감으로 색칠한 것 같다. 탑 안에는 7개의 크고 작은 종이 설치되어 서로 어우러지며 아름다운 소리를 낸다. 종탑의 꼭대기 전망 좋은 테라스에서 바라보는 해질 무렵의 돔은 빛깔이 아름답기로 유명하다.

조토가 완성한 1층에는 육각형 부조가 수평으로 배열되어 있는데 실은 모조품이다. 서, 남, 북쪽 면에 각각 7개, 출구가 있는 동쪽에는 5개의 부조가 있다. 서쪽 면의 왼쪽부터 이야기가 시작된다. 아담과 이브의 탄생, 농업의 시작, 와인의 발견 등 창세기부터 시작하여 인간의 역사가 조각되어 있다.

남쪽 면에는 인간의 생활에 필요한 여러 분야들을 조각했는데 천문, 건축, 의학 등을 표현하고 있다. 그중 천문학을 묘사한 장면에는 지구본과 사분의처럼

1 천문학
2 기하학
3 음악
4 건축
5 항해술

보이는 도구가 등장한다. 별을 관찰하는 중인 것 같다. 동쪽 면에는 컴퍼스를 들고 수학을 연구하고 있는 장면이 있다. 당시 수학은 곧 기하학이었으니 손에는 수학자의 상징, 컴퍼스가 들려 있다. 혹시 유클리드나 피타고라스가 주인공이 아닐까 상상해본다.

농사를 지어야 먹을 것이 생기고, 양을 길러 옷감을 짜야 입을 것이 생기고, 병이 나면 치료를 받아야 살아갈 수 있다. 인간이 문명을 일으켜 살아가는 데 필요한 것이 어디 그뿐이랴. 수학 역시 꼭 필요한 학문이다. 건축을 통해 도시의 면모를 바꾼 14세기 피렌체의 건축가들에게 건물을 설계하고 현장 기술자들이 이해할 수 있도록 도면을 그리는 데 수학은 반드시 필요했을 것이다. 원, 직선, 다각형이 비례와 조화를 이루는 건축물을 보면 수학이 그들의 생각과 다른 분야에 끼친 영향을 짐작할 수 있다.

수학이 음악, 천문학, 의학 등과 함께 사람이 살아가는 데 꼭 필요한 분야에 꼽혔다는 사실에 기분이 좋아진다. 수학이 싫다고 말하는 사람을 너무 많이 본 탓인지 수학의 실용적 가치를 인정받는다는 것이 정말 반가웠다. 북쪽 면은 공사 중이어서 가까이 볼 수 없었지만 7가지 학문 분야를 묘사한 장면 속에도 수학이 포함되어 있다.

물안개 위를 가로지르는 베키오 다리

낮게 깔린 물안개 아래로 조용히 흐르는 아르노 강, 숙소로 돌아가는 길에 만난 피렌체의 인상은 고즈넉했다. 지금은 관광으로 살아가지만 중세 시대에는 무역과 금융업의 중심지였으니 꽤나 번잡했을 것이다. 간혹 자동차가 돌로 닦은 도로를 지나갈 때나 시끄러울 뿐, 강을 따라 걷는 내내 조용하기만 하다.

아치 위로 알록달록한 색깔의 상자를 쌓아 올린 것 같은 베키오 다리가 독특하고도 아름다운 모습을 뽐낸다. 14세기에 지었다는데 반원보다 완만한 모양의 아치가 그리는 곡선이 편안하다. 3개의 아치가 그리는 곡선과 그 위의 직사각형, 다시 위로 곧게 펼쳐진 지붕의 직선이 조화롭다. 예전에는 냄새나는 푸줏간이 있었다는데 지금은 고급스러운 보석상, 미술품 거래상 등이 즐비하다. 이 다리의 2층 통로는 우피치 미술관과 강 건너 피티 궁전까지의 비밀통로 역할도 했단다. 베키오 다리는 중세 피렌체에 지어진 다리 중 두 번의 세계 대전에서 살아남은 유일한 다리이다.

완만한 아치가 아름다운 베키오 다리

불꽃 같은 삶의 흔적

시뇨리아 광장의 야외 조각들

우피치 미술관을 여유있게 둘러볼 참으로 일찍 나선 아침, 아르노 강은 여전히 고요하다. 그런데 모퉁이를 돌아서는 순간 여유롭던 마음이 싹 사라졌다. 전 세계 사람들이 약속장소를 우피치 미술관 앞으로 정한 것 같다. 줄서서 입장을 기다리는 사람들, 때마침 내리는 소나기를 피하는 사람들, 간단하게 허기를 달래는 사람들로 그 옆 시뇨리아 광장까지 시끌벅적하다.

길게 늘어선 줄을 보니 얼마나 기다려야 들어갈 수 있을지 가늠조차 할 수 없다. 그렇다고 마냥 기다릴 수도 없는 노릇, 오후 표를 예약한다. 예약비를 내야 한다는 말에 씁쓸했지만 표를 받아 손에 쥐고 나니 마음이 든든하다. 시간 맞춰 다시 올 작정으로 발길을 돌리는데 아르노 강변 쇠줄에 연인들이 걸어놓은 자물쇠가 잔뜩 보인다. 우리나라 남산에 걸린 자물쇠들이 생각난다. 사랑이 영원하길 바라는 마음은 전 세계 공통인 모양이다. 다른 연인들의 사랑의 맹세가 궁금한지, 아니 부러운지 청춘들이 열심히 자물쇠를 살피고 있다.

그들을 뒤로 하고 옆 시뇨리아 광장으로 향했다. 오랫동안 피렌체의 중심 역할을 했을 시뇨리아 광장의 현재 주인은 관광객인 것 같다. 모두들 여기저기 서

있는 조각상들을 둘러보고 휴식도 취하고 사진도 찍으면서 즐거운 한 때를 보
내는 모습이다. 조각상 대부분이 모조품이지만 하나하나 살펴보는 재미는 꽤
쏠쏠하다.

조각 갤러리에는 10여 개의 조각상이 있는데, 강렬하게 눈길을 사로잡는 건
메두사의 목을 베어 들고 있는 페르세우스의 청동 조각상. 진품이란다. 사빈 여
인의 겁탈 장면도 인상적인데 모조품이다. 입구에는 메디치 가문을 상징하는 사
자상이 있는데, 발로 구를 밟고 있다. 풍채가 크고 갈기도 풍성한데 그 표정은, 용
맹하다고 해야 할지 맹하다고 해야할지. 혹자는 갤러리에 있는 조각상을 지키고
있다는데 내가 보기엔 그저 발밑에 있는 구를 뺏길까 걱정하는 강아지 같다.

사람들의 관심을 가장 많이 받는 조각상은 베키오 궁을 등진 미켈란젤로의
다비드 상이다. 진품은 아카데미아 미술관으로 옮겨졌지만 그래도 많은 사람들

1 아르노 강변에서 자물쇠를 살피고 있는 관광객들 2 시뇨리아 광장 가장자리를 따라 코시모 1세 청동
기마상. 왕관을 쓴 넵튠(포세이돈) 조각상 등 여러 조각상이 있어 야외 조각 전시장 같다.

1 시뇨리아 광장의 조각 갤러리 안에 조각상들이 몰려 있다. 메두
사의 목을 벤 페르세우스 청동 조각상이 눈길을 끈다.
2 베키오 궁을 등지고 서 있는 다비드 상

이 이곳에서 기념사진을 찍는다. 거인 골리앗과 전
쟁을 앞두고 자신의 무기를 어깨에 메고 서 있는
다윗. 누가 봐도 불가능해 보이는 도전. 고심 끝에
결단을 내리고 긴장한 모습의 다윗. 전염병 페스
트가 지나가고, 전쟁이 끊이지 않아 살기 팍팍했던
시절, 미켈란젤로는 다윗의 승리가 아닌 도전정신
을 이야기하여 피렌체 시민들에게 용기를 불어넣
으려 했을까? 많은 다비드 상 중 미켈란젤로의 것
이 사랑받는 이유일지도 모른다.

사보나롤라의 흔적을 따라

눈길을 돌려 광장 바닥을 훑는다. 어렵지 않게 시뇨리아 광장 중앙의 둥그런 동판을 찾았다. 지롤라모 사보나롤라가 화형 당한 곳을 말해주는 표지석. 르네상스 시대 전제 군주들과 부패한 성직자에 맞서 하층민들의 편에 섰던 성직자, 사보나롤라.

불꽃처럼 살다간 성직자, 사보나롤라

페라라 지역에서 태어난 그는 산 마르코 수도원의 초청으로 피렌체에 오게 되었다. 부패하고 타락한 로마 교회에 대한 하늘의 심판을 예언하며 작은 도시들을 돌아다니던 때였다. 당시 피렌체를 통치하던 메디치가의 로렌초는 그의 영향력을 자신의 손 안에 넣고 가문의 신앙심을 과시하려는 의도로 그를 초청했다. 부패한 교회를 비판하는 사보나롤라의 설교는 계속되었고 피렌체 시민들도 그의 말에 차츰 귀를 기울이게 되었다.

그런데 사보나롤라는 메디치가의 의도와 달리 적당히 멈출 생각이 없었다. 산 마르코 수도원 원장이 된 후에는 교회의 부패 뿐 아니라 메디치가에 대해서도 거침없이 비판하기 시작했다. 그는 피렌체의 부패를 씻기 위해 곧 하나님의 심판이 있을 것이라는 예언과 함께 교회와 정치를 신랄하게 비판하였고, 그의 불같은 설교에 군중들이 구름같이 몰려들었다. 피렌체 사람들은 절대 권력인 교회와 메디치가를 거리낌없이 비판하는 그에게 열광했다. 1494년 프랑스 샤를 8세가 이탈리아를 공격했을 때 사람들은 그의 예언이 적중했다고 믿을 정도였다. 게다가 사보나롤라는 도망가기에 급급했던 메디치가와 달리 샤를 8세를 설득하고 담판지어 피렌체를 전쟁에서 구했다. 이 일로 군중의 지지를 등에 업은 사보나롤라는 군주제가 아닌, 주권이 시민에게 있는 통치 형태를 주장하였고 피렌체 공화국의 최고 권력자가 되기에 이른다.

사보나롤라는 법에 의한 정당한 과세, 비인간적인 고문의 폐지, 고리대금업과 도박 금지, 가난한 사람을 위한 양식 공급 등을 추구하였다. 그가 이룩하고 싶었던 것은 종교적인 회개를 통한 도덕성의 회복, 봉사하는 공동체 의식이 살아 있는 사회, 이를 통한 정의로운 통치, 타락한 교황과 교회가 다시 영적인 권위를 회복하는 것이었다.

하지만 그의 아름다운 이상을 실현하기에 현실의 벽은 너무 높았다. 성직자인 그가 가뭄과 흉년, 피사와의 지루한 전쟁으로 인한 재정 악화, 창궐하는 전염병 속에서 정치를 한다는 것은 쉬운 일이 아니었다. 게다가 교황청은 교황 알렉산더 6세의 부패상을 파헤치고 맹렬한 비난을 퍼붓는 사보나롤라를 파문하며 피렌체를 압박하는 중이었다. 교황 알렉산더 6세는 부패한 교황의 대표주자였다. 군중의 마음이란 얻기도 쉽지 않지만 돌아서는 건 그야말로 한 순간. 이런 흉흉한 상황과 메디치가를 지지하는 일

사보나롤라가 화형당한 자리에 새겨진 동판. 화형당한 연도인 1498년, 사보나롤라의 이름이 새겨져 있다.

당들의 모략으로 이단으로 몰려 결국 1498년 5월 23일 이곳 시뇨리아 광장에서 화형 당하고 만다.

사보나롤라에 대한 평가는 양쪽으로 갈린다. 자신이 신의 계시를 받은 예언자인 양 행동하면서 지나치게 극단적으로 비판하고 부정부패에 대한 하늘의 심판, 종말을 예고하는 설교로 군중을 현혹했다고 비난한다. 그런가하면 로마 교황청의 지시나 제도가 아니라 성서에 쓰인 하느님의 말씀을 충실하게 해석하고 행해야 함을 주창하여 종교개혁의 밑거름이 되었다고 하기도 한다.

동판을 내려다보며 사보나롤라의 화형을 보러 온 사람들이 인산인해를 이루었을 그날을 떠올린다. 비가 오락가락하는 오늘, 시뇨리아 광장에서 이 동판에 관심을 갖는 사람은 거의 없어 보인다. 불꽃같이 살다가, 불꽃과 함께 스러진 그의 삶. 갑작스런 소나기에 젖은 동판이 애처롭다. 주변의 화려한 조각상들만 일별하고 가는 사람들의 모습이 오늘따라 너무 야속하다.

산 마르코 수도원의 소박함

어느새 비는 그치고 다시 해가 쨍하다. 사보나롤라의 흔적을 따라 그가 머물렀던 산 마르코 수도원으로 향한다. 시뇨리아 광장에서는 한참을 걸어야 한다. 청빈을 내걸고 지극한 검소함으로 살았던 수사들의 흔적을 보러가는 길, 뜨거운 볕을 머리에 이고 지도를 들여다보며 걷는다. 이쯤은 고행도 아니겠지.

산 마르코 수도원은 르네상스 당시 도미니크 수도회 소속이었다. 13세기 초반에 만들어진 도미니크 수도회, 청빈을 강조하여 탁발을 원칙으로 하고 개인과 교회가 재산을 소유하지 못하게 하였는데, 여기에 그 흔적이 남아있다.

입구에 들어서면 아담한 안뜰이 있고 그 가장자리에 쭉 이어진 회랑의 기둥 위에는 프레스코화가 보인다. 관광객들이 산 마르코 수도원을 찾는 이유가 바로 이 그림들, 15세기경 르네상스 양식으로 재건축하면서 프라 지오반니 안젤리코가 곳곳에 남긴 프레스코화를 보기 위해서이다.

그중 가장 유명한 작품은 〈수태고지〉이다. 2층 연결 계단을 오르면 바로 코앞에서 볼 수 있다. 레오나르도 다빈치의 그것과 비교하면 전체적으로 살구빛이 도는 색감으로 따뜻하고 온화하다. 차츰 작아지는 아치와 기둥 사이의 간격이 비례에 맞게 줄어들면서 공간에 깊이를 주고 있다.

그는 산타 마리아 노벨라 성당에 최초로 원근법을 적용한 그림을 그렸던 마사초의 영향을 받아 원근법을 터득했다고 한다. 수줍기 이를 데 없는 두 여인, 천사와 마리아가 대화하는 내용이 들릴 것 같은 분위기. 화가이기 이전에 수사였던 안젤리코 아니던가. 이름의 의미도 '천사와 같은 사람'이라 하니 그의 성품이 그림에 그대로 녹아있는 듯하다.

〈수태고지〉를 지나 2층 복도로 들어서면 양쪽으로 수사들이 사용했던 방, 첼라가 줄지어 있다. 기도가 일상인 그들에게 2평 남짓한 작은 방이면 충분했을까. 가진 게 없으니 필요한 것도 없었던 걸까. 각 방에는 작은 창문 하나와 하얀 벽에 그려진 프레스코화 한 점 뿐, 작고 소박하기 이를 데 없다. 고개를 숙이고 방마다 들어가 어떤 그림이 그려져 있는지 살펴본다. 작은 창 한 개와 그림 한 점, 한결같다. 지극히 청빈한 삶이다.

그렇게 방을 다 돌 무렵, 수사복을 입은 사보나롤라의 동상과 만났다. 원대한 뜻을 이루지 못해서일까. 고개 숙인 그의 표정이 어둡다.

1️⃣ 산 마르코 수도원의 안뜰과 회랑. 회랑 벽에는 프레스코화가 가득하다.

2️⃣ 프라 지오반니 안젤리코가 그린 〈수태고지〉

3️⃣ 2층 방에 그려진 안젤리코의 또 다른 〈수태고지〉

4️⃣ 수사들이 사용한 방은 크기는 작고 별다른 가구나 장식 없이 소박하다.

5️⃣ 산 마르코 수도원의 사보나롤라 동상

낮은 계단참 위에 사보나롤라가 사용하던 작은 방이 있었다. 원장방이라고 다른 방과 다르지 않다. 그의 방이었다는 것을 알 수 있는 포스터가 붙어 있을 뿐이다. 시뇨리아 광장에서 화형 당하는 장면을 그린 그림이 소개되어 있었다. 그의 화형식에 사람들이 구름처럼 모였었다던데, 그림 속 광장은 한산하고 사람들은 무심한 얼굴을 하고 있다. 그의 죽음에 대한 당시 피렌체 사람들의 냉정함과 무모함에 대한 반성일지도 모른다.

화사하고 경쾌한 최후의 만찬

수도원 박물관에서 나가는 길, 책이라도 살까 싶어 들른 기념품 판매점 앞쪽 벽에서 〈최후의 만찬〉을 만났다. 미켈란젤로의 스승이었던 기를란다요의 그림이다. 기를란다요는 1480년경 피렌체의 오그니산티 교회에 〈최후의 만찬〉을 그렸는데, 그후 이곳 산 마르코 수도원에도 좀 더 작은 크기의 작품을 남겼다. 시기적으로 레오나르도 다빈치의 것보다 10여 년 앞선 작품이다. 문제는 식당이었던 이곳이 지금은 기념품 판매소라는 점이다. 벽화 맞은편에 가게가 있다 보니 중앙에 서서 보면 영업을 방해하는 꼴이 되고 만다. 가게를 기웃거리지 않았다면 그냥 지나칠 뻔 했으니 보게 된 것만으로 다행이다.

레오나르도 다빈치와 기를란다요의 〈최후의 만찬〉은 제목만 같을 뿐 분위기는 사뭇 다르다. 다빈치의 그것은 수도원의 식당에 그려졌다. 배경은 간결하고 모든 인물들이 예수를 중심으로 배치되었으며 인물들의 시선이 예수의 얼굴에 모아져 경건하고 엄숙한 분위기를 풍긴다. 식사 할 때마다 예수가 제자들에게 준 음식과 포도주를 떠올리라는 뜻일까.

반면 기를란다요의 작품은 장식적이고 경쾌하며 화려하기까지 하다. 흰색 식탁보가 깔린 탁자 위에는 포도주가 들여다보이는 투명한 유리잔, 빵, 접시 같은 식기들이 놓여있고 식탁보 양 끝에는 문양도 있다. 인물 배치도 독특하다. 유다만이 앞쪽 한가운데 등을 보이며 의자에 앉아 있다. 만찬이 끝난 후 예수를 배신한 유다는 대부분의 그림에서 이처럼 등을 보인 모습이다. 유다 앞 탁자 위에 누운 것 같은 자세를 한 푸른 옷의 인물이 제자 요한이라 한다. 그리고 붉은 옷을 입고 유다와 마주보고 있는, 중앙에서 요한을 쓰다듬고 있는 인물이 바로 예수이다. 머리 뒤 후광의 색이 다른 것으로도 구별할 수 있다.

이 그림에는 동물들도 여럿 등장하는데, 바닥에 고양이가 한 마리 앉아 있고 오른쪽 창문에는 공작새가 있다. 나무 위로 새들이 날고 있어 낙원 같기도 하다. 앞뒤로 크기가 다른 아치를 배치한 것, 탁자의 모양, 양쪽의 창문, 바닥의 타일 등을 보면 원근법이 적용되었다는 것을 알 수 있다.

기를란다요의 〈최후의 만찬〉. 인물들의 머리 위에 적힌 문구는 모임을 할 때 외우는 문장이라고 한다. 피렌체의 오그니산티 교회에 〈최후의 만찬〉을 그린 후 이곳에 똑같이 그렸다고 한다.

피렌체에서 꽃핀 르네상스

우피치 미술관에서 르네상스 회화를 만나다

다시 우피치 미술관으로 돌아왔다. 여기저기 바삐 다녔더니 발바닥에서 불이 난다. 이 넓은 미술관을 시작도 안 했는데 어쩐다, 걱정이 앞선다. 아, 그렇지! 우리는 예약을 했지, 줄을 설 필요가 없다! 긴 줄 앞을 쌩 지나며 다시 기운을 내 본다. 그런데 아뿔싸, 복잡하기는 미술관 안도 마찬가지이다. 입장과 동시에 사람들 물결에 섞여 흘러간다.

이 건물은 원래 미술관으로 지은 것이 아니다. 1561년 메디치 가문에서 피렌체 공화국의 행정 관료들을 자신의 통제 아래 두기 위해 사법관들이 모이는 장소로 지었다. 후대로 가면서 차츰 미술품 전시 공간으로 쓰이게 되었고, 막대한 권력과 부를 기반으로 그 수량과 내용이 점차 풍부해졌다.

오늘날과 같은 미술관으로서의 면모를 갖추게 된 데는 메디치 가문의 마지막 여인, 안나 마리아 루도비카의 공이 크다. 그녀는 자신의 동생도 죽고 가문이 어려운 상황에 처했지만 그때까지의 소장품들을 끝까지 지켜내 오늘날에 이르게 했다. 그녀는 다른 곳의 미술품을 양도받을 때에는 미술품이 가문의 영광이 아니라 국가의 명예를 위한 것이며, 피렌체 시민들의 공익에 보탬에 되어야 한다는 협정에 서명하였다고 한다. 그녀는 어떤 경우에도 미술품이 이탈리아 외부로 유출될 수 없다는 내용을 유언장에 넣을 정도로 예술의 공공성을 중요하게 여겼다. 그런 철학이 우피치를 세계에서 손꼽히는 미술관으로 만들었으리라.

르네상스 이전부터 시대별로 배열되어 있어 번호 순서대로 따라가기만 하면 회화의 흐름을 볼 수 있다. 14세기 이전 그림의 주제는 대개 성경 이야기로, 잘 모르는 사람이 보아도 어떤 내용인지 알 수 있을 만큼 서술적이다. 사람들의 표정은 거의 비슷하고 배경은 꿈속 같다. 조토의 그림에 가서야 사람들의 표정과 동작이 다양해지면서 현실적인 배경이 보이기 시작한다. 서서히 르네상스의 시대가 밝아오고 있는 것이다.

우피치 미술관 앞마당 양쪽으로 당대 유명 인사들의 조각이 죽 늘어선 모습이 인상적이다. 조각상의 특징을 보고 다빈치, 마키아벨리 등을 추측할 수 있다.

보티첼리의 그림에 부는 봄바람

가장 북적이는 방은 산드로 보티첼리의 방! 〈비너스의 탄생〉과 〈봄〉때문이다. 일단 벽면 가득한 크기에 압도된다. 미술 교과서에서 본 느낌과 원작의 차이는 실로 어마어마했다. 침침한 방 안에서도 은은하게 빛을 발하는 화사한 색채와 부드러움에 저절로 마음이 따뜻해진다. 다리도 쉴 겸 방 한가운데 놓인 긴 의자에 앉아 사람들 어깨 너머로 그림을 본다. 큰 그림이니 멀리서 봐야 제대로일텐데⋯⋯. 모두들 조금씩만 떨어져 보면 좋으련만 그림 앞에 붙어 떠날 줄 모르는 사람들이 야속하다. "에휴, 못 참겠다." 결국 나도 그림 앞으로 다가간다.

〈비너스의 탄생〉에는 4명의 인물이 등장한다. 왼쪽부터 차례로 서풍의 신 제피로스, 제피로스에게 안긴 여인은 꽃의 여신이 될 클로리스, 지금 막 바다의 거

〈비너스의 탄생〉, 보티첼리

품이 모여 탄생한 미의 여신 비너스, 그리고 계절의 여신 호라이이다. 바다에서 비너스가 탄생하자 제피로스가 입으로 바람을 불어 해안에 이르게 하고, 계절의 여신 호라이가 옷을 챙겨주고 있다. 호라이는 비너스를 아름답게 꾸며 여러 신들에게 데리고 갈 예정이다.

이번엔 〈봄〉이다. 등장인물을 왼쪽부터 차례로 살펴보자. 신들의 전령사 헤르메스, 3명의 미의 여신, 한가운데 서 있는 비너스, 꽃의 여신 클로라와 클로리스, 서풍의 신 제피로스다. 제피로스가 클로리스를 붙잡자 그녀의 입에서 꽃이 나오며 꽃의 여신 클로라로 변하는 중이다. 비너스의 머리 위로 큐피트가 사랑의 화살을 쏘아대고 있다.

그리스 신화의 내용을 다루고 있는 이 작품은 메디치가의 주문으로 그린 것

〈봄〉, 보티첼리

이라 한다. 여신들이 걸친 투명한 옷을 표현한 섬세하고 매끄러운 선, 봄바람에 금방이라도 날아갈 것 같다. 여신들의 발치는 앙증맞은 꽃들로 가득하다. 여신들의 몸짓에서 봄이 오는 것이 아니라 발밑 작은 꽃들이 이미 봄이로구나. 식물도감에 넣어도 될 만큼 생생하고 사실적인 표현에서 하찮은 작은 꽃도 놓치지 않는 화가의 관찰력, 자연에 대한 관심과 애정, 르네상스의 정신이 느껴진다. 종교화에서 벗어나 그리스 신화를 그렸다는 점에서 회화의 폭을 넓혔다는 평가를 받는다.

레오나르도 다빈치의 수태고지

유명한 작품 앞에는 어김없이 사람들이 모여 있다. 레오나르도 다빈치의 〈수태고지〉 앞도 사람들로 가득하다. 하늘에서 방금 도착한 천사가 예수의 어머니 마리아에게 아기의 잉태를 알리는 순간을 그린 것이다. 천사가 날개를 완전히 접지도 않은 채 달려들 듯 손을 뻗은 모습에서 소식을 전하려는 급한 마음이 느껴진다.

〈수태고지〉에서 눈에 띄는 것은 원근법의 독특한 적용이다. 이 그림을 정면에서 감상하면 왼쪽에 그려진 천사의 모습이 영 어색하다. 오른쪽의 마리아와 비교하여 전반적으로 부은 듯 몸체가 후덕하고 오른팔은 비례가 맞지 않아 길다. 원근법을 잘못 적용한 것처럼 보인다. 도대체 어찌 된 것일까.

다빈치는 감상자의 위치를 한가운데 두지 않았다. 그는 그림 한가운데를 소실점으로 정하면서도 감상 지점은 약간 오른쪽에 두고 그림을 그렸다. 그래서 그림의 오른쪽으로 비켜서서 바라보면 전체적으로 화면이 조화롭게 보인다. 그만큼 원근법에 대한 연구와 표현이 능숙했다.

　이 그림의 출처는 정확하지 않지만 어느 성당의 입구 쪽에 걸려 있던 것으로 추정하고 있다. 입구에 들어서면서 그림이 잘 보이도록, 그러니까 정면이 아닌 곳에서 감상한다는 것을 가정한 상태에서 그린 작품이라는 것이다. 누구보다 원근법에 능숙했던 그가 아닌가. 그림의 위치를 생각할 때, 오른쪽에서 감상할 수밖에 없다는 점을 고려하여 그렸을 레오나르도. 수학적 원근법을 정확하게 적용하여 최후의 만찬을 그렸던 그라면 충분히 가능했으리라. 이 그림 앞에 서게 된다면 앞에서 감상하는 사람들을 향해 씽긋 웃어주고 살짝 오른쪽으로 비켜서서 제대로 감상하는 여유를 부려 보자.

레오나르도 다빈치의 작품 〈수태고지〉의 소실점과 감상 위치는 어디일까?

다음과 같은 순서로 소실점을 찾을 수 있다.

① 앞쪽에 그려진 흰색 탁자의 두 변을 직선으로 연장한다. → 직선 1

② 오른쪽 벽돌도 직선으로 연장한다. → 직선 2와 3

③ 위에서 그린 직선들은 그림 한가운데의 위쪽 한 점 O에서 만나게 된다.

　이 점이 그림의 소실점이다.

그렇다면 〈수태고지〉를 어느 위치에서 바라보면 좋을까?

해답의 열쇠는 앞쪽, 흰색 탁자의 모양에 있다.

정면에서 바라본 모습을 그렸다면 탁자가 그림처럼 보일 리 없다.

따라서 1번 직선의 연장선에서 봐야 제대로 감상할 수 있다.

발길을 돌리니 유디트를 다룬 그림이 눈에 띈다. 유디트는 구약성서에 등장하는 인물로 앗시리아 군대가 마을을 점령하자 적장 홀로페르네스를 술에 취하게 한 후 목을 베어 그 머리를 들고 돌아왔다는 유대 여인이다. 그 모습을 본 유대 군인들이 용기를 얻어 앗시리아 군대를 물리친 이야기는 사족이겠다. 유디트는 마을을 구한 영웅으로, 때로는 적장을 홀린 팜므파탈로 수많은 예술가들의 작품에 등장한다. 칼을 들고 적장 홀로페르네스의 목을 막 자르는 장면, 한 치의 망설임도 느껴지지 않는 유디트의 표정이 섬뜩하다. 잔혹한 화면 때문에 같은 제목의 카라바조의 그림과 자주 비교된다. 카라바조의 그림은 로마의 국

1 〈유디트와 홀로페르네스〉, 아르테미시아 젠틸레스키, 피렌체 우피치 미술관
2 〈유디트와 홀로페르네스〉, 카라바조, 로마 국립회화관

립회화관에 있다.

짧은 시간에 너무 많은 그림들을 봤더니 이 그림과 저 그림이 서로 섞이고, 봤는지 아닌지도 헷갈릴 지경이다. 다리에서 시작된 고통이 머리까지 다다를 즈음 퇴장시간에 밀려 미술관을 나왔다. 퇴장 안내방송이 반가울 때도 있다. 미술관은 자고로 시간을 두고 천천히 돌아볼 일, 다시 한 번 되새기게 된다.

구하라, 그러면 발견할 것이다

우피치 미술관 옆, 시계탑이 멋진 건물이 베키오 궁이다. 피렌체 공화국의 청사로 사용되었던 건물인데 옛 모습을 잘 보존하고 있어 둘러볼만 하다.

시청이자 박물관으로 사용되는 베키오 궁

500명이 앉을 수 있는 회의용 홀은 가로 52m, 세로 23m, 건물 3층 정도의 높이로 실로 거대하다. 가로 1m, 세로 1m인 정사각형마다 의자를 1개씩 놓는다 해도 1000개가 넘는 의자를 놓을 수 있다.

이 홀의 양쪽 벽에는 피렌체가 주변 도시국가와 벌인 전투에서 승리한 장면을 그린 6개의 대형 프레스코 벽화가 걸려 있는데 조르조 바사리가 그렸단다. 벽화의 위치가 하도 높아 고개를 드는 걸로도 모자라 젖혀야

1 루브르 박물관에 있는 루벤스의 모작 〈앙기아리 전투〉. 레오나르도
　다빈치의 것을 본 후 그렸다고 전한다.

2 앙기아리 전투를 위한 레오나르도 다빈치의 습작 중 하나. 여러 습
　작들이 남아 작품의 존재를 증명하고 있다.

되니 보기도 전에 목이 아프다.

　계획대로라면 이 방에는 미켈란젤로와 레오나르도 다빈치의 벽화가 마주보

고 있어야 한다. 1500년대 초 피렌체 공화국은 두 천재 화가에게 명하여 양쪽

벽에 각각 그림을 그리도록 했다. 다빈치에게는 밀라노를 상대로 승리한 앙기

아리 전투, 미켈란젤로에게는 피사에 대승한 카시나 전투가 주제로 주어졌다.

1 가운데에서 약간 위쪽에 문구가 쓰인 깃발이 그려져 있다는데 벽화가 워낙 높은 곳에 있다 보니 눈으로 문구는커녕 깃발의 위치를 찾기도 불가능하다 **2** 깃발 부분을 확대한 그림

두 화가가 서로 등을 맞대고 벽화를 그린다는 사실만으로도 흥미진진한 최고의 이슈였을 것이다. 하지만 맞대결은 허무하게 막을 내렸다. 미켈란젤로는 스케치를 하던 도중 로마 교황청의 부름을 받아 가 버렸고, 다빈치 역시 1년쯤 작업하다 그림을 완성하지 못한 채 피렌체를 떠났기 때문이다. 다빈치는 이 과정에서 기존에 쓰지 않던 새 물감을 사용했는데, 빨리 마르지 않고 흘러내리는 단점 때문에 고전했다고 전해진다. 그로부터 50년 후, 바사리가 증개축을 맡으면서 그 위에 새로이 벽화를 그렸고 다빈치의 〈앙기아리 전투〉도 그때 사라진 것으로 생각되었다.

그런데 바사리의 벽화 뒤에 다빈치의 벽화가 남아 있다는 주장이 제기되었다. 바사리의 벽화와 레오나르도 다빈치의 벽화 사이에는 약간의 공간이 있는데, 첨단 장비를 이용해 벽화에 구멍을 뚫고 숨겨진 벽의 물감을 분석하였더니 다빈치가 사용했던 물감과 같은 성분이었다는 것이다.

캘리포니아 대학의 세라치니 교수가 그 장본인이다. 그는 다빈치를 존경했던 바사리가 그의 벽화를 그냥 없애지 않았으리라 생각하던 차에 1975년 바사리의 '마르시아노 전투' 그림에서 'CERCA TROVA'(구하라, 그러면 발견할 것이다)라고 쓰인 작은 녹색 깃발을 발견하였고, 벽화 뒤에 뭔가 있을 거라 믿고 추적을 시작했다고 한다. 끊임없이 벽화의 존재를 주장하다 2012년이 되어서야 기술의 발달에 힘입어 물감 성분을 분석했다니 그 집념이 놀랍다.

그의 주장으로 미술계가 논쟁을 벌이고 있다 한다. 레오나르도 다빈치의 벽화가 실제로 존재하는지를 확인하고 복원하려면 그 위에 그려진 바사리의 벽화를 들어내야 하는데, 그것이 과연 옳은 일이냐는 것이다. 벽면 뒤 그림이 진짜 다빈치의 그림인지 확인되지 않았다. 설사 그렇다해도 다빈치의 작품을 위해 바사리의 작품을 훼손할 수는 없다는 비판도 강하게 제기되고 있다.

바사리가 정말 자신의 그림 속에 다른 그림의 존재에 대한 실마리를 숨겼는지도 의문이지만, 저 많은 병사들과 깃발 속에서 문구를 발견하고 그 문구를 근거로 끈질기게 추적했다는 사실이 더 놀라웠다. 어쨌거나 논란의 중심에 있는 벽화를 직접 보면서도 소설에나 나올 법한 일로만 여겨진다. 만일 이 벽화 뒤에 진짜 다빈치의 벽화가 있다면 언젠가 훗날, 베키오 궁에서 두 대가의 벽화를 모두 볼 수 있기를 기대한다.

피렌체의 선구자들

피렌체에서 만난 수학자, 갈릴레오

우피치 미술관으로 가는 길에 우연히 알게 된 갈릴레오 과학역사박물관. 아르노 강가를 따라 걷다가 건물 앞마당의 기둥과 바닥의 자오선을 보고 박물관임을 알아챘다. 바닥에 남북으로 길게 그려놓은 자오선을 따라 황도 12궁을 나타내는 기호를 볼 수 있었다. 과학관 앞마당에 참으로 잘 어울리는 설치물이다 싶다.

이 박물관에는 옛날에 쓰던 과학 기구들이 유리장 안에 전시되어 있는데 만질 수도 없고 촬영도 허용되지 않았다. 그래서인지 아예 간이 의자를 들고 와 앉아서 망원경, 사분의 등 과학 기구들을 스케치하는 사람들이 있었다. 사진을 찍을 수 없으니 직접 그릴 수밖에.

흥미로운 전시물이 많았는데, 수평으로 굴러간 공이 낙하하는 자취를 볼 수 있도록 궤도를 만든 장치도 그중 하나다. 여러 곳에 설치된 모니터에서는 장치를 설명하는 동영상이 상영되고 있어 천천히 돌아보기에 좋았다.

그중 참 좋은 아이디어다 싶은 전시물은 갈릴레오의 컴퍼스였다. 갈릴레오는 1597년 학생들에게 '군사시설 건축법'을 가르치면서 '기하와 군사 목적의 컴퍼스'라는 장비를 개발하여 군대에 납품했다. 갈릴레오가 살던 시기에 자연과학에 종사하는 사람은 철학이나 신학에 종사하는 사람에 비해 낮은 대우를 받았다. 가족이 많았던 갈릴레오도 교수 봉급만으로는 생활이 어렵지 않았을까. '기하와 군사 목적의 컴퍼스'라는 상업적인 과학 도구를 개발한 배경이 아닐까 생각해 본다.

갈릴레오 컴퍼스는 원을 그리거나 각도를 옮기는 용도보다는 특별한 계산을 위한 도구, 즉 일종의 계산기이다. 그런데 아무리 봐도 계산기 같진 않다. 생김새부터가 그렇다. 2개의 막대기를 부채처럼 접었다 폈다 하게 되어 있는 아주 간단한 모양이다. 특이한 건 컴퍼스 다리 앞면에 있는 4개의 줄, 뒷면에 있는 3개의 줄이다. 이 줄에는 서로 다른 간격으로 눈금이 새겨져 있다. 또 다리 사이에는 사분의를 끼워서 높이와 각도도 측정할 수 있다. 주로 황동으로 만들어졌고, 접었을 때의 길이는 약 25cm 정도이다.

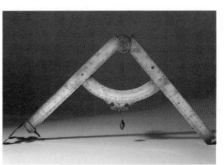

갈릴레오의 '기하와 군사 목적의 컴퍼스'

갈릴레오가 살던 시대의 이탈리아는 작은 나라들로 나뉘어져 있었는데, 각 나라마다 화폐가 달랐다. 그러니 상인, 은행은 물론 여행하는 사람들에게 환전은 일상적이면서도 골치 아픈 문제였을 것이다. 이 문제를 간단하게 해결할 수 없을까? 갈릴레오 컴퍼스만 있다면 계산이 필요 없었다. 컴퍼스 앞뒤에 새겨진 눈금을 읽는 것만으로 환전이 가능했기 때문이다.

이 방법을 반복 적용하면 원금과 이율이 정해져 있을 때 원리합계도 알아낼 수 있을 뿐아니라 포탄을 쏘아 올리는 힘에 대한 문제도 해결할 수 있다. 갈릴레오가 살던 시대에는 포탄의 재질이 납, 돌, 철 등 여러 가지였기에 대포에 넣는 포탄의 크기가 같아도 재료에 따라 무게가 달랐다. 포병은 포탄의 무게에 따라 화약의 양을 적절하게 조절해야 했다. 무거운 포탄에는 화약을 더 넣고 가벼운 포탄에는 덜 넣어 포탄이 날아가는 거리를 맞춰야 했다. 컴퍼스의 앞면에 새겨진 세 번째, 네 번째 줄은 이 계산을 위한 것이다.

눈금이 있는 갈릴레오 컴퍼스는 간단한 조작으로 계산 없이 필요한 값을 구하는 첨단 도구였던 것이다. 측정만으로 비례식의 해를 구할 수 있도록 했으니 정말 간단하지만 기발한 아이디어이다.

수학속으로 4 | 갈릴레오 컴퍼스로 환전하기

갈릴레오 컴퍼스는 어떤 원리로 만들었길래 계산 없이도 환전이 가능할까?

피렌체 화폐 186스쿠디scudi를 베네치아 화폐 두카츠ducats로 바꾸어 보자. 스쿠디와 두카츠는 바로 환전이 안되므로 이탈리아 전통화폐인 은화 솔디soldi를 중간에 두고 환전해야 한다. 1 스쿠도scudo는 160솔디, 1 두카트ducat는 124솔디이다. 갈릴레오 컴퍼스와 디바이더를 이용하면 계산 없이도 환전할 수 있었다.

맨 마지막, 디바이더가 벌어진 길이 240이 구하려는 답이다. 즉 186 스쿠디는 240 두카츠로 환전할 수 있다.

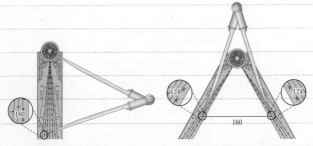

① 앞면 중심에서 첫 번째 줄의 160까지 길이를 디바이더로 잰다.

② 두 점 124 사이의 폭이 1600이 되도록 디바이더만큼 갈릴레오 컴퍼스를 벌린다.

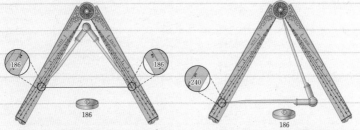

③ 갈릴레오 컴퍼스의 중심각을 그대로 유지한채 두 점 186 사이의 폭을 디바이더로 잰다.

④ 중심에서부터 ③에서 잰 폭만큼 앞면 첫 번째 줄에서 디바이더로 잰다. 2400이다.

계산은 하지 않고 눈금만 읽었는데 정말 환전이 된다. 계산을 못하는 사람도 컴퍼스와 디바이더를 이용하여 이 순서대로만 하면 문제없이 환전할 수 있다. 이 문제는 비례식을 이용하여 쉽게 해결할 수 있다. 하지만 당시에는 이런 곱셈, 나눗셈이 몹시 어려운 계산이었다.

여기에 어떤 원리가 숨어 있는 것일까? 갈릴레오 컴퍼스를 사용하는 순서 속에 두 삼각형의 닮음비를 계산하는 과정이 숨어있다. ②와 ③ 과정은 아래와 같이 닮은 두 삼각형, △ABC와 △ADE로 나타낼 수 있다.

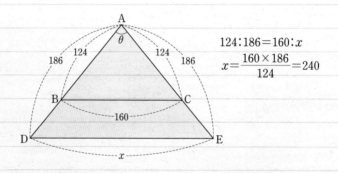

$$124:186=160:x$$
$$x=\frac{160\times186}{124}=240$$

따라서 닮음비를 이용하여 맨 마지막 컴퍼스가 나타내는 $\overline{\mathrm{DE}}$의 길이 x를 계산할 수 있다. 당시 사람들은 이 방법으로(컴퍼스로 재어) 186 스쿠디가 240 두카츠임을 알아냈던 것이다.

1200년 경 아라비아 숫자가 유럽에 소개되기는 했지만 일반 사람들이 계산까지 능숙하게 하기란 쉽지 않았다. 갈릴레오 컴퍼스만 있다면 매번 계산하지 않아도 되니 당시로서는 상당히 획기적인 도구가 아니었을까 싶다.

'아르키메데스의 정원'에서 체험하는 수학

피렌체에는 '아르키메데스의 정원'이라는 예쁜 이름의 수학체험관이 있다. 피렌체 중심가에서 한 시간 가량 떨어져 있는데 초행길에 찾아가기는 좀 어려웠다.

3층으로 이어진 계단을 따라 올라갔는데 아뿔사 문이 잠겨 있었다. 이런, 분명히 여는 날인데 어떻게 된 일인지. 가는 날이 장날인 걸까? 손바닥으로 그늘을 만들어 문 안쪽을 기웃거리는데, 누군가 뒤에서 헐레벌떡 뛰어오더니 연신 미안하다며 출입문을 연다. 지각이란다. 누가 먼저랄 것 없이 우르르 안으로 들어선다.

피타고라스 정리를 표현한 예쁜 그림, 유리장 위에 올려놓은 헬리코이드 곡면, 까만 벽장을 가득 채운 종이접기 작품들과 작은 책들이 먼 곳에서 찾아온 우리 일행을 반겨준다. 수학교육을 전공하고 있다는 그녀는 숨도 제대로 못 고르고 우리들의 서툰 영어 질문에 일일이 답하며 안내를 시작하는데, 이마엔 땀이 송글송글하다.

1 체험관 입구와 안내데스크 **2** 장식장에는 종이로 접은 여러 도형들, 수학자 인형, 수학 관련 책 등이 가득하다.

전시장은 크게 세 곳으로 나뉘어져 있었다. 복도 벽에는 수학의 역사에 대한 포스터가 가득 붙어 있었는데, 그림도 멋있고 내용도 좋아 보이긴 했지만 그걸 읽고 있을 마음의 여유가 없다. 수학체험관의 홈페이지에 영문 파일이 올라와 있으니 나중에 집에 가서 천천히 보자 미루어둔다.

아르키메데스의 정원이라는 이름에 걸맞게 아르키메데스에 대한 전시물이 많았다. 포물면으로 된 반사기의 초점에 성냥을 놓아 불이 붙는 것을 확인하고, 사이클로이드에서 공을 굴려본다. 이런 것들은 우리나라에서도 해 본 것들이다. 하지만 진자의 주기를 컴퓨터와 연결하여 확인하는 교구, 원뿔곡선 컴퍼스라고 이름 붙일 수 있는 교구, 물건을 들어 올리는 각도에 따라 드는 힘을 비교할 수 있는 도르레 등은 보지 못한 것이었다. 특히, 전시물 해설서를 칼라로 인쇄해 주는 바람에 만족도가 쑤욱 올라갔다.

전시물들을 만지고, 작동해 보고, 사진 찍는 것 모두 자유다. 전시물은 생각보다 많지 않았지만 하나하나 자세히 보았더니 세 시간 정도 걸렸다. 예약을 하면 학생들을 대상으로 워크숍을 열어준다는데, 전시장에서 원없이 체험할 수 있어서 워크숍을 신청하지 않아도 충분했다.

새로운 교구를 보며 그 속에 어떤 수학적 원리들이 녹아 있는지, 체험으로 그 원리를 어떻게 알아낼 수 있는지, 오류는 없는지 살펴보는 것도 재미있었고, 이미 보았던 교구들도 좀 더 흥미롭게 디자인했거나 체험자들이 작동시키기 쉽게 만든 아이디어를 보는 것도 즐거웠다. 교구를 보면서 어떻게 수업하면 좋을지 궁리하게 되니 직업병인가, 수학교사임을 숨길 수 없다. 우리들의 수학 끼고 가는 여행은 문화, 역사, 음식, 건축 모두가 수학의 부분집합이 아니던가.

컴퍼스로 이차곡선 그리기

이차곡선은 원뿔곡선이라고도 하는데, 원뿔을 평면으로 잘랐을 때 생기는 곡선이 이차 곡선이기 때문이다. 보통은 원뿔을 자른 단면을 보여주는 정도인데 직접 그릴 수 있는 컴 퍼스가 있어 신선했다. 이차곡선을 그릴 수 있는 컴퍼스의 원리를 알아보자.

모양새부터 살펴보자. 기울이는 각도를 조절할 수 있는 평면, 손으로 잡고 돌리는 막대, 끝에 펜이 달린 대형 컴퍼스가 있다. 흰 평면의 각도를 정한 후 막대를 돌리 면 컴퍼스가 같이 돌아가는데 계속 평면에 닿으면서 움직이도록 되어 있다. 결 과적으로 평면을 의미하는 하얀색 면을 기울이는 각도에 따라 원뿔을 평면으 로 잘랐을 때의 단면이 그려진다. 원, 타원, 포물선, 쌍곡선을 모두 그릴 수 있다. 원뿔을 평면으로 절단했을 때 생기는 곡선의 모양을 보여주는 과정을 거꾸로 구 성한 아이디어가 참신하다.

끝에 펜이 달린 컴퍼 스 컴퍼스가 돌아가 는 동안 그 끝에 달 린 펜이 하얀색 평면 에 이차곡선을 그리 게 된다.

막대를 잡고 한 바 퀴 돌리면 컴퍼스 가 돌아간다.

아르키메데스 정원에서 받은 자료를 두 손 가득 들고 버스에 오른다. 이제 돌아가서 공부할 일만 남았다. 뭐, 공부는 하면 되지. 스스로를 대책없이 믿어 본다. 그리고 차를 타자마자 바로 꾸벅꾸벅.

여행 중 뭐든 타고 엉덩이를 붙이면 잔다. 그게 버스든 기차든 지하철이든. 잠시 대중교통을 이용할 때도 눈을 붙인다. 일행 중 누군가가 깨워주겠거니 믿으면서. 처음에는 바깥 구경, 사람 구경, 날씨 구경, 뭐든 구경하느라 초롱초롱 눈을 뜨고 다녔다. 초행길이니 정신 똑바로 차려야 목적지에 갈 수 있다는 긴장감도 있었다. 지금은? 잘못 갔다 싶으면 돌아오고, 저기도 좋고 여기도 좋네 구경하며 맘편히 다음 버스를 기다리기도 한다.

잠시 눈을 붙이면 몸이 한결 낫다. 여행이 길어지면서 체력 곡선이 급격하게 감소 상태가 되고 있음을 느낀다. 덩달아 의욕 곡선도 감소 상태가 되어간다. 여행 초반에는 보는 게 많아질수록 의욕도 증가했는데 그것도 한계에 도달했나보다. 반면 피로 곡선은 나날이 증가 상태다. 그래서 낮이나 밤이나 눈꺼풀이 무겁다. 피로는 간 때문이 아니라 눈꺼풀 때문이다.

산 자와 죽은 자의 공존

유럽의 성당은 성경에 등장하는 성인들을 기리는 뜻에서 그들의 무덤 위에 짓는 경우가 많다. 로마의 성 베드로 성당은 예수의 열 두 제자 중 첫 번째 제자인 베드로의 무덤 위에 지어졌고, 교황이 선종하면 지하에 모신다고 하니 성당이 무덤이기도 한 셈이다.

피렌체의 구시가지 중심에는 버스가 다니지 않으니 버스에서 내려 걸어 들어간다. 어느 정도 걸으니 시야가 트이면서 광장이 나온다. 산타 크로체 성당이 우뚝 서 있다.

산타 크로체 성당은 이탈리아 고딕 양식을 따라 지었는데 녹색과 붉은색의 대리석으로 꾸민 외관은 간결하면서도 힘이 느껴진다. 외관은 산타 마리아 델 피오레 성당보다 남성적인 느낌이다. 이곳에는 피렌체 출신의 유명 인사들이 대거 묻혀 있는데, 지하에 280기에 가까운 묘가 있단다.

너른 광장을 뒤로 하고 성당으로 들어선다. 내부와 바닥 곳곳에 묘비가 있는데 입구에 그 위치를 안내하는 표지판이 있을 정도다. 성당에 오면 대개 제단화나 벽화를 감상하고 건축양식이 어떤지, 창문 장식 등을 보게 되는데 이곳에서는 누가 묻혀있는지, 묘비는 어떤 모양인지 둘러보게 된다. 우리나라는 산 자와

산타 크로체 성당. 왼쪽에 단테의 동상이 있다.

죽은 자의 공간이 멀리 떨어져 있는데, 이렇게 같은 공간에 있다는 것이 참 낯설었다. 독특한 경험이다.

16세기의 위대한 수학자이자 과학자인 갈릴레오는 죽어서도 계속 연구하라는 뜻일까. 오른손에는 망원경이 들려 있고, 왼손으로는 책 위에 얹힌 지구본을 만지고 있다. 망원경으로 우주를 관찰하면서 왼손으로 지구를 돌리고 있는 것 같다.

미켈란젤로는 화가, 조각가, 건축가로서 걸출한 업적을 남겼는데 이를 기념하여 그림, 조각, 건축을 의미하는 세 개의 조각상을 무덤 앞에 설치해 놓았다. 앞쪽에서 보아 가장 왼쪽에 앉아 진흙으로 만든 조각상을 들고 있는 여신은 조각, 가운데 붓을 들고 있는 여신은 그림, 가장 오른쪽에 작업 도구를 들고 있는 여신이 건축을 상징한다고 한다. 모두 다른 조각가가 만들었단다.

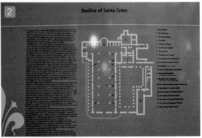

🔟 밟지 말라고 줄을 둘러치긴 했는데 말 그대로 발 디딜 곳 없을 만큼 바닥에 묘비가 가득하다
🔢 묘비의 위치를 나타낸 안내 표지판

■1 갈릴레오의 묘비 ■2 미켈란젤로의 묘비

『군주론』을 남긴 정치학자 마키아벨리의 묘비도 있다. 군주의 힘을 강조한 그는 군주란 '무장한 예언자'이어야 한다고 주장했다. 1513년 발표한 『군주론』에서 위대한 군주, 강한 군대, 풍부한 재정이 국가를 번영케 하며 국가의 이익을 위해서는 군주가 어떠한 수단을 취하더라도 허용되어야 한다고 역설하면서 강력하고 현명한 군주가 가져야 할 소양과 책임에 대하여 말하였다. 『군주론』으로 대변되는 그의 정치사상은 일찍부터 격렬한 논쟁을 불러 일으키게 된다.

강한 군주의 역할과 존재를 강조한 건 자신의 경험에서 비롯되었다고 보아야 할 것이다. 그가 살던 시기의 이탈리아는 작은 도시 국가 형태로 나뉘어 통일된 힘을 모으지 못한 반면 주변 강대국들은 나날이 힘을 키우며 부강해지고 있었

1 마키아벨리의 묘비
2 레오나르도 다빈치의 묘비는 오른쪽에 있는 검은
색 정사각형이다.

다. 게다가 그가 살던 피렌체는 '위대한 로렌초'라 불리며 피렌체의 부흥을 이끌었던 로렌초 메디치가 죽은 후 무능한 아들의 통치로 정치가 권위를 잃어가는 중이었다. 종교와 음모가 빚어낸 사보나롤라의 화형을 지켜본 젊은 그는 이 모든 상황을 통제할 수 있는 강력한 권력에 대해 고민하지 않았을까. 강력한 하나의 이탈리아를 건설하기 위해 모든 권력을 군주에게 집중시키는 중앙집권적 정치가 필요하다는 주장은 그 당시 꽤 설득력이 있었을 것이다. 묘비의 첫 줄에는 '어떤 훌륭한 찬사로도 이 위대한 사람을 칭송할 수 없다'고 적혀있다고 한다. 1527년에 사망했는데 묘비에 숫자를 잘못 새겼는지 고친 흔적이 보인다.

르네상스를 대표하는 화가이자 건축가이며 수학자였던 레오나르도 다빈치의 무덤은 눈에 띄지 않아 그냥 지나칠 뻔 했다. 검은 사각형 안에 새겨진 그의 이름을 못 찾아 성당 안을 한 바퀴 돌고서야 발견했으니 말이다. 옆에 앉아 생각하는 조각상을 그의 묘비로 착각할 뻔 했다. 그의 무덤은 프랑스에 있으며 죽은 뒤 1세기가 지난 후 이 성당에 묘비만 세워졌다.

무덤으로 기억되는 역사

다빈치처럼 실제 무덤은 다른 곳에 있지만 그 업적을 기리고 기념하기 위해 묘비만 세운 경우도 있는데, 단테가 그러하다.

단테는 피렌체에서 추방당해 라벤나에서 죽음을 맞이하였다. 그의 실제 무덤도 라벤나 시에 있다. 1465년 탄생 200주년을 기념하고 교황에 의해 추방되었던 그의 명예를 회복시키기 위해 이곳에 묘비를 만들었다고 한다. 시신 없는 무덤을 만든 건 단테를 추방했던 피렌체의 역사를 반성하는 의미라고 한다. 비문에는 '가장 위대한 시인'이라는 글이 적혀 있다.

단테의 묘비

최근에 묻힌 사람으로는 이탈리아계 미국인인 엔리코 페르미를 들 수 있는데, 실제 그의 무덤은 미국에 있다. 그는 중성자를 이용해 새로운 방사성 원소를 만들어 낸 공로로 1938년 노벨 물리학상을 받은 물리학자이다. 1943년에는 세계 최초로 핵분열 연쇄반응 실험을 성공시켰는데, 그

성당 지하에도 묘비가 많다.

결과 원자폭탄이 개발되었고 일본에 원자폭탄이 투하되었다. 페르미는 전쟁 종
식을 위한 원자폭탄 사용에는 찬성했지만 자신의 연구 결과가 숱한 사람의 목
숨을 앗아간 무기로 쓰인 데 대해 괴로워했다고 한다. 전쟁이 끝난 뒤에는 사악
한 짓이라며 수소폭탄 개발을 반대했다고.

이렇게 돌아보니 성당에 묻힌 사람들의 면면도 화려하고 사연도 다채롭다.
단테의 묘비에서는 자신들의 역사를 돌아보고 화해의 손길을 내미는 태도를,
갈릴레오의 묘비에서는 그의 연구에 대한 존경을, 미켈란젤로의 묘비에서는 그
를 향한 피렌체 사람들의 감사와 자부심을 느낄 수 있었다. 지금도 인류의 삶에
큰 업적을 남긴 사람들에게 기꺼이 성당의 한 편을 내어주는 이탈리아 사람들
이 다시 보인다.

평소 관심이 있었거나 존경하던 인물의 묘비가 있는지 찾아보는 것도 좋고, 언제 묻혔는지 숫자를 읽으며 돌아보는 것도 좋다. 묘비마다 로마숫자로 무덤 주인이 세상을 떠난 해가 새겨져 있으니까 말이다.

성당 벽이며 바닥을 이렇게 열심히 보고 다닌 적이 있었던가? 묘비 위치도 찾고, 묘비의 조각들이 무엇을 의미하는지 상상도 해 보고, 묘비에 새겨진 로마숫자도 읽고, 예배당도 구경하니 시간이 꽤 흘렀다. 바닥에도 묘비들이 많아 자칫 잘못하면 밟기 쉽다. 실수일지라도 모르는 사람의 묘비를 밟는 건 예의가 아닌 것 같아 이리저리 피해 다니다보니 묘비로 된 미로를 걷는 기분이 든다. 다른 성당을 둘러볼 때보다 발걸음이 조심스러워진다.

르네상스 건축의 여명, 파치 예배당

산타 크로체 성당 옆에는 브루넬레스키가 설계하고 건축한 자그마한 파치 예배당이 딱 붙어 있다. 성당은 고딕 양식인데 파치 예배당은 르네상스 양식이다. 이탈리아에서는 이렇게 여러 건축양식이 한 공간에 배치되어 있는 경우가 흔하다. 건축 기간이 길고 필요에 따라 건물을 덧붙여 짓다 보면 유행을 무시할 수 없기 때문이다.

파치 예배당은 최초의 르네상스 건축물로 꼽힌다. 규모는 작아도 짜임새가 있다. 정사각형과 그에 내접하는 원을 이용한 설계는 그 자체로 이미 수학이다. 설계자 브루넬레스키는 하나의 길이를 기준으로 비례를 맞추어 다른 길이를 배치하여 질서 정연하면서도 조화로운 공간을 만들어 냈다. 모든 공간을 단순화하고 돔을 중심으로 집중시켰다. 겉에서 보기에는 원뿔 모양 같지만 돔의 안쪽은 반구모양이며, 두오모의 돔을 완성한 그답게 역시 이중 껍질 구조로 지었다.

신 중심의 세계관에서 벗어나 인간을 세계의 중심에 놓은 르네상스 시대로의 변화는 건축 분야에도 큰 영향을 미쳤다. 교회를 짓는 일에만 몰두하지 않고 공공건물, 궁궐, 주택 등 다양한 분야의 건축물에도 관심을 가졌다. 인간의 생활에 필요하고 편리한 건물에 관심을 갖게 된 것은 어찌 보면 당연한 결과였다. 그는 피렌체 고아원, 산 로렌초 성당 등을 르네상스식으로 지었는데, 그의 건축 양식은 피렌체 지방을 넘어 로마까지 영향을 미쳤다.

좌우 대칭, 특별한 장식이 없는 소박함, 둥근 스타일, 고대 로마의 건축과 같이 단순명쾌한 반원아치의 활용, 정사각형과 직선의 질서정연한 배치. 이렇게 합리적인 아름다움을 추구하는 것이 르네상스 건축의 특징이다. 파치 예배당은 수학적 관계에 바탕을 둔 조화와 질서, 균형과 통일, 형태미를 중시하는 르네상스 건축 양식을 잘 보여주고 있다.

왼쪽은 성당 벽이고 위에 돔이 있는 오른쪽 건물이 파치 예배당이다.

노을 지는 아르노 강을 바라보며

피렌체 여행을 마무리하며 다시 미켈란젤로 언덕에 선다. 노을이 진다. 피렌
체에 도착한 그날처럼 강 건너 저쪽에 붉은 두오모가 가장 먼저 눈을 사로잡는
다. 조토의 종탑, 베키오 궁, 그리고 베키오 다리와 아르노 강이 하나 둘 노을에
물들어가고 사람들도 노을에 물들어간다.

피렌체에서 머문 며칠은 중세로의 시간 여행 같았다. 가는 곳마다 건축과 그
림, 조각들이 세월의 흐름을 거역한 듯 중세의 모습을 간직하고 있었다. 특히,
시뇨리아 광장 주변은 지금 당장 중세 복장을 하고 걸어 다녀도 어색할 것 같지
않을 만큼 중세 시대 그대로 머물러 있는 것만 같았다.

중세 시대에는 유럽 어느 도시에 견주어도 뒤지지 않는 부를 쌓았기에 풍

아르노 강의 노을

족한 생활과 예술을 즐겼으며, 새로운 예술적 표현을 위해 회화, 조각, 건축 분야에 후원을 아끼지 않았던 피렌체 사람들. 고전을 즐기는 도시의 분위기와 메디치가의 꾸준하고 막대한 후원이 많은 예술가들에게 고대 그리스와 로마 문명을 수용하고 재해석하는 기회를 주었다. 르네상스라는 새로운 정신문화를 창조하는 토대가 되기에 충분했다. 르네상스를 대표하는 미켈란젤로, 라파엘로, 레오나르도 다빈치, 단테, 보카치오, 마키아벨리가 피렌체를 중심으로 활동한 것은 우연이 아니다.

피렌체에서 르네상스 분위기에 흠뻑 젖어 지내다보니 르네상스가 갖는 의미와 한계에 대해 다시금 생각해 보게 된다. 이곳에서 보았던 르네상스 시대의 작품들은 이전의 것과 크게 다르지 않았다. 원근법을 자유자재로 사용하여 현실을 화폭에 옮길 수 있었음에도 그 시대의 화가들은 여전히 사람들의 생활이 아닌 성경이나 그리스 신화 이야기를 그렸다. 레오나르도 다빈치의 〈수태고지〉나 보티첼리의 〈비너스의 탄생〉처럼 말이다. 이전의 천사들이 옷을 잘 갖춰 입었다면 르네상스 시대의 천사들은 나신인 정도가 다를까. 고대 그리스나 로마의 옷을 입은 중세의 모습처럼 느껴졌다. 그나마 회화, 조각 등 예술분야에서는 르네상스 운동이 활발했지만 철학, 사상, 종교 분야로까지 깊숙하게 뻗어가지는 못했다. 그러기위해서는 좀 더 많은 시간과 노력, 기다림이 필요했지만 역사는 기다려주지 않는다. 프랑스와 에스파냐의 침입을 받아 끊임없이 전쟁에 시달리던 이탈리아는 경제력마저 잃게 되었고, 르네상스도 차츰 빛을 잃어갔다.

이탈리아를 중심으로 일었던 르네상스라는 물결은 프랑스, 네덜란드, 독일, 영국, 스페인 등지로 퍼져갔지만 구심점 이탈리아가 사그러들자 역시 그 힘을

아르노 강을 바라보며 서 있는 다비드 상

잃고 만다. 100년 남짓한 시기를 풍미했던 르네상스는 건축과 그림으로 화려하게 등장했지만 그 시대 민중들의 삶은 여전히 중세에 갇혀 있었다. 꽃의 도시 피렌체에서 불꽃처럼 피어났던 르네상스. 두오모의 돔이 꽃봉오리처럼 닫혀 있듯 단테, 보카치오, 마키아벨리와 같은 르네상스 시대의 철학과 정치사상은 봄을 기다리는 꽃눈이었을까?

관광객들이 다비드 조각상의 시선을 따라 노을지는 풍경을 바라보고 있다. 어두워져가는 언덕에서 다비드 조각상이 바라보는 피렌체는 어떤 모습일까? 그 옛날의 찬란했던 시대를 그리워하며 다시 르네상스를 꿈꾸는 건 아닐런지.

기울어진 탑으로 유명한
해상강국의 자부심
피 사

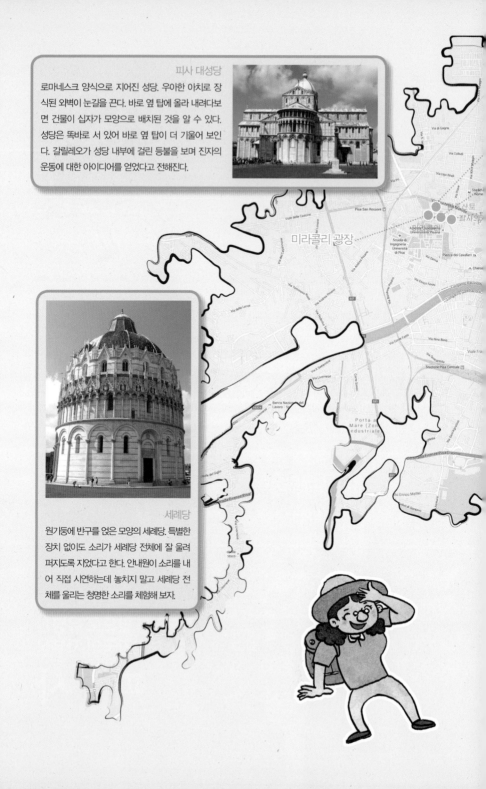

피사 대성당

로마네스크 양식으로 지어진 성당. 우아한 아치로 장식된 외벽이 눈길을 끈다. 바로 옆 탑에 올라 내려다보면 건물이 십자가 모양으로 배치된 것을 알 수 있다. 성당은 똑바로 서 있어 바로 옆 탑이 더 기울어 보인다. 갈릴레오가 성당 내부에 걸린 등불을 보며 진자의 운동에 대한 아이디어를 얻었다고 전해진다.

미라콜리 광장

세례당

원기둥에 반구를 얹은 모양의 세례당. 특별한 장치 없이도 소리가 세례당 전체에 잘 울려 퍼지도록 지었다고 한다. 안내원이 소리를 내어 직접 시연하는데 놓치지 말고 세례당 전체를 울리는 청명한 소리를 체험해 보자.

캄포산토

피사 대성당

피사의 사탑

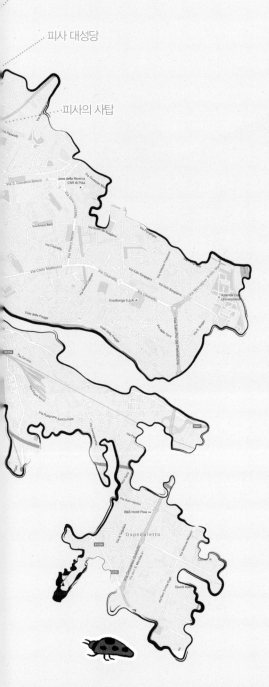

캄포산토

예루살렘 성지 골고다에서 가져온 흙으로 조경한 일종의 납골당. 4번째 십자군 전쟁 때 희생된 사람들의 시신을 피사로 가져와 부활을 기원하며 묻은 것이 그 시작이라고 한다. 피사 출신 수학자 피보나치의 무덤도 있다. 무덤이라지만 내부에는 여러 조각들과 프레스코 벽화로 장식되어 있어 천천히 한 바퀴 돌아볼 만하다.

피사의 사탑

지을 때부터 기울어져 지금껏 삐딱하게 서 있는 탑. 계단으로 꼭대기까지 오를 수 있다. 시간과 인원이 정해져 있으니 예약은 필수. 꼭대기에 오르면 미라콜리 광장 전체가 훤히 보인다. 몸으로 기울어진 탑을 느끼는 짜릿한 경험은 잊을 수 없다.

북쪽으로 세르키오 강, 남쪽으로는 아르노 강 사이에 있어 토지가 비옥하고 물자가 풍족하다.

인구 8만 명 남짓한 작은 도시, 피사로 가는 길은 여느 시골 풍경처럼 한가로웠다.

창밖으로 펼쳐지는 적당한 키의 나무와 대지, 뜨거운 햇살과 눈 시리게 파란 하늘,

그 위로 피사의 화려한 시절이 겹쳐진다.

피사는 10세기 무렵 막강한 해군함대와 상선을 가진 해상강국으로 명성을 떨쳤다.

스페인을 기지로 삼은 사라센과 지중해 패권을 다투어 사라센이 차지했던

샤르데냐 섬과 시칠리아 섬을 식민지로 삼았고, 북아프리카의 튀니지, 마흐디아를

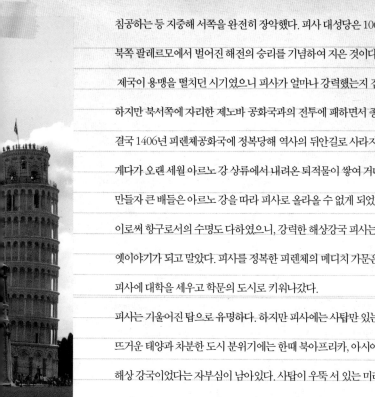

침공하는 등 지중해 서쪽을 완전히 장악했다. 피사 대성당은 1063년 시칠리아

북쪽 팔레르모에서 벌어진 해전의 승리를 기념하여 지은 것이다. 이때는

제국이 용맹을 떨치던 시기였으니 피사가 얼마나 강력했는지 짐작할 수 있다.

하지만 북서쪽에 자리한 제노바 공화국과의 전투에 패하면서 종말이 시작되었다.

결국 1406년 피렌체공화국에 정복당해 역사의 뒤안길로 사라지고 말았다.

게다가 오랜 세월 아르노 강 상류에서 내려온 퇴적물이 쌓여 거대한 삼각주를

만들자 큰 배들은 아르노 강을 따라 피사로 올라올 수 없게 되었다.

이로써 항구로서의 수명도 다하였으니, 강력한 해상강국 피사는

옛이야기가 되고 말았다. 피사를 정복한 피렌체의 메디치 가문은

피사에 대학을 세우고 학문의 도시로 키워나갔다.

피사는 기울어진 탑으로 유명하다. 하지만 피사에는 사탑만 있는 것이 아니다.

뜨거운 태양과 차분한 도시 분위기에는 한때 북아프리카, 아시아와 교역을 한

해상 강국이었다는 자부심이 남아있다. 사탑이 우뚝 서 있는 미라콜리 광장에서

그 화려했던 역사의 뒷모습을 볼 수 있을까.

해상강국 피사의 대성당

피사 안의 광장, 광장 안의 피사

피사를 찾는 관광객 대부분은 성벽으로 둘러싸인 광장 안으로 밀물처럼 들어왔다 썰물처럼 빠져나간다. 대성당, 세례당과 함께 이 광장 안에 있는 사탑을 보기 위해서이다. 물밀 듯 흘러가는 사람들 틈에 끼어 아치형으로 뚫린 조그만 성문을 지나니 미라콜리 광장이다.

눈부신 연둣빛 잔디밭 위로 원기둥, 사각기둥, 구와 같은 입체도형들이 보였다. 세례당과 대성당, 뒤로 보이는 사탑은 건물이 아니라 돌로 만든 입체도형 표면에 조각을 한 작품 같았다. 사람이 살지 않아서인지 너무 깔끔해서 천년 가까이 된 건물로 보이지 않았다. 우리나라 해미읍성 규모의 성 안에 잔디를 깔고 대리석으로 만든 모형 느낌이다.

오전 10시 반쯤 도착했는데, 잔디밭과 널찍한 광장은 벌써 사람들로 가득 차 있다. 그 가운데 절대 다수는 활기차고 왁자지껄한 말투의 중국인. 반면 가끔 보이는 일본인들은 바로 옆이 아니면 잘 들리지 않을 정도로 조용하다. 여러 명이 같이 다녀도 거의 티가 안 난다. 말도 소곤소곤, 행동도 조심조심, 큰소리로 일행을 부르거나 하는 경우는 거의 보지 못했다. 같은 동양권인데

세례당. 원기둥에 반구를 얹어
놓은 모습이다.

어떻게 이렇게 다른지. 그럼 우리는? 중국인과 일본인의 중간쯤일까. 외국인
의 눈에 비친 한국인은 어떤 모습일지 궁금해진다. 여러 명이 함께 여행하는
것을 즐기고, 눈이 마주쳐도 무심한 표정으로 일관하며 영어가 들리면 일단
외면하는 건 한중일 모두 비슷하다.

사탑 예약한 것을 입장권으로 바꾸러 매표소에 들렀더니 이 광장 안 건물은
모두 따로따로 표를 사야 한단다. 피보나치의 동상을 보려면 캄포산토에도 가
야 하니 다섯 군데의 입장권을 모두 산다.

원형 건물에서 울려 퍼지는 소리

가장 먼저 간 곳은 세례당. 흰색 원기둥 위에 주황색 반구를 얹은 모양이다. 12세기에서 15세기에 걸쳐 세웠는데 1층에는 빙 둘러 반원 모양의 아치가 있고, 2층은 더 조밀한 아치와 장식들이 화려하다.

안을 돌아보는데 누군가 "Be silent."라고 이야기한 후, 청아한 목소리로 "아∼" 하고 길게 노래한다. 그 소리는 세례당 안을 돌고 돌아 울려 퍼졌다. 반원형 그리스 극장이나 로마의 원형 극장 객석에서 마이크 없이도 배우의 목소리가 잘 들리는 것처럼 원형 건물에서도 소리가 잘 반사된다는 것을 다시 한 번 확인했다. 알고 보니 30분마다 안내원이 진행하는 퍼포먼스란다. 하마터면 나도 '아∼' 하고 소리 낼 뻔 했다. 꾹 눌러 참는다.

1 피보나치의 무덤과 동상
2 캄포산토 내부. 죽은 자들의 무덤이 벽면 가득 차 있다.

피보나치의 흔적

두 번째로 간 곳은 피보나치의 무덤이 있는 캄포산토. 캄포산토는 단순하고 소박한 건물이다. 길이가 족히 60~70m는 되어 보이는데 이 지역을 다스리던 가문의 묘가 ㄷ자 모양의 회랑을 따라 석실로 만들어져 있었다. 표식이 없어 무덤의 주인을 모두 알 수는 없다. 흐릿한 프레스코 벽화가 오랜 세월이 흘렀음을 말해주고 있었다. 죽은 이를 기리는 조각 사이를 걷다가 드디어, 발견했다. 레오나르도 피보나치의 무덤이다.

피보나치가 살았던 1200년 경은 피사가 해상강국으로 이름을 떨치던 전성기로 사라센 제국이 이탈리아 남부를 넘어 스페인까지 점령했던 시기였다. 흔히 아라비아 상인이라고 부르는 이슬람인들이 북아프리카, 이탈리아 남부까지 진출해 있었다.

무역이 활발한 해상강국 피사에서 태어난 피보나치는 당시 선진문명이었던 이슬람 문명을 체험할 수 있었다. 피보나치의 아버지는 북아프리카에서 무역을 했는데, 피보나치는 그곳에서 아라비아 사람들이 쓰는 숫자를 배웠다. 아라비아인들의 숫자는 바로 계산할 수 있어 로마 숫자보다 훨씬 편리했다. 당시 유럽에서는 셈판과 돌을 이용하여 계산을 한 뒤 로마 숫자로 기록했다. 로마 숫자가 계산에 불편했기 때문이다.

피보나치는 아랍의 수학을 배우기 위해 지중해 지역의 나라들을 여행했고, 그뒤 피사로 돌아와 1202년에 『산술교본』이란 책을 썼다. 이 책은 아라비아 숫자가 유럽에 널리 퍼지는 데 결정적인 역할을 했다. 로마 교황청은 아라비아 숫자가 위조하기 쉽다는 이유를 들어 사용을 허락하지 않았지만 14세기에 이르자 결국 아라비아 숫자를 승인할 수밖에 없었다.

피보나치 수열

피보나치, 하면 떠오르는 피보나치 수열, 피보나치가 수학자 이름이라는 사실은 몰라도
수열의 이름은 익숙할 것이다. 피보나치 수열은 무엇을 말할까?

$$1, \; 1, \; 2, \; 3, \; 5, \; 8, \; 13, \; 21, \; \cdots\cdots$$

이 수열은 1, 1에서 출발하여 앞의 두 수를 더한 결과가 그 다음 수가 되는 규칙
으로 만들어진 수열이다. 피보나치는 『산술교본』에서 토끼의 개체 수를 예측하는
모델로 이 수열을 제시하였다. 지금은 인구의 증가를 예측할 때 미적분을 이용한
다. 피보나치가 살던 시절에는 미적분이 없었으니 세대 길이가 짧은 토끼를 이용
하여 인구 수를 예측하는 문제를 풀어보려 했던 것 같다.
피보나치가 낸 문제를 풀어 보자.

갓 태어난 암수 한 쌍의 토끼가 있다. 이 한 쌍의 토끼는 매달 암수 한 쌍의 새끼
를 낳으며, 새로 태어난 토끼도 태어난 지 두 달 후부터 매달 한 쌍씩의 암수 새
끼를 낳는다고 한다. 1년이 지나면 토끼는 모두 몇 쌍이 될까?

한 달이 지나면 암수 한 쌍의 토끼가 어른이 되고 두 달이 지나면 새로운 한 쌍이
태어나서 두 쌍이 된다. 세 달이 지나면 두 달째 태어난 암수 한 쌍은 어른이 되고
처음 암수 한 쌍은 또 암수 한 쌍을 낳아 세 쌍의 토끼가 있게 된다.

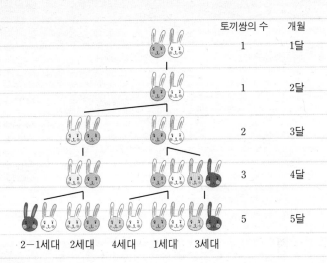

	토끼쌍의 수	개월
	1	1달
	1	2달
	2	3달
	3	4달
	5	5달

2-1세대   2세대   4세대   1세대   3세대

그림에서 달마다 늘어나는 토끼 쌍의 수를 나열하면

$$1, \ 1, \ 2, \ 3, \ 5, \ \cdots\cdots$$

이다. 이것이 바로 피보나치 수열이다.

더 놀라운 것은 피보나치 수열이 여기에 그치지 않고 여러 분야로 엄청나게 확장
된다는 사실이다. 꽃잎의 개수, 해바라기 나선 수, 등각나선 등 자연 속에서 발견
될 뿐아니라 이웃한 두 수의 비는 황금비로 수렴한다는 사실이 밝혀졌다.

또한 1930년대에는 미국 증시분석가 엘리엇이 75년간 주가 변동을 연구한 결과
주가가 올라가고 내려가는 정도가 피보나치 수열과 관계있다는 엘리엇 파동 이
론을 주장했다. 디자인 활용도도 높다. 피보나치 수열의 수들을 도형의 넓이 또
는 부피와 대응시켜 가구, 타일무늬, 퀼트 등에 사용한다.

기울어진 탑, 피사의 탑

기울어져 유명한 탑

광장이 좁다보니 어딜가나 탑이 보이고 그쪽으로만 눈길이 간다. 탑이 기울었다는 걸 알고 있는데도 바로 옆 성당이 기운 건 아닌지, 내가 삐딱하게 보는 건 아닌지 순간순간 의심이 든다. 여기에서는 꼭 기념사진을 남겨야겠지. 탑이 멋지게 기울어 보이는 곳을 찾으러 빙빙 도는데 한 무리의 사람들이 와자지껄 사진찍기에 여념이 없는 곳을 발견한다. 저멀리 탑이 기울어 보이고 사람들은 원근법을 이용해서 사진을 찍고 있었다. 탑을 손 위에 올려 놓은 사진, 미는 사진, 받치는 사진, 탑 꼭대기를 손으로 잡고 당기는 사진, 갖가지 몸동작이 난무한다. 걸리버 여행기 소인국에 와 있는 거인 관광객들 같다. 하도 재미있어 구경하다 정작 기념사진 찍는 걸 잊고 말았다. 그런데 어쩌다 이렇게 기운 걸까?

1173년 피사공화국은 힘과 부를 과시하기 위해 다른 어떤 도시의 종탑보다 더 큰 종탑을 짓기로 결정한다. 그런데 2층을 짓던 1178년부터 탑이 기울기 시작했다. 땅이 단단하지 못했고, 탑의 토대가 3m 밖에 되지 않았기 때문이다. 스폰지 위에 동전을 쌓아 보자. 처음에는 똑바로 잘 쌓을 수 있을 것이다. 하지만 점점 올라갈수록 동전은 중심을 잃고 한쪽으로 기울게 된다. 스폰지, 피사의

1 피사의 사탑 위 7개의 종. 종마다 각각 이름이 있다. 가장 큰 종은 1572년에 설치한 아순타로, 성모 마리아의 승천을 의미한다.
2 가장 오래된 종은 1262년에 설치된 파스퀘레치

땅이 딱 그랬다. 오랜 세월 동안 진흙, 모래, 조개껍질이 쌓여 다져진 곳이라 지반이 약했던 것이다. 피사의 사탑은 이렇게 약한 지반 위에 지었기 때문에 지을 때부터 한쪽이 내려앉으면서 기울어질 수밖에 없었다.

사람들은 탑을 똑바로 세우기 위해 여러 가지 노력을 했다. 기울어진 쪽 기둥을 다른 쪽보다 높여도 보고 꼭대기에 종루를 설치할 때는 남쪽은 계단을 6단, 북쪽은 3단으로 하여 남쪽을 북쪽보다 훨씬 높게 만들기도 했다. 종루에 7개의 종을 달 때는 무거운 종을 북쪽에 달았다. 제노바 공화국, 피렌체 공화국과 전쟁을 치르느라 공사는 번번이 중단되었지만 피사의 사탑은 건설시작 177년 만인 1350년에 결국 완공됐다. 낮은 쪽의 높이는 55.86m이고, 높은 쪽의 높이는

56.70m로 남쪽 방향으로 5.5° 기운 상태였다.

탑이 완공되었을 때, 두오모에 세례당에 종탑까지 갖게 된 피사 사람들이 얼마나 환호했겠는가. 50년이 흐른 뒤 피렌체 공화국에게 정복당할 것이라고 상상이나 했을까? 천 년이 흐른 뒤 전세계 관광객이 찾는 명소가 되리라고 짐작이나 했을까? 어쨌든 탑은 기울어진 채 완공되었다.

기울어져 유명하다지만 사실은 위험하다. 컴퓨터 시뮬레이션에 의하면 탑이 5.44° 기울어지면 넘어진다고 한다. 피사의 사탑이 무너지지 않고 몇백 년을 버텨온 것은 기적이라고밖에 설명할 방법이 없다.

피사의 사탑을 바로 세우기 위한 노력이 왜 없었겠는가? 첫 번째 시도는 1838년에 있었다. 건축가 알렉산드로 게라디스카가 탑의 기초부 주변을 파내려가기 무섭게 물이 용솟음쳤다. 그후 아무도 탑에 손을 대려하지 않았다. 그런데 1902년 베네치아 산 마르코 광장의 종탑이 붕괴되는 사건이 일어났다. 천 년이 넘은 높이 98m의 탑이 구불구불 갈라지더니 이틀에 걸쳐 무너져 내렸다. 놀란 사람들은 피사의 사탑 연구위원회를 만들었지만 정작 활동은 지지부진했다. 1933년 무솔리니가 집권한 다음 건물 속으로 콘크리트를 주입하려고 했으나 탑은 더 기울어졌고 곧 2차 대전이 일어났다. 전쟁통에 피사의 사탑이 살아남은 것은 정말 행운이었다. 후퇴하는 적군이 공격하기 좋은 장소라는 이유로 이탈리아 곳곳의 탑들이 폭파되었기 때문이다. 피사의 사탑은 연합군과 독일군 사이에서 살아남았지만 결국은 수십 년 안에 붕괴될 것으로 예측되었다.

1989년 이번에는 북부 파비아 근처의 900년 된 종탑이 순식간에 무너졌다. 피사의 사탑보다 덜 기울어진 탑이었기에 충격은 더했다. 위기감을 느낀 이탈리아 사람들은 1990년 1월 7일, 피사의 사탑 문을 닫았다. 그리고 기나긴 보강

작업에 들어갔다. 센서를 설치하고 수평망원경도 설치했다. 세계 곳곳에서 피사의 사탑이 기울어지는 것을 막을 수많은 아이디어들이 쏟아져 들어왔다. 10년 동안의 난상토론과 시행착오를 거쳐 피사의 사탑은 3.99° 기운, 수평거리로 3.9m벗어난 지금의 모습으로 거듭났다.

그렇다면 기울어진 피사의 사탑을 견고하게 유지하기 위해 어떤 방법들이 동원되었을까. 높은 쪽 땅 아래에서 38m³의 흙을 파내고 무게를 덜기 위해 종을 옮겼다. 또 3층에서 닻을 내리듯 케이블을 땅에 고정시켜 기울어진 반대 쪽으로 당겼다. 이런 시도들 덕분에 1년에 1mm씩 기울어 수직 방향에서 5m가량 멀어졌던 탑은 드디어 기울어짐을 멈췄다. 탑은 2001년부터 다시 공개되고 있다.

기울어져 유명한 건물들

건물은 자고로 땅에 수직으로 서 있어야 정상이다. 하지만 여러 가지 이유로 기울어진 건물들이 세계 곳곳에 있다. '늙은 존'이라는 애칭으로 불리우는 네덜란드의 교회는 바로 옆 운하 때문에 기울어졌다고 한다. 75m 높이의 수직 방향에 대해 2m 가량 차이가 난다고 하니 대략 1.5° 정도 기울어져 있는 셈이다. 이탈리아 볼로냐의 아시넬리 탑과 가리센다 탑은 낙뢰와 화재로 기울어진 쌍둥이 탑인데, 수직 방향에 대해 큰 탑인 아시넬리 탑은 2.2m, 작은 탑인 가리센다 탑은 3.2m 기울어졌다. 베네치아 근처 부라노섬의 성당에 딸린 탑은 지반이 약해서 기울었다고 한다.

반면 일부러 비스듬하게 지은 건물도 있다. 유럽의 관문으로 불리는 스페인 마드리드에 있는 쿠웨이트 투자사무소Kuwait Investment Office는 두 건물이 서로 마주보고 있는데 115m 높이에 15°나 기울었다고 한다. 포스트모더니즘 분위기를 물씬 풍긴다. 세계에서 가장 많이 기운 건물은 아랍에미리트의 수도 아부다비에 세워진 하얏트 캐피탈 게이트 호텔로 160m의 높이에 18° 기울었다.

기운 탑에 오르다

탑에 오르기 위해 줄을 서서 위를 쳐다 본다. 기분 때문일까? 머리 위로 탑이 무너질 것 같다. 탑을 똑바로 세워 복원했더라도 이렇게 많은 관심과 사랑을 받았을까? 기울어진 탑을 그대로 보존하기 위해 쏟은 이탈리아 사람들의 노력에 경의를 표한다.

피사의 사탑 꼭대기층

피사의 사탑 내부에는 안내원을 따라 한 번에 20여 명씩 들어갈 수 있다. 기울어진 탑에 정말 올라도 되는 걸까? 그 위에서 보면 세상도 기울어져 보일까? 호기심과 궁금증을 안고 탑 안으로 들어서는데 웬일인지 속이 울렁거리고 좀 어지럽다. 건물의 기울기가 몸으로 느껴진다. 기울어졌다는 생각 때문일까? 나만 그런가 싶어 주변을 돌아보니 다른 사람들도 어지러운지 다들 한 손으로 벽을 짚으며 오르고 있다.

300여 개의 나선형 계단을 따라 탑 내부를 빙빙 돌며 올라간다. 이 계단은 철사로 만든 나선 모양 곡선을 비눗물에 담글 때 생기는 막과 닮았다. 이 막처럼 생긴 곡면을 헬리코이드라고 했었지. 헬리코이드 계단의 대명사, 바티칸 박물관 계단이 떠오른다.

한참 오르다보니 어지러운 것은 둘째고 이제 힘이 든다. 숨을 몰아쉬는데 안내원이 탑 밖으로 난 발코니로 안내한다. 바깥에 나와 시원한 바람을 쐬니 기분이 한결 낫다. 그런데 이게 웬일, 계단 위쪽에서 사람들이 우르르 내려오는 게 아닌가. 아~ 이곳은 올라가고 내려가는 사람들이 서로 만나는 장소였던 것이다. 그렇다면 이 기울어진 탑에 40명이나 되는 사람들이 체중을 보태고 있었다는 말? 설마 여기서 더 기울어지는 건 아니겠지? 갑자기 아찔하다.

피사의 탑 내부에 있는 헬리코이드 모양의 계단

드디어 7층, 바깥이다. 가운데 원기둥을 중심으로 둥글게 한 바퀴 돌아볼 수 있는데 아래에서 올려다 볼 때보다 기울기가 훨씬 심하게 느껴진다. 성큼성큼 걷다가도 기울어진 쪽으로 다가갈 때는 어지러워 저절로 벽에 손이 갔다. 종도 아치도 보는 둥 마는 둥 본능이 시키는 대로 조심조심 한 바퀴 도는 것에 온 신경이 곤두선다. 밖에서 볼 때 좀 작게 보이는 8층에 올라가니 주저앉아 일어서지 못하는 아이도 있었고, 아예 오르지 못하는 사람도 있었다. 도대체 사탑은 몇 도나 기울어진 것일까.

헬리코이드 곡면 모양의 계단

피사의 사탑 계단처럼 생긴 나선 모양을 헬리코이드라고 한다. 계단을 헬리코이드 모양으로 만드는 이유는 무엇인지 알아보자.

비눗물로 만든 헬리코이드 곡면

철사로 나선 모양의 곡선을 만들어 비눗물에 담그면 비눗물이 막을 형성하면서 곡면이 생긴다. 헬리코이드는 그러한 곡면 중에서 넓이가 가장 작다고 알려져 있다. 비누막이 안정적인 구조를 갖기 위해 곡면을 최소 넓이로 감싸기 때문이다. 그래서 좁은 공간에 계단을 만들 때 극소곡면의 성질을 가진 헬리코이드를 이용한다.

탑 계단의 대부분이 헬리코이드 모양인 이유가 바로 여기에 있었다. 헬리코이드 곡면은 철사를 나선 모양으로 구부려 비눗물에 담그기만 하면 만들 수 있다.

또 하나 헬리코이드의 놀라운 성질은 곡면인 헬리코이드를 직선을 이용하여 만들 수 있다는 점이다. 가는 막대나 실을 계속해서 붙여 나가면 헬리코이드 곡면을 만들 수 있다. 헬리코이드처럼 직선을 품을 수 있는 곡면은 흔치 않다.

탑은 얼마나 기울었을까

평면에서 두 직선이 만날 때 생기는 각의 크기는 각도기로 쉽게 잴 수 있다. 그렇다면 피사의 사탑처럼 탑과 땅이 이루는 각은 어떻게 재어야 할까?

우선 탑 주변을 한 바퀴 휘 돌아보았다. 어떤 곳에서 보면 별로 기울어 보이지 않는데 어떤 곳에서는 꽤 많이 기울어져 있는 것 같고, 심지어 어떤 곳에서는 똑바로 서 있는 것 같다. 그렇다면 어느 곳에서 각을 측정해야 할까?

탑은 땅 위에 서 있으므로 이 문제는 3차원 공간에서 평면과 직선이 한 점에서 만날 때 평면과 직선이 이루는 각을 어떻게 측정할 것인가 하는 문제로 바꾸어 생각할 수 있다.

그림과 같이 평평한 판(평면 P)에 막대 AB를 정확하게 동쪽 방향으로 기울여 비스듬하게 세운다. 점 B를 지나는 서로 다른 직선 l, m을 그으면 직선 l, m과 막대 AB가 이루는 각은 다르다. 그렇다면 막대가 평면과 이루는 각은 어느 각을 말할까? 동서 방향의 직선과 막대 AB가 이루는 각은 ∠ABH를 말한다. 점 B를 지나는 다른 직선과 막대 AB가 이루는 각의 크기는 모두 다르지만 그중 가장 작은 각이 ∠ABH이며 이 각을 막대와 평면이 이루는 각이라고 한다. 그러

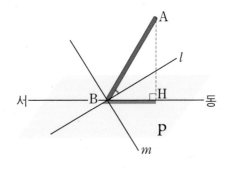

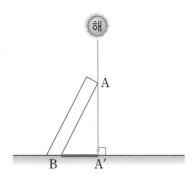

A'B의 길이가 AB의 정사영의 길이이다.

니 피사의 사탑을 막대 AB라 할 때 막대 AB가 기운 방향을 알면 기울어진 각 ∠ABH의 크기를 알 수 있다.

그런데 막대가 기울어진 방향을 정확하게 모를 때는 어떻게 해야 할까? 어느 지점에 서서 막대를 바라보느냐에 따라 기울어진 정도가 달라 보이기 때문에 막대가 얼마나 기울었는지 알려면 가장 많이 기울어진 방향을 찾아야 한다. 막대에 평면과 수직이 되도록 빛을 비추면 평면에 막대의 그림자가 생기는데 이 그림자를 막대의 정사영이라고 한다. 이 그림자가 생긴 방향이 바로 막대가 가장 많이 기울어진 방향이다. 이제 90°에서 막대와 그림자 사이의 각을 빼면 막대가 얼마나 기울었는지 알 수 있다.

사진으로 피사의 사탑이 기운 각도 알아내기

피사의 사탑이 얼마나 기울었는지 사진을 이용해서 알아보자.

오른쪽 사진은 피사의 사탑을 인공위
성으로 찍은 것으로, 화살표는 탑이 기
울어진 방향을 가리킨다.
A 방향에서 찍은 사진과 B 방향에서
찍은 사진은 어떻게 다를까? 탑이 기
울어진 각도를 구하려면 어느 방향에
서 찍은 사진을 이용해야 할까?
결과는 다음과 같다.

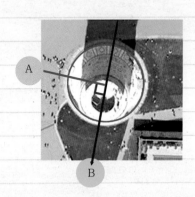

A 방향에서 찍은 사진

B 방향에서 찍은 사진

당연히 A방향에서 찍어야 한다. 탑이 기울어진 방향과 수직인 방향에서 찍은 사진에 정사영이 나타나기 때문이다.

사진을 잘 찍어 실제 탑을 축소한 사진을 얻으면 탑이 얼마나 기울었는지 계산할 수 있다. 닮은 삼각형은 변의 길이의 비가 일정하므로 실제 탑의 길이를 재든 사진 속 축소된 탑의 길이를 재든 길이의 비는 변하지 않는다. 바로 삼각비의 원리이다.

이제 A 방향에서 찍은 사진 위에 탑의 중앙을 지나는 선을 빗변으로 하는 직각삼각형 POH를 그리자. 직각을 낀 두 변의 길이를 자로 재어 두 변의 길이의 비를 구하면 $\dfrac{\overline{OH}}{\overline{PH}}≒0.11$이다. 이것을 각도로 환산하려면 삼각비표를 보면 된다. 삼각비표에서 값이 0.11인 탄젠트의 각은 약 4°임을 확인할 수 있다. 즉 사탑은 약 4° 만큼 기울어져 있다는 말이다.

이탈리아에서 공식 발표한 사탑의 기울어진 각도는 3.99°이다.

P

탑이 기울어진 각

O   H

해가 수직으로 비추는 날이 없는 피사

이제 사탑의 정사영의 길이를 구하는 방법을 생각해 보자. 우선 햇빛으로 생긴 그림자의 길이를 생각할 수 있다. 해가 지면에 수직으로 비칠 때를 기다려 사탑의 그림자의 길이를 측정하면 정사영의 길이를 구할 수 있기 때문이다.

하지만 언제 어느 곳에서나 햇빛을 이용하여 정사영의 길이를 측정할 수 있는 것은 아니다. 알다시피 지구는 태양 주위를 공전하는데, 지구의 축은 그 공전궤도에 대해 23.5° 정도 기울어져 있다. 적도를 중심으로 위도 23.5° 이내의 지역, 즉 남회귀선과 북회귀선 사이의 지역에서는 해가 지면에 수직으로 비추는 때가 있지만 다른 지역에서는 절대 그런 일이 일어나지 않는다. 위도가 43° 나 되는 피사에서는 일 년 중 어느 날도 햇빛이 땅에 수직으로 비추지 않는다. 그러니 안타깝지만 햇빛을 이용하여 사탑의 정사영의 길이를 구할 수 없다.

다른 방법은 없을까? 사실 아주 간단한 방법이 있기는 하다. 사진을 찍는 방법이다. 이 방법은 건물의 높이, 해의 남중고도, 위도 등 아무 것도 몰라도 상관없다. 건물이 기울어진 방향과 수직이 되는 곳에서 찍은 사진과 삼각비표만 있다면 건물이 기울어진 각도를 알아낼 수 있다. 사진기만 있다면 언제 어디서나 가능한 방법이다. 사진은 우리 눈이 보는 3차원 공간을 그대로 2차원으로 바꾸어주기 때문이다.

흔들리는 등불을 지켜보던 갈릴레오

갈릴레오는 1564년 메디치 가문에서 3대째 가정교사를 하던 집안에서 태어났다. 그는 피사대학을 다니던 19세에 대성당 안에 길게 늘어뜨린 등

불이 흔들리는 것을 보고 진자(추) 이론을 정립했다고 한다. 그가 알아낸 것은 진자가 움직이는 폭이 작을 경우 진자가 흔들리는 주기는 진자가 매달린 줄의 길이에만 영향을 받는다는 것이다. 다시 말해 진폭이 작을 경우 진자의 주기는 끈의 길이와 중력에 의해서만 결정되고, 진폭의 크기나 추의 질량과는 관계 없다는 것이다. 이것을 진자의 등시성이라고 한다.

지금은 보기 어렵지만 내가 어렸을 때는 집집마다 매시 정각에 종이 울리는 커다란 괘종시계가 있었다. 괘종시계의 아래쪽에는 대개 추가 달려 있었다. 시계가 가는 건 태엽을 감아 해결했지만, 시간의 빠르고 늦음은 추로 조정했다. 시계는 정확함이 생명인데, 어째서 추를 달아 시계가 빨리 가고 늦게 가게 조정해야 했을까.

인류는 정확한 시간을 측정하기 위해 끊임없이 고민하여 해시계, 별시계, 물시계 등을 만들어냈다. 14세기에 이르자 자연 현상에 의지하지 않고 기계 장치로 작동하는 시계를 만들기 시작하였다. 무거운 추가 시계 몸통을 회전시키는 데 일정한 시간이 걸리는 것을 이용하여 시간 단위로 측정하는 기계를 만들어 낸 것이다. 기계식 시계를 만들려는 이러한 노력은 갈릴레오가 알아낸 진자의 등시성 덕분에 획기적인 발전을 이루었다.

전하는 말에 의하면 갈릴레오는 진자의 등시성을 알아낸 후, 진자를 이용한 시계를 만들려고 했으나 완성하지 못하고 죽었다고 한다. 결국 최초의 실용적인 진자시계는 1656년 호이겐스의 차지가 되었다. 호이겐스는 진자가 한 번 흔들리는데 1초가 걸리려면 진자의 길이가 얼마나 길어야 하는지 알아내고 그것을 이용하여 진자시계를 만들었다. 당시 시계들은 하루에 최소 15분 이상 오차가 났는데, 호이겐스가 만든 진자시계는 하루에 8∼10초밖에 오차가 나지 않았다고 한다. 시계 역사에 한 획을 그은 셈이다.

하지만 금속으로 만든 진자는 온도에 따라 팽창하거나 수축하기 때문에 그 길이가 미세하게 달라진다. 쇠로 만든 진자의 경우 여름에는 늘어나서 시계가 천천히 가고 겨울에는 수축하여 시계가 빨라진다. 따라서 진자의 길이를 일정하게 유지·보정해 주는 역할을 할 무언가가 필요했다. 그래서 등장한 것이 바로 '추'이다. 온도에 따라 추를 올리거나 내려 진자의 길이를 조정하면 시계가 정확하게 가도록 속도를 조절할 수 있다. 이것이 바로 진자의 주기가 진자가 매달린 줄의 길이에 의해서만 결정된다는 진자의 등시성을 이용한 장면이다.

진자의 등시성 역시 뉴튼의 만유인력처럼 자연 현상 속에서 발견한 것이다. 맥박이 규칙적으로 뛴다는 사실을 알고 있었던 의대생 갈릴레오는 바람에 흔들리는 등을 보고 자신의 맥박을 이용하여 주기를 재었다고 한다. 이탈리아의 성당에는 지금도 길게 늘어진 등이 걸려 있으니 당시의 상황을 짐작하기 어렵지 않다.

탑에서 정말 쇠공을 떨어뜨렸을까

피사의 사탑에는 갈릴레오에 얽힌 유명한 이야기가 하나 더 전해진다. 갈릴레오가 사탑 꼭대기에서 쇠공을 떨어뜨리는 낙하 실험을 했다는 것이다.

당시 사람들은 무거운 물건이 가벼운 물건보다 빨리 떨어지는 게 당연하다고 믿었다. 그런데 갈릴레오는 종이를 구겨서 떨어뜨리면 무게는 변하지 않았는데도 그냥 떨어뜨릴 때와 떨어지는 시간이 달라진다는 사실에 생각이 미치자 이를 의심하게 되었다.

인류가 이천 년 동안 진리라고 믿
어 오던 사실, 무거운 것이 가벼운 것
보다 빨리 떨어진다는 아리스토텔레
스의 주장에 의문을 품은 갈릴레오는
물체가 떨어지는 거리는 오직 중력가
속도와 시간에만 영향을 받는다는 사
실을 알아냈다. 그 결과 높이가 같은
곳에서 물체를 떨어뜨릴 때 공기의
저항만 없다면 무겁든, 가볍든 같은
속도로 떨어진다는 결론에 이르렀다.
이 사실을 증명하기 위해 무게가 다
른 쇠공을 사탑 꼭대기에서 직접 떨

피사 두오모 안의 등불

어뜨리는 실험을 했다는 이야기가 그것이다. 과학자들은 갈릴레오가 직접 실험
이 아니라 논리적인 '생각' 끝에 알아냈다는 데 대체로 합의한다.

피사는 역사에 이름을 뚜렷이 새긴 두 명의 수학자, 피보나치와 갈릴레오를
낳았다. 그러나 이들이 위대한 업적만큼 대접받지 못한다는 생각도 들었다.
어째서 이들이 피사의 아들임을 자랑스러워하지 않을까. 피보나치의 생가가
없다고, 갈릴레오의 등불이 보존되어 있지 않다고 인류사에 남긴 그들의 위대
한 생각이 퇴색하는 건 아니다. 하지만 그들을 기념할 만한 유물이나 장소가
있다면 그들을 만난 듯 이야기를 나눌 수 있을 텐데 하는 아쉬움에 자꾸 뒤돌
아보게 된다.

갈릴레오가 밝힌 진자의 등시성

간단한 실험을 해 보자. 줄에 적당히 무거운 지우개를 묶은 다음 다른 쪽 끝은 천정에 매단다. 그리고 지우개를 살짝 당긴 후 놓는다. 지우개는 왔다갔다 하다가 흔들리는 폭이 점점 줄어들면서 저절로 멈출 것이다. 왔다갔다 하는 폭이 줄어들면 이쪽 끝에서 저쪽 끝까지 움직이는 시간도 줄어들까?

갈릴레오가 피사의 대성당에서 알아낸 것이 바로 이 '진자의 등시성'이다. 지우개를 묶은 줄처럼 일정한 주기로 움직이는 것을 진자라고 하는데, 진자를 당긴 폭이 작으면 진자가 흔들리는 주기는 진자가 매달린 줄의 길이에만 영향을 받는다는 것이다.

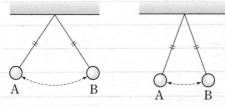

진자가 A, B 사이를 움직이는 데 걸리는 시간은 같다.

갈릴레오는 진자가 흔들릴 때 원래 자리로 돌아오는 주기가 진폭에 관계없다는 가설을 세우고 맥박을 이용해서 주기를 재었다고 한다. 당시에는 오늘날과 같이 정밀한 시계가 없었기 때문이다.

진자의 등시성 원리를 식으로 나타내면 다음과 같다.

$$(진자의\ 주기) = 2\pi\sqrt{\dfrac{l}{g}} \quad (단, l은\ 줄의\ 길이, g는\ 중력가속도)$$

이때 π는 원주율, g는 중력가속도이므로 일정한 값을 가진다. 따라서 진자의 주기는 진자의 길이 l에만 영향을 받는다

물 위에 세운
이탈리아 속의 동방
베 네 치 아

산 마르코 광장과 그 주변

산 마르코 광장을 중심으로 산 마르코 성당, 두칼레 궁전, 캄파닐레 종탑, 시계탑, 코레르 박물관 등이 모여 있어 베네치아 관광의 핵심이라 할 수 있다. 종탑에 올라 베네치아 전체 풍광을 조망하는 것도 좋지만, 광장 앞으로 탁 트인 바다를 배경삼아 곤돌라와 산 조르조 마조레 섬이 빚어내는 경치를 바라보며 물 위의 도시를 즐기는 여유를 가져 보자.

산타루치아 역

베네치아와 외부를 연결하는 열차의 종착역이자 베네치아 여행의 시작점이기도 하다. 역 앞에서 대운하가 시작된다. 찰랑이는 바닷물과 스칼치 다리, 고풍스런 건물들이 특별한 분위기를 자아낸다.

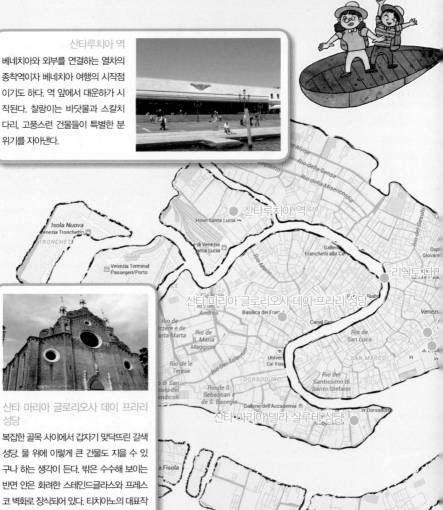

산타 마리아 글로리오사 데이 프라리 성당

복잡한 골목 사이에서 갑자기 맞닥뜨린 갈색 성당. 물 위에 이렇게 큰 건물도 지을 수 있구나 하는 생각이 든다. 밖은 수수해 보이는 반면 안은 화려한 스테인드글라스와 프레스코 벽화로 장식되어 있다. 티치아노의 대표작 '성모승천'을 볼 수 있다.

대운하

베네치아의 한가운데를 가로지르는 S자 모양의 운하. 이 운하에서 시작된 작은 수로들이 골목처럼 곳곳으로 뻗어나간다. 수상택시 바포레토를 타고 가면 양쪽으로 여러 성당과 건물들이 펼쳐지는데 그 모습이 장관이다. 물론 운하를 가로지르는 다리를 통과하는 경험도 할 수 있다. 운하에서 베네치아 여행을 시작한다면 더할 나위 없이 좋을 것이다.

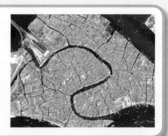

리알토 다리

대운하를 가로지르는 3개의 다리 중 가장 유명하다. 다리 양 옆으로 가면, 유리공예품, 레이스 등 베네치아 특산품을 파는 노점들이 빽빽하다. 다리 위에서 바라보는 일몰과 야경이 아름답다.

산타 마리아 델라 살루테 성당

17세기 흑사병이 물러간 것을 기념해 지은 바로크 양식의 성당으로 대운하의 끝자락에 있다. 햇살 아래 흰색 자태를 서서히 드러내는 성당의 모습은 배를 타고 감상할 때 더 아름답다.

베네치아

도시의 중심 산 마르코 광장 앞까지 물이 찰랑대고,

일 년에 두어 번쯤은 광장 안으로 물이 넘친다는 물의 도시.

아주 오래 전 베네치아는 바닷물이 갇혀 있던 석호였다. 그러니까 수심이 좀 얕은

바다였다는 이야기다. 이탈리아 사람들은 어쩌다 물 위에 도시를 짓고 살게 되었을까?

서유럽과 지중해 연안을 모조리 차지했던 로마 제국이 쇠락해가던 4ㆍ5세기 무렵

훈족이 파죽지세로 유럽을 점령해 나갔다. 당시 유럽 인들에게 훈제국의 왕 아틸라는

무시무시한 공포의 대상이었다고 한다. 찢어진 눈에 다부진 몸매, 말을 타고 동쪽에서 밀려

드는 잔혹한 훈족의 침입에 유럽 인들이 벌벌 떤 것은 사실인 것 같다.

훈족을 피해 계속 물러나던 이탈리아 사람들은 이곳, 베네치아 만까지

밀려나게 되었다. 앞쪽은 지중해, 뒤쪽은 훈족, 더 이상 물러설 곳이 없었다.

사람들은 이곳 석호에 나무말뚝을 세우고 터전을 마련하게 된다.

그리고 지중해와 이탈리아 본토 사이에 있는 항구, 동서양을 잇는 무역길을

개척하여 부강한 도시국가로 성장하였다.

베네치아는 1797년 나폴레옹에게 정복당할 때까지 천년 넘게

공화국을 유지한다. 바닷물 위에 세운 땅, 애초부터 농사는 불가능했으니

일찌감치 상업과 무역으로 눈을 돌렸다. 장사수완이 좋기로는 베네치아의

상인이 빠지지 않았다 하니, 영국의 세익스피어가 런던이 아닌 베네치아를

무대로 『베니스의 상인』이라는 작품을 썼을 때는 그만한 이유가 있었을 것이다.

어렸을 적 나에게 안타까운 마음을 불러일으켰던 인물 샤일록.

인정머리 없는 샤일록 때문에 얼마나 손에 땀을 쥐며 읽었던가.

지금 그 소설의 무대, 물에 둥둥 떠 있는 도시로 기차는 달려간다.

이탈리아 속의 동방, 산 마르코

산타루치아 역까지 가버리다

졸다 자다 깨다 정신도 없고, 시끄러운 와중에 안내방송을 제대로 듣지 못했나보다. 종착역에 내리고 보니 베네치아의 산타루치아 역. 베네치아는 갯벌과 석호 위에 세운 도시라 호텔 시설이 불편한데도 값은 비싸기로 악명이 높다. 우리 모두 베네치아에서 하룻밤 묵고 싶었다. 하지만 비용절감을 위해 한 정거장 전 메스뜨레 역 근처에서 묵기로 했는데 그만 종착역까지 와버린 것이다.

밖으로 나가 보니 역 앞에 정말로! 물이 찰랑거린다. 크고 작은 배가 오가는 영락 없는 항구다. 역 앞에 북적대는 택시나 차도 보이지 않는다. 이곳에서 '택시'는 작은 배를 말한단다. 건너편으로 가려면 배를 타야하나 두리번거리다 보니 옆에 다리가 있고 사람들이 그 다리를 건너고 있다. '물의 도시 베네치아'라는 말을 귀에 못이 박히도록 듣고, 사진과 영상도 많이 봤지만 그래도 골목 사이사이까지 물이 흐르는 도시라니 도무지 실감이 나지 않는다. 곤돌라라는 작은 배로 집 앞까지 가고, 배에서 한 발 내려서면 집 안으로 들어갈 수 있는 곳. 정말 물의 도시구나 싶다.

우리가 저녁 무렵의 산타루치아 역 풍광을 즐기는 사이, 이곳저곳을 뛰어다

산타루치아 역에서 바로 보이는 스칼치 다리

니며 애쓴 일행 덕에 원래 표를 보여주고 메스뜨레 역으로 되돌아 올 수 있었다. 꽤 긴 다리를 기차로 다시 건넌다. 다리가 아니라 바다 위를 달리는 느낌이 든다. 베네치아와 이탈리아 본토를 연결하는 이 다리는 무솔리니가 놓았다고 한다. 그 전까지 베네치아는 섬이었다.

호텔에 짐을 풀고 저녁을 먹으러 나선다. 호텔 직원이 알려준 길을 따라 걷는데 "안녕하세요?" 한국말이 들려온다. 케밥집 아저씨가 우리를 보며 웃고 있다. 낯선 나라에서 한국말로 인사를 받았으니 망설일 이유가 없다. 동남아 출신의 아저씨는 우리나라에서 일을 하다 이탈리아에 케밥 가게를 열었다고 한다.

메스뜨레 역 주변에는 관광객이 묵는 호텔과 공장들이 많다. 동남 아시아 사람들이 심심찮게 눈에 띄는 것으로 보아 이 근처 공장에서 일하는 듯 했다. 그는 인상좋은 얼굴로 야채를 많이 넣어 달라, 짜지 않게 해 달라, 매콤한 소스는 없냐는 우리 일행의 다양한 요구를 일일이 확인하며 케밥을 만들어주었다. 배가 고파서였는지, 인사말 때문이었는지 참 맛났다.

수상버스로 운하를 가로지르다

어제 기차로 두 번이나 건넌 다리를 오늘은 버스를 타고 건넌다. 밖을 내다보는데 물비린내가 난다. 10분 정도 걸려 종점 산타루치아 역에 도착했다. 베네치아에서는 걷든지 아니면 바포레토라고 부르는 수상버스 혹은 곤돌라를 타고 이동해야한다.

한국말로 반겨준 주인이 운영하는 케밥 가게

베네치아를 하늘 위에서 내려다보면 꼭 물고기처럼 생겼다. 대운하가 물고기의 등뼈처럼 S자 모양으로 흐르고, 좁은 운하들은 자잘한 가시처럼 여기저기 가지치기를 한 모양새다. 일단 바포레토를 타고 대운하의 끝, 산 마르코 광장으로 가기로 했다. 많은 사람들이 그러하듯 우리 역시 산 마르코 광장에서 시작해 산 타루치아 역까지 걸어 나올 예정이다.

S자 모양의 대운하를 지나며 양옆으로 뻗은 건물과 찰랑대는 물결을 보니 베네치아가 왜 최고의 여행지로 손꼽히는지 알겠다. 건물 바로 앞까지 바닷물이 찰랑거리는 풍경, 초승달 모양 곤돌라에 올라 노를 젓는 사람들, 물과 사람이 어우러지는 이국적인 풍경이 낯설고도 아름답다.

베네치아를 하늘에서 본 모양

동남아시아의 수상 가옥이 육지를 물 위로 확장시켰다면 베네치아는 도시 자체가 물 위에 떠 있다.

갯벌 위에 말뚝을 박고 집을 짓다

베네치아 석호는 남북으로 50km 정도 길게 뻗은 모양인데 리도, 말라모코, 카오자 세 섬이 지중해를 막아주고 있다. 갈대만 무성했을 늪지대, 모래섬이다. 훈족에게 대항할 수 없었던 사람들은 이곳 바닷가 갯벌에 말뚝을 박아 그 위에 집을 짓고 살게 되었다. 당시에는 다리도 없었을 뿐더러 석호 안은 수심도 일정치 않고 습지대도 섞여 있어 수로를 알지 못하는 훈족이 쫓아오기 힘들었을 것이다. 그때 구사일생으로 석호에 도착한 이들이 외친 '베이네티암' Veni etiam, 나도 여기에 왔다이라는 말에서 베네치아라는 이름이 생겨났다고 한다. 그후 인구가 늘어나자 갯벌과 석호 지대였던 섬들을 서로 연결했다. 6세기 말이 되자 레알토 섬을 비롯한 12개 섬에 사람들이 살게 되면서 베네치아는 도시로서의 기반을 마련하게 되었다.

베네치아의 골목길인 수로

그런데 갑자기 궁금해졌다. 나무 말뚝이 썩지는 않을까? 진흙 속에 박아 넣은 말뚝은 자작나무의 한 종류인 오리나무인데 소금기 있는 늪지에 강하다고 한다. 오리나무 말뚝은 오랜 세월이 지나도 썩지 않고 오히려 소금기 때문에 바위처럼 굳어 물 위의 도시를 지탱하고 있다. 말뚝을 촘촘히 박은 다음 나무판자를 얹고 그 위에 대리석을 깔아 지반을 다지고 벽돌로 건물을 세웠다. 건물에는 창문을 많이 만들어 지반이 가라앉지 않게 가볍게 하고 또 다닥다닥 붙여 짓는 지혜를 발휘하였다.

소금기 많은 바닷가. 토지가 없어 농사를 지을 수 없으니 자연스럽게 밖으로 눈을 돌리게 되었다. 무역을 하지 않고는 먹고 살 수 없는 운명이었다. 그래서 베네치아 사람들은 이익을 위해서라면 물불을 가리지 않는 '베니스의 상인'의 모습을 보였는지도 모른다. 십자군 원정을 교역의 기회로 삼아 경제력과 영향력을 키웠고, 제4차 십자군 전쟁 때는 이슬람 세계를 공격하는 척하다가 같은 기독교 도시인 콘스탄티노폴리스를 공격하여 라틴 제국을 세우게 된 것 역시 뼛 속까지 장사꾼일 수밖에 없었던 환경에서 비롯한 것이리라.

세계의 응접실, 산 마르코 광장

바포레토에서 내려 산 마르코 광장으로 들어선다. 그 넓은 광장이 사람들로 꽉 차있음을 깨닫는 데는 1초도 걸리지 않았다. 망연자실. 우리만 아침 일찍 서두른 게 아니었다. 사람들 머리 위로 산 마르코 광장을 둘러보았다. 광장을 중심으로 산 마르코 성당, 두칼레 궁전, 종탑, 코레르 박물관이 빙 둘러 있다.

이탈리아에 와서 생긴 취미는 '종탑 오르기'이다. 종탑은 말 그대로 종을 걸어두는 탑인데 관광객인 우리들에게는 멋진 풍광을 선사하는 전망대가 되어 주었다. 그래서 종탑이 보이면 일단 올라가 주변을 둘러보게 되었다.

캄파닐레라고 불리우는 이 종탑은 피사의 사탑만큼은 아니지만 지반이 약해 살짝 기울어져 있다. 그래서 더욱 올라가보고 싶었다. 원래는 등대였는데 불에 타고 지진으로 파손되는 등 험난한 세월을 견디어오다 1902년 7월 14일, 결국 균열을 견디지 못하고 무너져 내렸단다. 지금의 종탑은 그후 10년에 걸쳐 똑같은 모양으로 복원한 것이라고 한다.

붉은 벽돌로 쌓은 직육면체 몸체, 그 위에 아치, 다시 사각뿔을 쌓아 놓은 모양의 종탑. 너무 멀쩡해 보여 무너져 내린 벽돌을 다시 쌓아 복원했다는 말에 고개가 갸우뚱해졌다. 그런 일이 정말 가능한 걸까?

이집트 나일강 상류에 아스완 댐을 건설하면서 엄청나게 거대한 아부심벨 신전이 수몰 위기에 처했다. 그러자 전세계에서 인류의 문화유산이 물 속으로 사라지는 것을 막자는 여론이 일었고, 그 노력 덕분에 해체되어 다른 장소로 옮겨질 수 있었다. 그에 비하면 이 종탑을 복원하는 것 정도는 100년 전에도 가능했었나 보다.

엘리베이터를 타고 종탑 위에 올라서자 베네치아가 한 눈에 들어왔다. 파란

1 종탑에서 바라본 산 조르조 마조레 섬과 성당의 종탑. 산 마르코 광장 앞쪽 바다에 있다.

2 산 마르코 광장의 종탑. 이 탑에 오르면 베네치아 전체를 조망할 수 있다.

3 종탑 위에서 본 산 마르코 소광장. 입구 기둥 위에는 베네치아 시의 상징인 날개 달린 사자상이 있다.

4 산타 마리아 살루떼 성당. 당대 최고의 건축가 롱게나가 설계하고 평생을 바쳐 세운 바로크 양식의 성당으로 1630년 흑사병이 물러난 것을 기념하여 지었다고 한다.

코발트빛 바다와 더 파란 하늘, 몽실몽실 흰 구름, 끝없이 펼쳐진 주황 빛깔 지붕이 어우러져 머리 속에, 마음 속에 아름다움을 각인시킨다. 한참을 보고 있노라니 베네치아가 넘실거리는 바닷물에 떠있는 거대한 뗏목처럼 느껴진다. 바닷물과 지표면의 높이 차가 거의 없고 산 마르코 광장에도 때때로 물이 들어찬다니 뗏목과 다를 바 없다.

천체의 움직임까지 보여 주는 천문시계

전세계에서 모여든 사람들 모두 산 마르코 성당이며 두칼레 궁전, 종탑, 박물관에 들어가기 위해 줄을 서느라 바쁘다. 그래서인지 산 마르코 광장의 또 하나의 명물인 천문시계를 쳐다보는 사람은 거의 없다. 그저 좀 특이하게 생긴 시계거니 하고 지나치는 눈치다.

이 시계탑은 베네치아의 대표적인 르네상스 건축물로 1496년 마우로 코두시에 의해 설계되었다. 1497년에 세워져 지금까지 500년 넘게 시각을 알려주고 있는 이 시계에는 로마숫자가 쓰여 있고, 별자리 뿐 아니라 해와 달의 상태도 표시되어 있다. 오늘날의 시계와 달리 1시를 나타내는 로마숫자 Ⅰ 이 3시 방향에서 시작하는 것이 특이하다. 둥근 시계판 위쪽에 아기 예수를 안은 마리아 상이 있고, 그 양옆에 파란색 직사각형 판이 있는데, 왼쪽은 로마 숫자로 시각을 나타내고, 오른쪽은 아라비아 숫자로 5분마다 분을 표시한다. 그 위로 베네치아의 상징인 사자상이 있고 맨 꼭대기에 두 명의 무어 인이 종을 치고 있다. 이 청동상은 한 명은 노인, 또 다른 한 명은 젊은이로 시간의 흐름을 상징한다고 한다. 무어 인은 북서 아프리카의 이슬람교도를 말하는데, 스페인 사람들은 8세기경부터 이베리아 반도로 진출한 그들을 무어 인이라고 불렀다. 이들이 이베리아 반도를 지배하면서 만들어 낸 이슬람과 기독교 라틴 문화의 융합을 무어 문화라고도 부른다. 무어 인이 시계탑 위를 장식하고 있는 것은 베네치아 사람들이 동양의 문물을 전해준 무어 인들의 영향을 받았다는 증거이기도 하다.

14세기에서 16세기 사이 유럽의 공공건물에는 천문시계가 많이 설치되었다. 14세기 기계식 시계가 처음으로 등장하면서 설치비용이 많이 드는 시계탑은 도시의 번영을 상징하게 되었다. 화려한 구경거리로, 권력의 상징으로 가장 눈에 띄는 곳에 시계탑을 설치하는 유행이 번진 것이다.

1 산 마르코 광장에서 본 천문시계
2 탑 꼭대기의 종을 치는 무어인 청동상

수학속으로 1   산 마르코 광장의 천문시계를 읽다

천문시계는 시각뿐만이 아니라 태양과 달의 위치로부터 양력, 음력의 날짜까지 알 수 있는 시계이다. 산 마르코 광장의 천문 시계는 어떻게 읽는 걸까? 좀 더 자세히 살펴보자.

7월 25일 오전 10시 0분 (음력 6월 25일)

먼저 시각부터 알아보자. 시계판의 한가운데 점은 지구를 나타내며, 시계의 바깥쪽에 쓰인 1~24까지의 로마숫자는 시각을 나타낸다. 황금색 태양이 달려 있는 바늘은 하루에 한 바퀴 도는데, 시각과 분을 한꺼번에 읽을 수 있다.

사진의 시각은 대략 오전 10시, 황금색 태양으로 장식한 바늘이 로마 숫자 X이 시작하는 위치에 있다. 마리아 상의 왼쪽은 시각을 나타내는 로마 숫자 X, 오른쪽에는 분을 나타내는 아라비아 숫자가 0을 나타내고 있다.

또 황금색 태양의 위치로 대략의 날짜도 알 수 있다. 시계의 로마 숫자 안쪽으로 황도 12궁이 새겨져 있는데, 사진을 보면 황금색 태양이 사자자리의 앞쪽을 가리키고 있다. 태양이 사자자리를 지날 때의 날짜는 7월 23일부터 8월 22일 사이이다. 사진을 찍은 날짜는 7월 25일! 이 시계는 태양이 천구 상에서 사자자리를 이제 막 지나고 있다는 것을 알려준다.

또한 달의 모양과 위치도 알려준다. 달의 한쪽은 황금색, 또 다른 쪽은 푸른색으로 칠해져 있다. 시계 사진은 7월 25일, 음력 6월 25일에 찍은 것이다. 달의 황금색 부분이 조금만 보이는데, 곧 그믐이 가까워지고 있다는 것을 알 수 있다.

찬란했던 베네치아 공화국

마르코와 황금사자가 지켜주는 베네치아

마르코는 보통 '마가'라고 불리우는 베네치아의 수호성인이다. 원래 베네치아의 수호성인은 산 테오도르였다. 그런데 베네치아가 날로 번창하자 사람들은 자신들의 수호성인이 로마나 피렌체에 비해 격이 떨어진다고 생각하였다.

로마에서 순교한 베드로의 유해를 안치하고 그 위에 대성당을 지어 베드로를 수호성인으로 삼은 로마, 산타 마리아 델 피오레 성당의 두오모 바로 옆에 산 죠반니 세례당을 지어 세례 요한을 수호성인으로 삼은 피렌체였다. 베네치아도 이에 버금가는 성자를 수호성인으로 삼고자 했다.

결국 4대 복음 성인 중의 한 명인 마르코를 수호성인으로 모시면서 마르코의 상징, 날개 달린 사자가 베네치아의 상징이 되었다. 베네치아 인들은 선박에 날개 달린 사자가 그려진 깃발을 꽂고 세계 곳곳을 누볐고, 오늘날에도 베네치아 곳곳에서 만날 수 있다. 물론 산 마르코 성당 입구에도 황금빛 날개 달린 사자가 둥글고 뾰족한 돔을 배경으로 커다란 아치를 밟으며 위용을 자랑하고 있다. 그런데 저 사자를 어디서 봤더라? 어쩐지 익숙하다 싶었는데 베니스 영화제의 최고상인 황금사자상 트로피 덕분이었다.

예수의 열두 제자 중 한 명인 마르코는 이집트 알렉산드리아의 한 수도원에서 죽었다고 알려져 있다. 그의 유해는 9세기 베네치아의 상인이 이슬람에서 금기시하는 돼지고기로 위장하여 몰래 베네치아로 옮겨왔다. 산 마르코 성당은 마르코의 유해를 안치하기 위해 지은 성당으로, 내부에 유해를 훔쳐 오는 과정을 화려한 모자이크로 그려 놓았다.

피렌체의 갈릴레오 박물관에 갈릴레오의 손가락을 전시해놓았다는 기사를 읽고 마음이 불편했는데 모자이크를 보면서도 비슷한 느낌이다. 카톨릭에서는 성인의 몸 또는 몸의 일부를 지니고 있으면 그 성인이 액운을 막아줄 거라는 믿음 때문에 몸의 일부를 훔치는 일이 횡행하였다. 죽은 사람의 몸을 신성시하는 동양 문화권에 속한 우리로서는 이들의 생각을 받아들이기 거북하다.

유럽에서 동방으로 통하는 길목에 위치한 베네치아는 바다로 나아가 무역에서 길을 찾았다. 무역은 반드시 약탈로 이어지는 걸까, 아니면 시작부터 마르코의 시신을 약탈해서 성당을 세웠기 때문일까. 비잔틴 제국과의 동방 무역을 독점하여 막대한 부를 쌓은 베네치아 공화국은 해상 무역이 왕성하던 시기, 비잔틴에서 엄청난 보물을 약탈하여 이 도시를 장식했다.

베네치아 공화국과 비잔틴 제국, 이 두 나라의 관계는 매우 흥미롭다. 비잔틴 제국은 서로마 제국이 쇠망한 후 로마 제국의 지위를 계승한 지중해 최대의 강국이었다. 베네치아는 비잔틴 제국의 보호를 받으며, 비잔틴 제국과 무역을 하였는데 제4차 십자군 전쟁을 전환점으로 결국 그 관계가 역전되고 만다. 1204년 이슬람을 향해가던 십자군은 콘스탄티노폴리스로 방향을 바꿔 비잔틴 제국을 함락시켰고, 이후 비잔틴 제국은 베네치아의 영향력에서 벗어나지 못한다.

이때부터 베네치아는 비잔틴을 대신하여 로마 제국의 정통 계승자를 자처하면서 산 마르코 성당과 광장을 중심으로 베네치아의 새로운 신화와 역사를 만드는 데 온힘을 쏟아 부었다. 비잔틴 제국에서 가져온 전리품에 만족하지 않고 십자가 조각, 예수의 피가 담긴 크리스탈 용기, 세례 요한의 두개골 조각 등 소아시아, 메소포타미아, 이집트 등 아시아와 아프리카까지 손을 뻗어 성인의 유골, 성물을 약탈하여 진열하고 과시하였다. 성당 입구 아치 위에 있는 네 마리의 청동 말 조각상도 콘스탄티노폴리스에서 약탈한 것이다. 원래는 그리스의 것이고, 진품은 성당 박물관에 있다. 사실 성당 장식뿐 아니라 성당 자체가 아랍의 기술로 지어진 비잔틴 양식이다. 가장 눈에 잘 띄는 돔 역시 그렇다.

산 마르코 성당 아치 위로 베네치아의 상징, 황금빛 날개 달린 사자가 보인다.

다섯 개의 돔을 머리에 인 산 마르코 성당

산 마르코 성당의 돔은 피렌체나 로마에서 보던 것과 다르다. 그곳의 돔들이 원기둥 위에 반구, 혹은 팔각기둥 위에 둥그스름한 팔각뿔을 얹은 모양이었다면 이곳의 돔은 정사각기둥 위에 반구를 얹은 모양이다. 원기둥보다 정사각기둥 위에 딱 맞게 반구를 얹기가 훨씬 어렵다.

정사각기둥 위에 반구 모양의 돔을 얹으면 돔 바로 아래에 둥근 삼각형 모양의 면이 생긴다. 이 면이 비잔틴 건축양식의 특징이다. 이렇게 되면 4개의 기둥만으로도 돔을 받칠 수 있는데, 돔과 돔을 연결하면 적은 개수의 기둥으로 여러 개의 돔 천정을 지탱할 수 있어서 공간의 효율성이 최대가 된다. 당시 아랍 건축가들이 로마의 아치 기술을 받아들여 한 단계 더 발전시킨 최첨단 건축기술

산 마르코 성당의 다섯 개의 돔. 종탑에 올라가면 산 마르코 성당의 돔이 잘 보인다.

이었다. 안쪽은 반구이지만 밖에서 보면 좀 더 솟은 듯이 보이는 것도 비잔틴 양식의 특징이다.

로마 제국의 계승자임을 자처했던 베네치아. 비잔틴 제국의 황제가 입었던 보라색 옷을 입고 종교 행사를 주재했던 베네치아의 총독 라니에리 제노. 베네치아가 얼마나 화려한 시절을 보냈을지 상상해본다.

녹슬기 쉬운 은이나 철로 만든 그릇을 쓰다가 만난 중국 도자기가 얼마나 놀라웠을까. 피부에 매끈하게 감기는 비단은 유럽 사람들을 매료시켰다. 밥상의 질을 한 단계 높인 인도의 후추는 한때 금보다 더 비싸게 팔려 나갔다. 이런 동방의 물건들은 실크로드를 따라 콘스탄티노폴리스를 거쳐 베네치아 항구에서 유럽 전역으로 퍼졌다. 이 독점 무역은 베네치아에 상상할 수 없을 정도의 엄청난 부를 안겨주었다. 『동방견문록』으로 유명한 마르코 폴로가 아라비아, 인도를 거쳐 중국 원나라의 황제 쿠빌라이 칸을 만나고 25년 만에 베네치아로 돌아온 때가 1295년이었다. 바다를 통해 끝없이 뻗어나갈 것 같던 베네치아의 영광을 당시 누가 의심이나 했겠는가? 그들에게 사치는 어쩌면 당연한 것이었을지도 모른다. 얼마나 사치가 심했는지는 15세기 사치단속법이 말해준다. 곤돌라와 여자들의 드레스가 단속 대상이었는데, 곤돌라가 모두 검은 색으로 칠해진 것도 이때부터이다.

이런 생각도 잠깐, 산 마르코 성당 안에 들어서자 황금빛 모자이크에 눈이 부셔 궁궐에 들어온 듯한 착각에 빠진다. 시칠리아의 몬레알레 성당에서 느꼈던 그 느낌이다. 황금빛 모자이크, 하기아 소피아에서 뜯어온 대리석 판석들. 동방의 궁궐인지 서양의 성당인지 구분할 수가 없다.

산 마르코 성당의 돔

산 마르코 성당의 돔은 정사각기둥 위에 반구 모양으로 얹혀 있다.
어떻게 해야 정사각기둥 위에 꼭 맞는 반구를 얹을 수 있을까?

그림 1과 같은 큰 반구를 밑면이 정사각형이 되도록 네 면을 자르면 그림 2와 같이 똑같은 크기의 활꼴이 4개 생긴다. 이제 그림 3과 같이 활꼴 위의 4개의 점을 지나는 원을 밑면으로 하는 반구를 위에 얹으면 그림 4와 같이 산 마르코 성당의 돔이 완성된다.

산 마르코 성당은 가운데 돔을 중심으로 4개의 돔이 십자가 모양을 이루면서 서로 이웃하는 모양새이다. 4개의 기둥으로 돔을 받치고 중앙으로 집중되도록 하여 하나로 소통되는 공간을 만들었고, 돔과 기둥 사이에 생긴 삼각형 모양의 펜덴티브를 화려하게 꾸며 장식 효과를 극대화하였다.

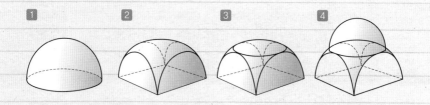

1   2   3   4

테셀레이션이 화려한 두칼레 궁전

성당 옆 두칼레 궁전은 베네치아 총독인 도제의 관저이자 베네치아 공화국의 정부청사였다. ㄷ자 모양의 건물 전체를 아치로 둘러싸고 외관을 대리석으로 치장하여 매우 화려하다. 회랑에 서서 기다리는 동안 탄식의 다리, 베니스의 상인에 등장하는 법정, 베네치아의 르네상스를 꽃피운 틴토레토의 그림을 볼 기대에 설레인다. 광장에 찰랑이는 바닷물을 바라보며 두칼레 궁전에서 무소불위의 권력을 떨치던 사람들, 그림을 그렸던 화가, 감옥에서 언제 죽을지 몰라 두려움에 떨던 죄수들 모두를 차례차례 떠올려본다.

두칼레 궁전 안은 기대했던 것보다 더 화려했다. 계단과 통로는 모두 화려한 아치로 장식했고 통로 지붕은 정팔각형과 정사각형의 황금빛 테셀레이션이 화려하게 채우고 있다. 정팔각형, 정사각형 안에는 성경을 소재로 한 온갖 군상들의 벌거벗은 부조가 있다. 또 아치의 기둥들은 저마다 하나씩 조각상을 이고 있는데 방망이를 들고 무언가를 내리치는 헤라클레스, 우주를 떠받치는 벌을 받고 있는 아틀라스 등을 볼 수 있다. 기둥 위 신들과 일일이 눈맞추기도 바쁘다.

1 방망이를 들고 무언가를 내리치는 헤라클레스 2 지구를 떠받치는 벌을 받고 있는 아틀라스
3 계단 천정의 정팔각형 황금빛 테셀레이션 4 〈성삼위일체〉, 마사초

빛과 명암이 대비된 그림

두칼레 궁전 안에는 방마다 베네치아의 르네상스를 이끈 화가들의 그림이 가득하다. 그런데 베네치아의 그림은 피렌체와 달랐다. 피렌체에서 보이는 대로 그리는 원근법이 시작되었다면 베네치아에서는 느끼는 대로 그렸다고 할까.

원근법을 사용하여 입체의 깊이를 평면에 구현한 그림을 처음 보았을 때 피렌체 시민들은 얼마나 놀랐을까. 마사초가 피렌체의 산타 마리아 노벨라 성당에 그린 프레스코화 〈성삼위일체〉를 처음 본 사람들은 벽이 안쪽으로 들어가 있는지 확인하고 싶어 만져 보지 않았을까. 피렌체에서 보았던 미켈란젤로나 라파엘로 같은 르네상스 거장의 그림을 생각해 본다. 베네치아의 화가들이 피렌체 화가들과 다르게 추구한 것은 무엇이었을까. 베네치아의 화가들은 피렌체의 그림에서 무엇이 부족하다고 여겼을지 짐작조차 되지 않는다.

두칼레 궁전의 그림을 보다가 전체적으로 어둡다는 생각이 들었다. 왜 그럴까? 골똘히 보다 보면 베네치아 그림의 특징이 눈에 들어온다. 바로 빛과 어둠, 명암의 극적인 대비이다. 베네치아 그림을 색채주의라고 했던가. 기쁨에 찬 순간을 화려하게, 강렬하게 표현하기 위해서는 어두운 부분이 필요한 것이다.

그렇게 천천히 이 방 저 방 기웃거리다 드디어 대회의실에 도착했다. 2천여 명이 들어갈 수 있다는 대회의실, 정면에 베네치아의 르네상스를 대표하는 화가 틴토레토가 그린 〈천국〉이 걸려 있다. 가로 24.64m, 세로 7.45m의 유화로 700여 명이 등장하는 대작이다. 이 그림 역시 빛과 어둠이 강렬한 대비를 이룬다. 그림을 보자마자 저절로 밝게 빛나는 중앙의 그리스도에게 눈이 간다.

베네치아 화가들이 이렇게 화려한 색채를 사용할 수 있었던 이유는 물감에 있다. 베네치아에는 '벤데콜로리'라고 불리우는 물감 판매업자들이 다양한 색상

두칼레 궁전의 대회의실. 틴토레토의 〈천국〉이 정면에 걸려 있다. 천정과 벽에도 그림이 가득하다.

의 염료, 착색제, 물감 등을 직접 제작하여 판매했다. 베네치아가 해상 무역의 중심지였기에 아시아, 아프리카 등에서 물감 재료를 어렵지 않게 구할 수 있었다. 유럽의 다른 지역에서도 다양한 물감을 구입하기 위해 베네치아로 몰려들었다니 벤데콜로리들 덕분에 미술의 메카가 된 셈이다.

『베니스의 상인』의 재판이 열린 곳

대회의실은 재판이 열리던 곳이기도 하다. 세익스피어의 희극 『베니스의 상인』에 등장하는 바로 그 법정이다. 그런데 세익스피어는 왜 베네치아를 배경으로 했을까. 아마도 무역이 번성했던 당시 베네치아가 유럽 사회에 만연해있던 유대인에 대한 편견을 드러내기 가장 좋은 장소라고 생각한 것은 아닐까. 이 희

극에서 유대인 고리대금업자 샤일록은 친구를 위해 살 1파운드(450g)를 담보로 3천 두카트를 빌리는 우정의 화신 안토니오와 극단적으로 대비되는 인물이다. 어렸을 때 읽은 기억으로는 샤일

베네치아에서 사용되던 화폐, 두카트

록의 탐욕과 안토니오의 우정이 두드러지다 남장을 하고 재판관으로 변장한 포샤의 명판결에 졸이던 마음이 확 풀어졌던 기억이 난다. 계약은 잘 생각해 보고 매우 꼼꼼하게 해야 하는 것이라는 깨달음과 함께 '나는 안토니오 같은 우정을 보일 수 있을까', '샤일록은 왜 원금의 세 배를 준다는 재판관의 중재를 마다했을까' 하는 어린 시절의 의문도 떠올랐다.

세익스피어가 『베니스의 상인』을 쓴 때는 1596년 경으로 알려져 있는데, 이때는 이미 복리 계산이 널리 퍼져 있었다. 인류가 이자를 받았다는 첫 기록은 기원전 17세기 『함무라비 법전』에서 찾아볼 수 있다. 『함무라비 법전』에는 돈을 빌려줄 때 지켜야 할 법정 이자율과 법률이 정한 기준 이상의 이자를 받을 경우, 빌려준 원금과 곡물을 몰수하는 등 채무자를 보호하기 위한 조항이 있다고 한다. 고리대금업은 11세기 유럽에 은행의 원조인 방카가 생기기 전부터 이미 널리 퍼져 있었다는 것을 알 수 있다.

그 오래전 함무라비 법전에도 적혀 있는 채무자 보호 조항이 16세기 베네치아에서는 휴지 조각이 되어버린 걸까. 안토니오는 3천 두카트를 빌렸다가 심장 가까운 살 1파운드를 떼어낼, 다시 말해 죽을 처지에 놓였다. 대회의실 어디쯤 위기의 안토니오가 서 있었을까 휘 둘러본다.

샤일록이 서 있었을 만한 곳에 눈길이 머무르자 샤일록의 목소리가 들린다. 유대인이라는 이유만으로 베네치아 시민이 될 수 없었던 억울함. 평소 모욕과 멸시에 대한 앙갚음으로 대상 안토니오에게 돈을 빌려줄 기회가 오자 재물이 아닌 목숨을 담보로 돈을 빌려주었다. 결국 샤일록은 재판에서 재산을 잃은 것으로도 모자라 기독교로 개종하라는 판결을 받는다. 그는 기독교인들의 왕국 베네치아에서 물질과 정신, 모두를 잃고 만다. 세익스피어는 영국에도 만연한 기독교인과 유대인들의 반목을 주제로 작품을 쓴 것일까. 세익스피어의 작품이 고전이 된 이유는 무엇일까? 다시 작품으로 돌아가 보자.

어렸을 때는 우정의 화신 안토니오를 살려낸 포샤의 판결이 참으로 기발하다고 생각했지만 사실 그 판결에는 문제가 많다. 하나 둘이 아니다. 우선 포샤가 재판관으로 위장한 것부터가 엄청난 잘못이다. 피고인의 친구와 결혼할 약혼녀가 재판관으로 위장하고 법정에 들어온다면 그 법정을 신성하다고 할 수 있겠는가. 사촌이 법관인 상류층에게나 가능한 일이 아니었을까. 엄밀하게 말하면 계약한 살 1파운드를 가져가는 데 따르는 문제들은 샤일록의 책임이 아니다. 살이든 피든 안토니오가 알아서 떼어내 샤일록에게 전달하면 되는 것이다. 게다가 안토니오가 누구인가. 그는 무역선을 소유할 정도로 베네치아의 번영을 한껏 누리던 부유한 상인이다. 포샤 역시 법관 사촌을 둔 귀족 가문의 부유한 상속녀이다. 안토니오는 계약을 지키지 못하겠다고 버텼고 포샤는 재판관으로 위장한 채 살 1파운드를 떼어가는 책임을 샤일록에게 지웠다.

세익스피어는 『베니스의 상인』이 어떻게 읽히길 원했을까. 대회의장에 서서 실존 인물보다 더 유명한 샤일록, 안토니오, 포샤를 세워 놓고 세익스피어에게 말을 걸어 본다.

원금의 세 배

사일록은 원금의 세 배를 준다는 재판관의 중재도 마다하였다. 그 이유가 무엇일까? 원금의 세 배보다 더 많은 돈을 받기 위해서였을까?

샤일록이 고리대금업자라고 했으니 연이율 30 % 정도의 이자를 받았다고 하자. 100만 원을 연이율 30%로 빌렸다가 5년 후에 갚는다고 가정하면 얼마를 갚아야 할까? 복리로 계산해 보자.

┌─ 1년 후 이자 : 100만 원의 30 %인 30만 원($100 \times 0.3 = 30$)
└─ 1년 후 원금과 이자의 합 : 130만 원

┌─ 2년 후 이자 : 130만 원의 30 %인 39만 원
└─ 2년 후 원금과 이자의 합 : 169만 원

┌─ 3년 후 이자 : 169만 원의 30 %인 50.7만 원
└─ 3년 후 원금과 이자의 합 : 219.7만 원

⋮

이렇게 복리로 계산하면 5년 후에는 약 371만 원 정도를 갚아야 한다. 100만 원의 3배가 조금 넘는다.

따라서 『베니스의 상인』에서 샤일록이 원금의 세 배를 주겠다는 재판관의 중재에 따르지 않은 것은 돈을 많이 받기 위해서가 아니었다는 것이 확실하다.

10인 평의회와 탄식의 다리

왁자한 소리에 현실로 돌아온다. 대회의실은 사진 촬영 금지 구역인데, 누군가 몰래 찍었나보다. 경비를 서던 이탈리아 인이 큰 소리로 제지하고 있다. 여행을 하다보면 사진을 못 찍게 하는 경우가 비일비재하다. 나 역시 대회의실 재판석이었을 곳에서 안색이 점점 어두워지는 샤일록, 재산과 우정을 모두 지킨 안토니오, 사회적 지위를 이용하여 법관으로 위장한 채 엉터리 판결을 내리고 우아한 미소를 지었을 포샤를 찍어 두고 싶었다.

바다 쪽에서 본 탄식의 다리

아마 법관이 앉아 있는 곳에는 10명이 있었을 것이다. 15세기 이후 베네치아는 삼권분립에 기초한 도시 공화주의의 원칙과 제도가 가장 발달한 곳이었다. 베네치아의 권력 구조는 대평의회, 상원, 40인 평의회 등 6개 등급으로 나누어져 있었다고 한다.

재판은 그중 10인 평의회의 영역이었다. 10인 평의회에서 형이 확정되면 대회의실에서 나가 계단을 건너 탄식의 다리를 지나 감옥에 갇히게 된다. 탄식의 다리는 소운하를 사이에 두고 지하 감옥으로 연결되는 다리이다. 수인들은 이 다리를 건너면서 다시는 베네치아를 보지 못할 것을 탄식하였을까. 베네치아에 물이 들어 차면 지하 감옥에 갇힌 수인들은 그대로 익사하기도 했다 하니 탄식이 나오지 않을 수 없었겠다. 우리가 갔을 때는 두칼레 궁전이 수리 중이어서 탄식의 다리 양쪽 건물에 차단막이 설치되어 있었다. 탄식의 다리를 볼 수 없는 아쉬움에 탄식이 절로 나왔다.

화려한 가면으로 얼굴을 숨기고

몇 세기 전 여행을 끝내고 두칼레 궁전 밖으로 나오자 다시 현실이다. 광장은 여전히 관광객들로 북적이고 베네치아의 바닷물은 뭍으로 올라오고 싶은 듯 찰랑대고 있었다.

밖에서라도 탄식의 다리를 보고 싶어 두칼레 궁전 바깥쪽 바다를 끼고 걷기 시작했다. 그런데 바깥쪽으로 나오자 탄식의 다리보다 바다와 사람들, 곤돌라, 그리고 울긋불긋한 노점상에 눈을 뺏긴다. 각양각색의 가면이 지천이다.

베네치아의 가면 축제는 세계적으로도 유명하다. 예수가 세례 받은 후 40

화려한 가면을 파는 노점상

일 동안 황야에서 금식한 기간을 기념하여 사순절_{부활절 전 40일 동안의 고난 주간}
2주 전에 시작되어 바로 전날까지 열린다. 보통 1월 말에서 2월 사이에 열리
는데 베네치아 시민들을 물론이고 전세계에서 몰려든 관광객들이 형형색색
의 가면에 코스튬까지 갖춰 입고 현란한 축제를 벌인다.

축제가 끝나도 베네치아는 일 년 내내 가면을 판다. 두칼레 궁전 앞 바닷가
에도 상점마다 노점마다 가면이 걸려 있다. 화려한 가면과 곤돌라, 이것이 베
네치아다.

곤돌라에 몸을 싣다

베네치아에 오면 누구나 곤돌라를 타고 곤돌리에가 불러주는 '오 솔레미오'를 듣고 싶어 한다. 베네치아 석호 위에서 찰랑대는 물살을 느끼며 노을을 마음껏 즐기고도 싶다.

부담스러운 가격이지만 언제 또 다시 오랴, 몇 차례의 흥정 끝에 곤돌라에 올랐다. 두 사람이 겨우 앉을 정도로 폭이 좁다. 진짜 배가 아니라 조금 큰 까만색 장난감 배에 앉아 있는 기분이다. 이 배가 정말 앞으로 갈 수나 있을까 궁금해 하는데 곤돌리에가 노를 젓기 시작한다. 간다, 앞으로, 진짜 간다. 안전 때문에 손을 내밀지 못해서 그렇지 수로가 좁다보니 손만 뻗으면 만질 수 있을 정도로 건물 가까이 지난다. 배 밑 물의 깊이는 가늠이 안된다. 이 건물들을 나무로 된 말뚝 위에 세웠다니, 보면서도 믿기지 않는다.

좁은 수로를 오가는 비대칭 모양의 곤돌라

곤돌라를 타고 보니 베네치아가 달라 보인다. 그들의 실제 생활에 한 발 더 가까이 간 느낌이랄까. 창가에 널어놓은 빨래며 내놓은 화분, 현관문에 그린 그림들까지. 사람 사는 모습은 어디나 비슷비슷하다. 현관 앞에 묶어 놓은 보트는 그들의 자가용이리라.

곤돌리에가 몸을 한껏 숙여야 다리 밑을 통과할 수 있다. 다리 밑을 지날 때 다리 위 사람들의 부러운 시선을 받는 것이 괜시리 우쭐하고 기분 좋다. 조금 전만 해도 저 다리 위에서 곤돌라를 타고 지나가는 사람들을 부러워했는데 말이다. 줄지어 지나가는 다른 곤돌라를 보는 재미도 꽤 쏠쏠하다. 곤돌라끼리 반대 방향으로 엇갈릴 때는 옆 곤돌라 사람과 하이파이브라도 할 수 있을 정도로 가깝다. 곤돌리에끼리는 이탈리아 말로, 관광객은 만국 공용어인 미소로 대화를 나눈다.

베네치아의 좁은 수로에 효과적인 이동 수단인 곤돌라는 8종류의 나무, 무려 280가지의 부품을 끼워 만든다고 한다. 곤돌리에는 배의 후미 왼쪽에 올라서서 노를 젓는데 노는 오른쪽 둥근 손잡이 같은 것에 끼워져 있다. 한쪽으로만 노를 젓는 데도 곤돌라는 똑바로, 거침없이 나아간다. 그 비밀은 바로 곤돌라의 모양에 있다. 비대칭!

곤돌라의 모양이 처음부터 비대칭은 아니었다. 지금처럼 한 쪽이 다른 쪽보다 긴, 한 쪽으로 휘어진 비대칭 모양으로 굳어진 건 1800년대 후반이다. 만약 노를 젓지 않고 물결을 따라 흘러간다면 길이가 짧은 쪽으로 흘러가게 되어 있다. 이때 곤돌리에가 긴 쪽에 서서 노를 저으면 배가 똑바로 가게 되는 것이다. 즉, 혼자서 한 개의 노를 저어 똑바로 나아갈 수 있는 모양으로 진화한 셈이다. 좁은 수로를 오가기 위한 베네치아 사람들의 지혜가 몇백 년 동안 쌓여 빚어낸 아름다움이다.

리알토 다리에서 보는 해넘이

베네치아 중앙을 S자 모양으로 흐르는 대운하의 다리 중 관광객들이 가장 많이 찾는 다리는 리알토 다리이다. 이 다리는 여러 번 나무로 만들었는데 모두 무너져 버렸다. 결국 1591년에 대리석으로 만들었는데 아치를 지탱하기 위해 약 1만 2천 개의 나무 말뚝이 박혀있다고 한다. 다리 주변은 예전부터 베네치아의 중심지였는데 다리가 건설되자 더 많은 사람들이 몰려들었다고 한다.

지금도 그렇다. 여행 가이드북이나 후기에 리알토 다리에서 일몰을 꼭 봐야 한다는 말이 적혀 있기 때문인지 해가 지기도 전에 다리는 사람들로 꽉 차버렸다. 해가 지는 서쪽 난간에 가까스로 몸을 붙이기는 했는데 이대로 얼마나 있어야 해가 지는 걸 볼 수 있을까.

곤돌라에서 바라본 리알토 다리

해가 진다는 것을 과학적으로 말하면 태양이 우리가 보는 수평선 아래로 내려가 보이지 않는 현상을 말한다. 태양은 1시간에 $15°$씩 움직이니 수평선 아래로 떨어지는 데 몇 분이 걸릴지 계산하려면 수평선 위로 떠 있는 해의 각도를 알아야한다. 눈짐작으로 알아볼까?

그런 생각을 하는데 어느 새 주변이 어둑어둑해지고 있다. 주변 상가에 하나 둘 불이 켜지고, 물 위를 오가는 곤돌라의 수도 점점 적어진다. 찬란한 붉은 빛 노을은 아니었지만 구름 사이로 은근히 배어 나오는 주황빛으로도 리알토 다리의 일몰은 충분히 아름다웠다. 이렇게 해 지는 걸 하염없이 바라보는 일이 오랜만이라 더 그랬나보다. 바쁘다는 평계로 해가 뜨고 지고, 바람이 불고, 그래서 계절이 바뀌는, 그런 일에 너무나 무감각했던 건 아닐까. 이 먼 곳 이탈리아에

리알토 다리에서 내려다 본 대운하의 야경

와서야 자연의 순리에 귀 기울이는 일의 소중함을 깨닫는다.

이제 호텔로 돌아가는 일만 남았다. 베네치아 입구 산타루치아 역까지 가서 버스를 타야 한다. 그런데 해가 지고 깜깜하니 지도를 봐도 어디가 어딘지 방향 가늠도 안 되고, 좁고 구불구불한 골목에서 그만 길을 잃고 말았다. 낮에야 마구잡이로 구경하고 다니면서 길이 나와도 그만, 안 나와도 그만이었지만 이젠 사정이 다르다.

물을 만나 더 이상 갈 수 없어 되돌아가기를 몇 차례. 호랑이에게 물려가도 정신만 차리면 살아남는 법이라고. 휴대폰에 내려 받은 베네치아 지도를 열고 깨알만한 삼각형이 가리키는 방향을 따라 산타루치아 역을 향해 걷는다. 길이 꺾일 때마다 휴대폰으로 불빛을 비춰 종이 지도의 거리 이름과 건물 벽에 붙은 이름이 같은지 확인하며 걷느라 더디다. 저 멀리 산타루치아 역의 버스 정류장이 보였을 때의 기쁨이란. 멋진 풍경을 보는 기쁨보다 숙소로 돌아가는 길을 찾은 기쁨이 더 큰 건지 좀 헷갈리는 밤이었다.

산 마르코 광장과 반대 방향으로 가야 산타루치아 역이다.

베네치아의 섬들

베니스 영화제의 섬, 리도

베네치아에 가기 전까지는 베니스 영화제가 베네치아 본섬에서 열리는 줄 알았다. 그런데 아무리 둘러봐도 영화제가 열릴만큼 넓은 장소가 없어 보인다. 차가 다닐 수 있는 곳은 더더욱 그렇다. 이상하다 싶었는데 알고 보니 영화제는 리도 섬에서 열린단다.

리도는 우리나라 옆에 일본이 길게 뻗어 있듯이 베네치아 앞바다에 남북으로 길게 뻗은 섬이다. 섬에 도착하자마자 영화제가 열렸던 곳을 열심히 찾다 영화제 기간이 아니라는 사실을 깨달았다. 이왕 왔으니 섬 건너편 지중해에 발이라도 담궈 보기로 한다. 섬의 폭이 1km 남짓이라 건너편이라는 말이 무색하다.

베네치아에서는 중세 분위기에 흠뻑 빠져 있었는데 리도에 오자 다시 현대로 돌아온 느낌이다. 생각해 보니 베네치아에는 차가 다니는 넓은 길, 짙은 녹음, 이런 당연한 것들이 없었다.

해수욕장은 리도 섬 북쪽, 지중해 쪽 바닷가에 있다. 리도, 말라모코 등은 지중해와 바로 만나기 때문에 침식이 심하다. 그래서 해수욕장의 길이도 2km가

1 리도 섬은 지중해로부터 베네치아를 보호하는 방파제 같다. **2** 리도 섬에 설치된 그로인

채 안 되고, 나머지 구간에는 그로인이 설치되어 있다. 그로인은 해안에 수직으로 몇십 미터 정도의 선분을 일정한 간격으로 평행하게 그어 놓은 모양이다. 우리나라 말로는 돌제라고 하는데, 돌출되어 있는 제방이라는 뜻이다. 그로인 덕분에 모래가 바닷물에 쓸려 내려가지 않고 퇴적 상태를 유지한다.

우리나라도 바닷가 모래 침식이 심해져 모래알이 반짝이는 해수욕장이 점점 줄어들고 있다. 모래 포집기나 그로인 등을 설치하고 심지어 다른 곳에서 모래를 사다가 뿌려 해수욕장의 모래 양을 유지하기도 한다. 우리나라에서는 포항의 송도 해수욕장에서 그로인을 볼 수 있다.

1 좁은 수로를 따라 늘어 선 형형색색의 집들 **2** 산 마르티노 성당과 기울어진 종탑

알록달록 원색의 섬, 부라노

산 마르코 광장에서 바포레토 표를 사면 리도, 부라노, 무라노 세 섬을 돌 수 있다. 그중 부라노 섬은 형형색색의 집으로 유명하다. 바다에 나갔던 어부들이 자기 집을 잘 찾아오라고 집집마다 색색깔의 화려한 파스텔 톤으로 칠하기 시작했다는데, 이제는 그 집들이 관광객을 불러 모으는 상품이 되었다.

부라노 섬이 가까이 보일 무렵, 탑이 눈에 들어왔다. 기울어진 탑이다. 기울어진 사탑이 피사에만 있는 것은 아니다. 산 마르코 광장의 캄파닐레가 무너진 적이 있다는 사실에서 짐작할 수 있듯이 지반이 약한 베네치아에는 기우뚱한 건물이 하나둘이 아니다. 배에서 내려 부라노 섬의 유명 상품인 레이스, 파스텔 톤의 예쁜 집들을 보면서 작은 수로를 따라 걷기 시작했지만 마음은 벌써 기울어진 종탑으로 달려가고 있었다.

부라노 섬은 워낙 작아 얼마 걷지 않아 기울어진 종탑이 있는 성당에 도착했다. 성당의 이름은 산 마르티노. 지금 건물은 16세기에 지어졌는데, 지반이 약해 기울기 시작한 종탑은 이제 부라노 섬의 이정표 역할을 하고 있다. 종탑이 기울어질 정도인데 동네는 안전한 걸까. 하지만 이곳 사람들의 표정은 한없이 여유롭다. 전형적인 어촌의 모습이다. 좁은 수로를 따라 이리 저리 걷다보니 다시 선착장이다. 무라노 섬으로 가라는 뜻인가보다

유리공예품이 눈길을 사로잡는 섬, 무라노

무라노 섬은 유리공예로 유명하다. 부라노 섬처럼 좁은 수로를 따라 걷는 구조는 똑같다. 부라노 섬의 수로 양쪽 대부분이 집이었다면 무라노 섬은 유리공예 상점과 공방들이다.

무라노 섬의 유리공예 작품들

수로를 따라 걸으며 들여다 본 상점마다 색색깔의 유리로 만든 꽃, 시계, 컵, 액세서리 등 작은 소품들이 관광객을 유혹한다.

유리공예는 13세기 후반부터 지금까지 무라노 섬을 상징하는 생명과도 같다. 하지만 원래 유리공예의 본고장이 무라노 섬은 아니었다. 유리 제품은 고대 알렉산드리아의 특산품이었는데, 이집트를 점령한 로마인들이 유리공예 장인들을 이탈리아로 끌고 왔고, 덕분에 유리공예가 점차 발전하게 되었다. 비잔틴 제국은 약 500년 동안 유리공예 기술을 한껏 끌어올려 유리 제품 시장을 석권하였다.

비잔틴 제국이 멸망하자 1291년 베네치아 공화국은 모든 가마를 무라노 섬으로 옮긴다. 그리고 유리공예의 기밀이 누설되지 않도록 유리공예 장인들이 무라노 섬 밖으로 나가는 것을 금지했다. 그 결과 유리공예하면 무라노 섬이 떠오를 만큼 세계적으로 이름을 떨치고 있다.

유리공예는 사람과 불이 만들어 낸 합작품이라고 볼 수 있다. 고온의 유리액을 가공해서 원하는 모양을 만드는데, 과정을 직접 봐도 그렇게 아름다운 색깔의 유리공예품이 만들어지는 것이 신기하기만 하다. 유리제품을 만들 때 가장 흔히 사용하는 방법은 블로잉 기법인데 유리액을 긴 파이프 끝에 묻힌 후 입으로 숨을 불어 넣어 모양을 만드는 기술이다. 컵, 화병, 접시같은 둥근 공예품을 만드는 데 제격이다.

블로잉 기법으로 유리병을 만든다고 하자. 약하게 불면 작은 유리병이 되었다가 더 세게 불면 유리병이 조금 더 커지리라. 이렇게 크기가 다른 두 유리병의 상태를 수학에서는 위상적으로 같다고 말한다. 위상적으로 같은 도형과 같지 않은 도형을 구분하면서 출발한 학문이 위상수학인데 뫼비우스의 띠, 클라인의 병은 매우 중요한 소재이다.

네덜란드 화가인 에스허르의 〈뫼비우스의 띠〉라는 작품이 있다. 이 작품은 뫼비우스의 띠가 앞면과 뒷면이 구분되지 않는, 즉 표면이 한 개라는 사실을 보여 주는데 뫼비우스의 띠 한 면에서 출발한 개미가 모서리를 지나지 않고도 출발한 자리로 돌아오는 것을 표현하였다.

〈뫼비우스의 띠〉, 에스허르

클라인 병은 뫼비우스의 띠를 한 차원 높인 것이다. 즉, 앞면과 뒷면이 구분되지 않는 것이 아니라 안과 밖이 구분되지 않는 도형이다. 클라인 병을 3차원 공간에서 억지로 만든 모형은 대부분 유리로 만들어졌다. 클라인 병에는 모서리가 없기 때문이다.

무라노 섬 어디에서도 유리로 만든 클라인 병을 볼 수 없었지만, 대대로 유리공예를 업으로 살아온 이들 덕분에 클라인 병의 3차원 모양이라도 볼 수 있지 않나 하는 생각을 해 본다. 우리가 살고 있는 3차원 공간에서 수학의 모든 것을 실물로 볼 수는 없으니, 현실세계의 기념품 하나 사들고 상상의 세계로 가 보자.

유리병과 위상수학

규석을 녹인 뜨거운 유리액에 공기를 얼마나, 어떻게 불어넣느냐에 따라 유리공예품의
크기와 모양은 조금씩 달라진다. 마치 고무찰흙을 주물러 모양을 만드는 것과 같다. 이
블로잉 기법을 수학의 눈으로 바라보면 어떻게 해석할 수 있을까?

먼저, 한글 자음을 살펴보자. 찰흙으로 만든 ㄱ을 좀 늘여서 한 번 더 구부리면
ㄷ, ㄷ을 더 늘여서 구부리면 ㄹ을 만들 수 있다. 수학의 눈으로 보면 ㄱ을 ㄷ으
로, 혹은 ㄷ을 ㄹ로 만드는 과정은 도형을 자르거나 겹치거나 새로 덧붙이지 않고
'연속적으로' 변화시키는 과정으로 해석된다. 반면 ㄷ을 ㅁ이나 ㅇ으로 만들려면
ㄷ을 늘이거나 구부리는 것만으로는 만들 수 없다. 양끝을 붙여야 한다.
이것을 수학에서는 ㄱ, ㄷ, ㄹ은 위상적으로 같고, ㄷ과 ㅁ은 위상적으로 같지 않
다고 말한다.

$$ㄱ = ㄷ = ㄹ \neq ㅇ = ㅁ$$

입체도형도 마찬가지이다. 도넛과 컵을 생각해 보자. 도넛과 컵이 고무찰흙으로
만들어져 있다면 주물러서 도넛은 손잡이가 있는 컵으로, 손잡이가 있는 컵은 도
넛으로 서로 모양을 바꿀 수 있다. 도넛과 손잡이가 있는 컵은 위상적으로 같기
때문이다. 하지만 손잡이가 없는 컵으로 손잡이가 있는 컵을 만들려면 구멍을 뚫
거나 손잡이를 덧붙여야 한다. 손잡이가 있는 컵과 없는 컵은 위상적으로 같지 않
기 때문이다. 그래서 손잡이가 없는 컵은 '위상적으로 같지 않은 변환'을 거쳐야
손잡이를 가질 수 있다.

위상수학이란 위상적으로 같은 대상과 그 성질을 연구하는 수학의 한 분야이다. 19세기에 등장하여 비교적 역사가 짧지만 현대 물리학의 초끈이론과 관련이 있으며, 피카소의 그림 등 예술가들에게 영감을 주고, 로봇 등 첨단 공학에도 유용하게 쓰이고 있다.

무라노 섬에 진열되어 있는 온갖 유리공예품 중에는 위상적으로 같은 작품들이 꽤 많이 있다. 가게를 둘러보며 위상적으로 같은 작품끼리 분류해 보는 건 어떨까.

최후의 만찬으로 기억되는
다빈치의 도시
밀 라 노

레오나르도 다빈치 과학박물관
과학 기술의 발전을 소개하는 박물관으로 기계, 소리, 항해, 환경 등 다양한 분야에 대한 전시실로 구성되어 있다. 특히 2층에 레오나르도 다빈치가 발명한 기구들의 모형 및 관련된 다빈치 노트 포스터가 함께 전시되어 있어 눈길을 끈다. 학생들을 대상으로 하는 워크숍도 열리므로 원한다면 직접 체험을 할 수도 있다.

산타 마리아 델라 그라치에 성당
레오나르도 다빈치의 '최후의 만찬'이 있어 유명한 성당. 밀라노에 왔다면 꼭 들러야 하는 곳으로 제한된 인원과 시간만 관람 가능하므로 예약은 필수이다. 벽화는 성당 옆 수도원 벽면에 있어 성당은 그냥 지나치는데 기하학적 문양과 벽화가 조화를 이룬 내부는 잠깐이라도 짬을 내어 들어가 볼만하다.

산티 마리아 델라 그라치에 성당

레오나르도 다빈치 과학박물관

암브로시아나 미술관

암브로시아나 미술관
라파엘로의 '아테나 학당'의 스케치를 볼 수 있는 미술관. 완성된 작품 뿐 아니라 작품의 윤곽을 잡기 위한 다수의 스케치들이 전시된 점이 특이하다.

브레라 미술관
브레라 미술 대학 안에 있는 미술관으로 밀라노를 대표한다. 르네상스 시대부터 18세기에 이르기까지의 밀라노 지역을 중심으로 활동하던 화가들의 작품을 만날 수 있다. 르네상스 회화에 있어서는 피렌체의 우피치 미술관과 견주어 손색없다고 평가받을 정도이다.

스포르체스코 성
밀라노 공화국의 영주, 프란체스코 스포르차가 머물던 성. 요새를 개조해서인지 외관부터 아주 튼튼해 보인다. 성 안에는 악기, 가구, 고미술, 고고학 등 다양한 박물관이 있으며, 그 중 미켈란젤로의 마지막 작품, '론다니니의 피에타'가 유명하다. 성 뒷문으로 나가면 밀라노 시민들이 애용하는 셈피오네 공원과 연결된다.

암브로시오 성당
밀라노에서 가장 오래된 성당으로 밀라노의 수호성인 암브로시오의 유해가 묻혀 있다. 4세기 경 처음 지어진 뒤 여러 번의 증개축을 거쳐, 12세기경 현재의 로마네스크 양식의 외관을 갖추었다. 단아한 반원아치들이 리듬감을 주면서 동시에 벽돌의 갈색이 차분함과 엄숙함을 자아낸다.

두오모와 광장
이탈리아에서는 보기 드문 고딕 양식의 거대한 성당. 기둥마다 뾰족하게 솟은 첨탑과 그 위의 조각상, 화려한 듯 은은한 스테인드글라스, 첨두아치, 날개인 듯 성당을 지탱하고 있는 플라잉 버트레스 등이 볼만할 뿐 아니라 성당 지붕 위에 올라 내려다보는 시내 전경이 시원하다.

밀라노는

관광보다 패션이라는 단어가 먼저 떠오를 정도로 세계 의류 패션의 중심지이기도 하다.

일년 내내 의상 발표회가 열리는데, 영향력으로는 뉴욕과 파리에 견줄만하단다.

두오모 근처 고색창연한 옛 거리를 중심으로 이름만 들어도 알만한 브랜드의 상점이

즐비하다니, 아이 쇼핑도 해야겠다. 그런 선입견 때문일까? 창밖으로 지나가는 사람들의

패션이 예사롭지 않아 보인다. 패션만큼 축구도 빠지지 않는다.

이탈리아 명문 축구클럽으로 꼽히는 AC밀란과 인터밀란의 연고지이기도 하다.

두 축구클럽은 같은 경기장을 사용하는데 8만 명 이상을 수용할 수 있는 이 경기장에서

두 팀이 맞붙는 '밀라노 더비'가 있는 날은 그야말로 도시전체가 들썩인단다.

하기야 같은 경기장을 두고도 AC밀란의 팬은 '산 시로', 인터밀란의 팬은

'주세페 메아차'라고 부른다니, 축구에 대한 열정이 남다르다고 할 밖에.

로마가 이탈리아의 행정 수도라면 밀라노는 경제 수도라 할 수 있다.

이탈리아 최대의 주식시장, 주요 은행의 본점, 대기업 본사가 몰려있는

북부 최대도시로 외곽에는 수많은 공장이 분포하며 금융과 상공업이 발달하였다.

롬바르드 평원에 위치하여 예로부터 교역의 요충지였고

서로마 제국의 수도가 되면서 본격적으로 도시의 모습과 기능을 갖추게 되었다.

5세기 경 수도가 옮겨진 후 여러 민족에게 점령당하면서 도시가 파괴되고

재건되기를 반복했다. 그 결과 고딕, 로마네스크, 비잔틴 등

다양한 건축양식으로 지어진 건물들이 곳곳에 남아 있다. 그중 두오모 성당은

꼭 보아야하는 건축물이다. 이탈리아에서는 보기 드물게 전형적인 고딕양식으로

지어졌기 때문이다. 밀라노가 교역

의 요충지에 있어 프랑스를 중심으

로 유행했던 고딕양식을 받아들인

결과이다. 아침 햇살이 서서히 퍼

지고 있다.

오늘은 또 얼마나 뜨거우려나. 해

도 달처럼 한 달을 주기로 모양이

변하면 좋겠다는 엉뚱한 생각을 해

본다. 오늘은 해가 반달 모양 같아

서 덜 뜨거우면 좋으련만.

하늘로 솟아오르는 두오모

밀라노 관광의 시작은 두오모

두오모 성당은 첫눈에 보기에도 굉장하다. 햇빛 속에 밝은 회색빛을 띠며 하늘을 찌를 듯한 기세로 서 있다. 가까이 다가가 만져보기 전에는 차가운 돌로 만들어졌다는 것이 믿기지 않을 정도로 정교하고 아름답다. 시시각각 색도 변한다. 이른 아침에는 부드러운 연분홍색, 강한 햇빛 아래에서는 흰색, 노을이 질 때면 밝은 황금색, 구름이 잠깐씩 해를 가리면 다양한 농도의 회색 조각 퍼즐처럼 보이기도 한다. 시내를 오가며 성당 앞 광장을 지날 때마다 색깔의 변화를 살펴보는 것도 흥미롭다. 규모도 대단해서 어지간히 멀리서 보지 않는 한, 한눈에 들어오지 않는다. 그뿐이랴. 바닥부터 꼭대기에 뾰족뾰족 솟은 첨탑까지 훑어보자면 한참이요, 가까이에서는 고개 들어 올려다보기 어려울 정도다. 마치 하늘 높이 솟아오르는 듯하다. 왜 두오모 성당에서 밀라노 여행을 시작해야 한다고 하는지 이제야 알겠다.

조각상들이 성당 벽면 구석구석 빈 곳 없이 빼곡하다. 지붕 쪽 뾰족한 탑 위에도 조각상들이 하나씩 서 있다. 그래, 높이 오르면 시내 전경이 보이겠지? 태양이 돌을 달구기 전에 지붕부터 오르기로 한다. 매표소가 열리기를 기다려

지붕 바깥쪽으로 난 통로를 따라 돌며 밀라노 전경을 파노라마처럼 볼 수 있다.

엘리베이터를 탄다. 아침부터 힘 빼지 말자는 심산이었는데 타자마자 내리라 하니 계단으로 걸어 올라올 걸 그랬나, 살짝 본전 생각이 난다.

건물 바깥쪽으로 난 좁은 길을 따라 한 바퀴 돌자 오른쪽으로는 밀라노 시내 전경이 파노라마처럼 시원하게 펼쳐지고, 왼쪽으로는 고딕 양식의 특징을 잘 보여주는 창문과 플라잉 버트레스공중 비팀벽들이 보인다. 피뢰침을 머리에 얹은 채 하늘 위로 솟아오를 듯 서 있는 조각상들의 오늘 기분이 어떤지 표정도 살피고, 어른 키만 한 높이의 첨두아치 창문의 화려한 창살도 감상한다. 건물 벽을 든든하게 버텨주고 있는 플라잉 버트레스 사이를 이리저리 통과하다 보면 어느새 다다르게 되는 지붕!

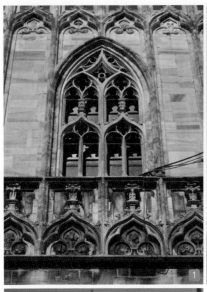

■1 다양한 모양의 아치를 혼합하여 창문을 장식
하고 있다.

■2 첨탑 위에 서 있는 조각상. 대부분 성경에 나
오는 성인들을 조각한 것이다.

■3 두오모 지붕 위를 걸어 다니는 사람들.

지붕에는 사람들이 꽤 올라와 있고 그새 달궈진 열기가 발을 감싼다. 조각상들이 지붕 가장자리를 둘러싸고 있는 모양새가 돌 조각상으로 꾸며진 울타리 같다. 하늘과 가까운 조각공원을 거니는 기분이다. 언뜻언뜻 보이는 아래, 성당 앞 광장에는 사람들이 바글바글한데 아득하고 어지럽다. 지붕 높이만 해도 45m, 첨탑 중 가장 높은 것이 109m, 현재 세계에서 5번째로 큰 규모의 성당이란다. 45m 높이의 지붕, 아파트로 따지면 10층이 넘는다. 더 아찔하다.

밀라노를 대표하는 두오모 성당은 1386년에 설계를 시작하여 1965년에 완성되었다. 약 600년이 걸린 셈이다. 지금도 조각이 마무리되지 않은 곳이 있다 하니 엄밀히 말하면 아직 미완성이다. 성당을 짓는 데 걸린 시간이 워낙 길어 당시 유행하던 건축 양식이 계속 반영되었다. 결국 여러 번 설계가 바뀌어 지금 모습은 처음과 다르다고 한다. 재정적인 어려움으로 공사가 중단된 적도 있었지만 전체적으로는 고딕양식을 유지했다니 대단하다는 생각이 든다. 이탈리아에서는 보기 힘든 고딕양식이라 더더욱 그렇다. 두오모 성당을 보니 고딕양식을 부분적으로 받아들여 지은 피렌체의 성당과 그 차이를 확연하게 느낄 수 있었다.

지붕 위에서 기념사진을 찍는데 일행 중 몇몇이 보이지 않는다. 온 길을 되짚어 돌아오며 그들의 행방을 궁금해 했는데 이게 웬일, 다음 장소에서 만나 물어보니 지붕에 올라가는 걸 몰랐단다. 엘리베이터에서 내리자마자 얼마쯤 돌고 나니 바로 끝나더라는 것이다. 반대 방향으로 돌았나보다. '어쩐지 너무 볼 게 없더라', '올라가는 길이 어디 있었느냐', '여기까지 와서 지붕에 못 가보고 그냥 갈 순 없다', 황당하고 억울한 마음에 사정이라도 해 볼 요량으로 사용한 입장권을 얼른 찾아 들고 성당으로 돌아간 일행은 그 표로 지붕에 다시 오를 수 있었다! 이탈리아 사람들, 융통성 있네!

어두운 공간을 화려하게 수 놓은 스테인드글라스

지붕에서 내려와 성당 안으로 들어서자 큰 공간에서 느껴지는 서늘함, 적당한 어둠, 왠지 모를 경건함에 금세 마음이 차분해진다. 대리석 바닥에는 긴 의자들이 빼곡히 놓여 있다. 북적대는 관광객들 속에서도 의자에 앉아 눈감고 조용히 예배드리는 몇몇 사람들의 모습에 발걸음이 조심스러워진다.

내 눈길을 단숨에 끌어들인 건 화려한 스테인드글라스! 무라노 섬에서 주문 제작했을 것 같은 아름다운 유리들이다. 성경 내용으로 벽을 가득 채운 스테인드글라스의 규모와 색채감이 대단하다. 창문이면서 장식이고 빛이 들어오는 통로인 동시에 빛을 적당히 가려주는 커튼이로구나. 성당 내부를 화려하게 꾸며 주면서도 결코 경박하지 않았다. 나도 모르게 감탄사가 저절로 새어 나온다.

지붕에 올라가며 바깥에서 보았던 창문들을 안에서 보니 느낌이 다르다. 하나같이 위쪽이 뾰족한 첨두아치 모양이다. 고딕 건축 양식의 밀라노 성당 건물이 하늘로 솟는 느낌을 주는 이유가 바로 이 첨두아치 때문이다.

예전에는 아치를 높게 만들려면 아치를 그리는 원이 커야 했고, 따라서 기둥 사이가 넓어졌다. 콜로세움 옆의 개선문을 보면 알 수 있다. 가운데 아치 기둥 사이는 넓고 양쪽 아치 기둥 사이는 폭이 좁다. 가운데 아치를 높게 올리려다보니 기둥 사이가 넓어진 것이다. 건축 기술이 발달하자 아치를 그리는 방법도 다양해졌다. 기둥 사이의 간격이 달라도 아치 높이를 똑같게 만들 수 있게 되었

장미 문양의 창살과 화려한 색깔의
스테인드글라스

다. 아치를 그리는 원의 중심의 위치를 바꾸어 이 문제를 해결한 것이다.

밀라노 성당 곳곳에서 첨두아치와 장식이 조화를 이룬 창문을 볼 수 있다. 첨두아치의 등장으로 출입문의 형태가 다양해지면서 장식성은 한층 높아졌다. 위쪽 끝이 뾰족한 첨두아치 모양의 날렵하고 긴 스테인드글라스 창문은 수직감을 주면서도 돌로 된 거대하고 육중한 건축물에 경쾌함을 불어넣고 있었다. 게다가 첨두아치는 아치를 내리누르는 하중을 좀 더 빨리 기둥에 전달하는 효과도 있어 아치의 변형을 최소화한다.

첨두 아치의 높이

반원 아치의 높이는 언제나 두 기둥 사이 간격의 절반으로 일정하다. 하지만 밀라노성당
의 출입문이나 창문에서 볼 수 있는 첨두 아치는 기둥 사이의 간격에 상관없이 필요에 따
라 높이를 정할 수 있다. 그 방법을 알아보자.

반원 아치는 기둥 사이 간격의 절반이 아치의 높이이다.

그림과 같이 아치 굽선 또는 아치 굽선을 확장한 선 위에 적당한 점을 택해 호를
그려 보자. 그러면 원하는 만큼 아치의 높이를 조절할 수 있다. 기둥의 간격이 같
아도 아치의 높이는 2배 이상 차이가 날 수 있다.

반대로 아치 굽선 아래에 호의 중심을 택하면 아치의 높이를 줄일 수 있어서 기
둥 사이의 간격이 다르더라도 출입구의 높이를 똑같게 할 수 있다.

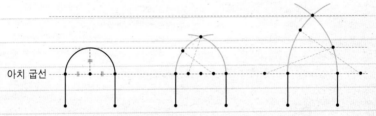

기둥의 간격이 같을 때 출입구의 높이를 높인 첨두 아치

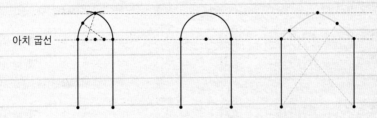

출입구의 높이가 같을 때 기둥의 간격을 다르게 한 첨두 아치

그럼 첨두 아치의 높이는 반원 아치보다 얼마나 더 높아지는 것일까? 두 기둥 사이의 간격이 같을 때, 오등분 첨두 아치와 반원 아치의 높이를 비교해 보자.

아치 굽선 CD를 5등분한 후 두 점 A, B를 중심으로 하는 두 호를 그려 만나는 점을 P라고 할 때 생기는 아치를 오등분 첨두 아치라 한다. 오등분 첨두 아치의 높이 $\overline{\text{OP}}$를 구해 반원 아치의 높이 $\overline{\text{OQ}}$와 비교해 보자.

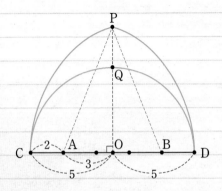

계산 편의를 위해 원의 지름을 10이라고 하자.

삼각형 OPA는 직각삼각형이므로 피타고라스 정리에 의해

$$\overline{\text{OA}}^2 + \overline{\text{OP}}^2 = \overline{\text{AP}}^2$$

그런데 $\overline{\text{OA}} = 3$, $\overline{\text{AP}} = \overline{\text{AD}} = 8$ 이므로

$$\overline{\text{OP}} = \sqrt{8^2 - 3^2} = \sqrt{55} \fallingdotseq 7.4$$

즉, 반원일 때보다 오등분 첨두 아치일 때의 높이가 약 1.5배 정도 된다는 것을 알 수 있다. 따라서 첨두 아치가 높아보이는 건 실제로 높이가 더 높기 때문이다.

아치의 종류

첨두 아치는 위쪽 모양이 뾰족하기 때문에 자연스레 위로 솟는 느낌이 든다. 또한 두 기둥 사이의 간격을 똑같게 하면서도 반원 아치보다 출입구 위쪽의 공간을 넓게 확보할 수 있어 그 공간을 기하학 문양으로 화려하게 꾸미는 장식적인 기능도 있다.

아치 공법은 점점 발달해서 아치를 그리는 방법도 다양해졌다. 기본적으로는 원을 그리는 중심이 아치 안에 있느냐, 아치 아래쪽에 있느냐, 또는 아치 바깥에 있느냐에 따라 모양이 결정된다.

다음은 다양한 모양의 아치들이다.

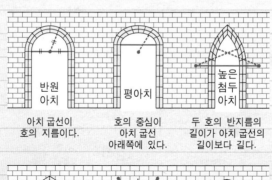

반원
아치
아치 굽선이
호의 지름이다.

평아치
호의 중심이
아치 굽선
아래쪽에 있다.

높은
첨두
아치
두 호의 반지름의
길이가 아치 굽선의
길이보다 길다.

등변
아치
두 호의 반지름의
길이가 아치 굽선의
길이와 같다.

굴절
아치
4개의 호가 교대로
볼록, 오목이다.
(이슬람문화권)

다중심
아치
호의 중심이
여러 개이다.

높은 천정을 받치는 교차된 첨두아치

고딕 건축물은 전체적으로 수직으로 상승하는 느낌이 강하다. 마치 신이 존재하는 하늘을 향해 솟아오르는 것 같다. 중세 건축을 대표하는 고딕 양식은 하늘과 가까워짐으로써 신과 소통하기를 원했던 인간의 욕망을 표현한다고 했던가. 밀라노의 두오모를 만났을 때의 느낌이 딱 그러했다. 거대한 우주선처럼 막 하늘로 떠오르려는 두오모.

시선이 스테인드글라스를 따라 자연스레 지붕으로 향한다. 저 위가 조금 전까지 서 있던 그곳? 아득하게 높다. 중세 건축가들은 높은 건물을 짓기 위해서 교차 볼트에 뼈대를 보강한 립 볼트를 발전시켰다.

아치를 교차시킨 볼트vault 중 가장 기본적인 모양은 아치를 터널처럼 연결한 모양의 원형 볼트이다. 초기 로마 제국 시대에 널리 쓰였던 원형 볼트는 아치를 90°회전시켜 서로 교차시킨 교차 볼트로 발전한다. 네 개의 기둥이 무게를 버티기 때문에 기둥 사이에 벽이 없어도 된다. 콜로세움의 회랑에서, 로마네스크 양식의 건물에서 많이 볼 수 있다. 이것을 더욱 발전시킨 립rib 볼트는 아치가 교차하는 부분을 돌로 보강했다. 뼈대를 돌로 세웠다는 의미에서 뼈대 볼트라

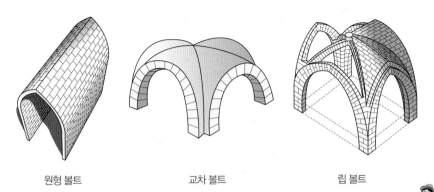

원형 볼트   교차 볼트   립 볼트

립 볼트는 몇 개를, 어떻게 교차시키느냐에 따라
장식적인 효과를 극대화시킬 수 있다.

고 부를 수도 있겠다.

건물을 높이기 위해 기둥을 높게 세우고, 기둥을 서로 교차시킨 립 볼트 구조를 활용하여 얼개를 만들고, 그 위에 지붕을 얹는다. 때문에 기둥은 길게 아래로 뻗고 아치들이 서로 교차하며 생긴 선이 천정을 삼각형으로 분할하는 모양새이다. 기둥이 길어지니 자연히 기둥 사이에 생긴 공간을 채우는 벽이나 창문도 길고 높아졌다. 건물은 높고 창문은 많고 자연히 지붕에서부터 내려오는 횡압력을 기둥으로 버티게 해야 했다. 이를 위해 벽 바깥쪽에 버트레스를 덧붙였다. 처음에는 벽에 밀착된 형태였다가 점차 벽에서 떨어져 공중에서 곡선을 그리는 모양으로 바뀌었는데, 벽에서 떨어져 있는 버트레스를 플라잉 버트레스라고 한다.

높은 지붕, 기둥 사이에 생기는 좁고 긴 벽을 장식하는 창문과 스테인드글라스, 끝이 뾰족한 첨두아치, 건물 밖에서 기둥을 받치는 버트레스 구조가 특징인 고딕 양식이 자리를 잡자 건축가들은 상승하는 아름다움, 장엄함을 강조한 건물을 경쟁적으로 더 높이 지으려 하였다. 처음에는 천장까지의 높이가 30m 정도였다가 고딕 양식이 성행하면서 40m가 넘었고 프랑스 보베 대성당은 높이가 48m에 달했다. 보베 대성당은 공사 중에 볼트 붕괴 사고가 일어나는 등 우

1 다리처럼 보이는 부분이 플라잉 버트레스이다 **2** 벽에 밀착된 버트레스

어곡절을 겪으며 아직도 미완성으로 남아 있다.

　밀라노 성당은 이런 고딕 양식의 구조적 특징을 모두 볼 수 있는 좋은 예이다. 이탈리아에서는 고딕 양식이 프랑스나 북유럽만큼 환영받지 못했는데, 이탈리아의 북쪽에 위치한 밀라노는 북쪽 나라들과 교류가 활발했기 때문에 고딕 양식이 자리잡을 수 있었다. 아래 지방으로 갈수록 고딕 양식의 건물을 찾아 보기 힘들다.

　좀 더 자세히 살펴보자. 밀라노 성당의 지붕면은 4개로 나뉘는 립 볼트 구조로 되어 있는데, 둥근 곡선이 교차하면서 생기는 모양 그 자체만으로도 장식 효과가 있다. 아치와 연결되며 쭉 뻗어 내린 기둥 덕분에 성당은 더욱 높아 보인

프랑스의 보베 대성당. 고딕 양식의 대표 걸작으로 건물과 떨어져 곡선을 그리는 버트레스, 천정의 립 볼트, 스테인드글라스가 장관이다.

다. 기둥 여러 개가 다발을 이루면서 건물을 받치고 있는 것이 고딕 양식의 특징을 잘 보여준다.

성당 내부는 5개의 긴 공간으로 나뉘어져 있고 기둥이 길게 줄지어 서 있는 사이사이에는 그림들이 걸려 있다. 바깥쪽 기둥 사이에는 얇은 벽이나 스테인드글라스로 된 창문이 설치되어 있다. 밀라노 성당의 긴 창문과 스테인드글라스는 이 큰 건물이 벽이 아니라 아치와 기둥으로 지탱되기 때문에 가능하다.

지붕을 오를 때 멋진 장식으로 꾸며진 문처럼 보였던 구조물 사이사이를 지나가던 기억이 떠올랐다. 그게 바로 플라잉 버트레스였던 것이다. 덕분에 건물이 높아지면서 증가한 압력을 여러 방향으로 분산시킬 수 있었다.

못 다 그린 자오선

성당을 막 나오려는데 발밑에 선이 가로막는다. 이건 뭐지? 좌우를 살피니 생긴 모양이 로마의 산타 마리아 델리 안젤리 성당에서 보았던 자오선과 비슷하다. 아, 여기에도 자오선이 그어져 있구나. 반가운 마음에 선을 따라 걸어본다. 선 옆에는 각각의 달을 나타내는 물병, 사수, 황소 등의 그림이 보인다. 자오선이 분명하다. 1786년 천문학자 브레라가 그린 것을 1827년에 수정했다고 한다.

고개를 들어 햇빛이 들어오는 구멍을 찾는데 아직 이른 시각이라 그런지 보이지 않는다. 하기야 구멍의 지름이 약 3cm도 채 안 된다고 하니 햇빛이 들어와야만 보일 것 같다. 23.8m 높이의 남쪽 천정에 있다고 한다. 지붕에 올랐을 때 어디쯤인지 구멍 위치를 확인해 볼 걸.

그래도 공부했는데, 근거없는 자신감을 밑천으로 자오선을 살펴보기로 한다. 자오선의 남쪽 끝 시작점은 정육각형 모양 안에 한 점으로 찍혀 있다. 하지 날 정오쯤에 이 점에 햇빛이 비치겠군. 그 점에서 출발한 자오선을 따라 걸으니 자오선 양쪽으로 별자리 그림들이 새겨져 있다. 그 위치도 비슷해서 자오선을 중심으로 대칭인 것처럼 보인다. 계절이 반복되고 봄, 가을에 태양의 남중고도가 비슷해질테니 당연하겠지. 이 별자리 그림들의 간격은 점점 멀어진다. 하지에서 동지로 갈수록 태양의 남중고도가 낮아지고 이에 따라 그림자의 길이가 길어지는 비율이 커지기 때문이다. 로마의 산타 마리아 델리 안젤리 성당보다 자오선의 길이도 더 길다. 천정에 나 있는 구멍까지의 높이가 더 높기 때문이다.

드디어 북쪽 벽에 다다랐다. 그런데 갑자기 자오선이 수직으로 꺾여 벽을 타고 올라가더니 염소자리가 그려진 그림에서 끝이 났다. 염소자리에 해당하는 날짜는 12월 25일~1월 19일. 동짓날은 그 사이에 속해 있다.

성당 바닥에 그려진 자오선

    그런데 왜 바닥이 아닌 벽에 선을 그어 놓았을까? 성당 출입구 쪽의 남북 길이는 안쪽에서 측정하면 58m 조금 못미친다. 게다가 벽이 아닌 천정에 구멍이나 있어 남쪽 벽에서 13m 가량 떨어진 지점부터 자오선이 시작된다. 계산에 따르면 바닥에 그려야 할 자오선의 길이는 50m가 넘는다. 그러니 바닥에 자오선을 다 그릴 수 없었던 것이다. 그래도 동짓날이 언제인지는 알아야 되니 못 다 그린 자오선을 벽에 표시한 것이다. 그 옛날, 누군가의 머리 속에서 나왔을 자유로운 생각이 참 재미있다.

    밀라노 성당의 남북 길이가 조금만 더 길었어도 바닥에 완전한 자오선을 그릴 수 있었으리라. 하지만 자오선이 그어진 것이 1780년이니 성당은 지어지고 있었고 당시 상황으로서는 차선, 아니 최선의 선택이었을 것이다. 성당의 자오선이 남쪽 벽과 북쪽 벽에 수직이 되도록 똑바로 가로지른 모양새가 바닥에 비스듬하게 그려져 있던 로마의 것과 사뭇 다르다.

12시까지 기다릴 수 없어 성당을 나서는데 못내 아쉬워 자꾸 돌아보게 된다. 트레비 분수에 동전 하나 더 던져놓고 올 걸 그랬다. 다시 올 수 있겠지? 그때는 한낮에 와서 자오선에 비친 햇빛을 꼭 봐야겠다.

못다 그린 자오선의 길이

밀라노 성당 바닥에 못 다 그린 자오선의 길이는 얼마나 될까? 그 길이를 알아보자.

천정의 구멍으로부터 성당 바닥에 수선의 발을 내려 다음 그림과 같이 직각삼각형을 그린다. 동짓날 성당 바닥부터 벽에 비친 햇빛까지의 거리는 약 2.55m이고 그때 $\overline{PH}=55m$라고 한다.

바닥에 미처 그리지 못한 자오선 $\overline{CP}$의 길이를 x라 하자.

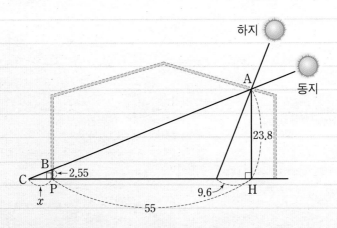

$\triangle AHC$와 $\triangle BPC$는 닮음이므로 대응하는 변의 길이의 비는 일정하다.

$$(x+55) : x = 23.8 : 2.55$$

$$23.8x = 2.55(x+55) \quad \therefore x = \frac{2.55 \times 55}{21.25} = 6.6(m)$$

따라서 성당이 남북으로 6.6m만 더 길었다면 자오선을 끝까지 그릴 수 있었을 것이다.

브레라 미술관에서 다시 만난 르네상스 회화

이탈리아에는 각 도시를 대표하는 성당과 미술관이 있다. 밀라노에서는 암브로시아나 회화관과 브레라 미술관을 많이 찾는다. 특히 암브로시아나 회화관에서는 레오나르도 다빈치, 미켈란젤로와 더불어 르네상스의 대표 화가로 꼽히는 라파엘로의 특별한 작품을 만날 수 있다. 그는 대표작 〈아테네 학당〉을 벽화로 그리기 전 실제 크기와 똑같은 밑그림을 그렸는데, 그 밑그림이 이곳에 전시되어 있다. 종이에 그린 그 큰 밑그림이 남아 있다는 것도, 치열한 노력의 흔적인 밑그림을 소중하게 여기는 마음도 본받을 만하다는 생각이 들었다. 암브로시아나 회화관은 조명이 잘 되어 있어 그림을 보는 감흥이 배가 되었다. 역시 그림도 조명이 중요해!

바쁜 일정을 쪼개어 브레라 미술관도 들렀다. 르네상스 시대부터 18세기까지의 회화가 전시되어 있다 하니 또한번 르네상스와 만남을 기대하게 된다. 피렌체의 우피치 미술관에 견줄 만큼 르네상스 최고의 컬렉션이라는 평가를 받고 있으니 다양한 화가들의 작품을 만날 수 있으리라.

미술관은 2층이고 1층은 브레라 미술 아카데미이다. 이곳 학생들은 미술관에 다니는 것 같겠다는 생각이 들었다. 입구를 통과하자 2개의 기둥 위로 아치들이 차분하게 정돈되어 있다. 예수회의 건물로 지었는데 나폴레옹에 의해 미술관의 모습을 갖추게 되었다고 한다. 그래서인지 사각형 마당 한가운데에 그의 동상이 있다.

전시실이 많은 만큼 구조가 복잡하고 작품도 많아 다 돌아보자면 상당한 시간이 필요하다. 다리가 아프고 지치기도 하지만 중간중간 미술관의 대표 작품앞에 서 있다 보면 시간이 금방 간다. 전시실 한 쪽에 그림 복원 작업을 볼

브레라 미술관 마당 한 가운데에 나폴레옹의 동상이 있다.

수 있는 유리방이 있는데, 아쉽게도 그날은 작업하는 모습을 볼 수 없었다.

특별히 눈길을 끄는 그림은 라파엘로의 〈마리아의 결혼〉이었다. 이 그림을 보고 있자니 결혼식이 열리는 광장에 하객으로 초대받아 서 있는 느낌이다. 배경의 중심에 배치한 건물과 바닥에 원근법을 완벽하게 적용한 까닭이다. 그림 아래쪽에는 결혼식 주인공들이 그려져 있는데 라파엘로 특유의 섬세하고 우아한 선이 율동적인 조화를 이루고 있다. 사람들의 온화한 표정과 옷의 곡선이 전체적인 분위기를 따뜻하고 부드럽게 만든다. 화가의 성품이 그대로 그림에 묻어나는 듯하다. 앞쪽에 인물이 없었다면 어땠을까? 광장과 건물이 사진을 찍은 듯 너무나 완벽하게 그려져 오히려 비현실적으로 보였을지 모른다. 라파엘로

1 〈마리아의 결혼〉, 라파엘로, 1504 2 〈키스〉, 프란체스코 하예츠, 1859

는 정확한 원근법을 적용한 배경을 통해서는 이상을, 단아하고 평화로운 인물
들의 모양새와 얼굴 표정에서는 현실을 표현하고 싶었을지도 모른다는 생각이
들었다.

오랜만에 만난 기쁨을 나누는 듯, 먼 길을 떠나는 애인과 작별하는 듯, 연인이
입맞춤하는 장면을 그린 프란체스코 하예츠의 〈키스〉, 제목만큼이나 강렬한
인상을 뒤로 하고 미술관과 작별을 고한다.

다빈치의 발자국

최후의 만찬에 초대받은 듯

밀라노에 가는 모든 사람들이 반드시 들르는 곳, 산타 마리아 델라 그라치에 성당. 그 유명한 레오나르도 다빈치의 〈최후의 만찬〉을 보기 위해서이다. 한 번에 관람할 수 있는 인원도 정해져 있고 시간도 딱 15분으로 엄격하게 제한되니 예약은 필수다.

조금 일찍 도착해 다른 나라 사람들과 엉덩이를 맞대고 긴 의자에 빼곡히 앉아 순서를 기다린다. 오랜 세월과 전쟁 속에서 성당은 거의 폐허가 되었으나 1498년에 완성된 벽화는 고스란히 살아남았다. 이렇게 볼 수 있다는 사실은 기적에 가깝다.

1970년대 〈최후의 만찬〉이 공개될 당시만 해도 훼손이 심각했다. 세월과 전쟁 때문이기도 하지만 템페라 기법으로 그려진 탓도 컸다. 당시 일반적인 그림 기법은 젖은 석회를 벽에 바르고 그 위에 그림을 그리는 '프레스코' 방식이었다. 젖은 벽에 그린 그림이 마르면서 완성되는 방법이다. 지금껏 성당에서 본 대부분의 그림이 바로 프레스코화이다. 그런데 프레스코화는 세월이 흐르면 색감이 흐릿해지는 단점이 있다. 반면 달걀에 안료를 섞어 만든 '템페라레'로 그린 그

레오나르도 다빈치의 〈최후의 만찬〉을 간직한 산타 마리아 델라 그라치에 성당

림을 템페라라고 한다. 템페라는 마른 벽에 그림을 그리기 때문에 색감은 뛰어나지만 시간이 흐르면 안료가 떨어져 나가 프레스코화보다 보존이 더 어렵다. 1978년부터 1999년까지 21년에 걸쳐 보수한 뒤 공개하게 되었다는 내용이 대기실 벽 포스터에 전시되어 있었다.

드디어 엘리베이터를 타고 내려가 성당 대식당에 들어선다. 서늘한 기운과 함께 〈최후의 만찬〉으로 가득 찬 벽이 눈에 들어온다. 아! 햇빛이 거의 들어오지 않는 곳에서도 눈을 잡아끄는 색채감. 여러 번의 덧칠로 원래의 색감을 많이 잃었다고는 하나 여전히 거장 레오나르도 다빈치의 숨결을 간직하고 있다. 모두들 무언가에 홀린 듯, 마치 식탁에 초대받은 사람처럼 벽화 앞으로 다

〈최후의 만찬〉, 레오나르도 다빈치. 왼쪽부터 차례로 바르톨로메오, 작은 야고보, 안드레아, 유다, 베드로, 요한, 토마스, 큰 야고보, 필립보, 마태오, 유다 타대오, 시몬 순으로 열두 제자가 그려져 있다.

가간다. 더 이상 가까이 갈 수 없을 때쯤에서야 정신을 가다듬고 자세히 들여다 본다.

마지막 식사라니 뭘 먹지? 남자들도 참 고운 색 옷을 입었네, 옷 주름 좀 봐, 그때는 망토 패션이 유행이었나봐, 밥 먹는데 뭐라고 소곤거리는 걸까, 유다는 어떤 심정일까, 오른쪽 세 명은 따로 무슨 얘길 하는 거지? 예수는 자신을 팔아 넘긴 자가 있다고 하는 말을 듣기는 한 건가. 책에서 보았을 때는 그저 그랬는데 그 장면을 그림으로 직접 보니 별별 생각이 꼬리에 꼬리를 물며 머릿속을 마구 휘젓는다.

사진을 찍을 수 없으니 눈으로 느낌까지 찍어 오래오래 가슴에, 머리에 꼭꼭 박아 두리라. 그림이 한눈에 들어올 때까지 천천히 뒷걸음질 한다. 그런데 멀어지면 멀어질수록 그림 속 광경이 마치 현실인 것처럼 보인다! 벽에 그려진 그림이 아니라 마치 눈앞에 차려진 식탁을 실제로 보고 있는 것 같다. 그림 속의 열두 제자들이 저녁을 먹다 잠깐 멈춘 듯, 잠시 한눈이라도 팔면 다시 이야기를 나누며 태연하게 식사를 할 것 같다.

레오나르도 다빈치는 그림을 보았을 때 감상자가 현실인 것처럼 느끼게 하려면 어떻게 그려야 하는지 알고 있었다. 그림 속 모든 선들은 정확하게, 비례에 맞게 계산되어 그려졌다. 세로로 그어진 선들을 보라. 현실에서는 분명 넓이가 같은 벽이지만 눈에서 가까운 곳은 넓게, 멀어질수록 좁게, 그러면서도 비례에 맞게 줄어들고 있다. 또 보는 사람의 시선이 예수의 얼굴 위 한 점에 모이도록 천정과 바닥에 선들을 그려 넣었다. 그 선들을 따라 가다보면 시선은 자연스럽게 그림의 한가운데에 위치한 예수의 얼굴로 향하게 되는 것이다. 바로 이것이 레오나르도 다빈치가 현실이라는 3차원 공간을 화폭이라는 2차원 평면에 정확하게 재현하는 방법이다. 즉 수학적 원근법을 이해하고 자신의 그림에 적용한 것이다.

생각하는 대로 그린 이집트 벽화

이렇게 원근법을 완벽하게 적용하여 그림을 그리기 시작한 때는 르네상스 시대로 접어들면서부터이다. 멀리 있는 물체는 작게, 가까이 있는 물체는 크게 보인다는 것 정도는 오래전부터 알고 있었지만 거리가 멀어질수록 그 크기가 어

1 헤지레의 초상. 기원전 2778~2723년경
2 네바문의 정원. 기원전 1400년경

느 정도로 작아지는지에 대해서는 정확히 알지 못하였다. 그래서인지 르네상스 이전의 그림에서는 원근법이 잘못 적용된 경우를 종종 볼 수 있다. 이는 당시 화가들의 수준이 낮았다기보다는 사회적 필요와 요구에서 그 원인을 찾는 것이 합당하다.

고대 이집트의 벽화들을 보자. 중요하거나 주인공인 사람은 크게, 하인이나 노예는 작게, 심지어 사람 위에 사람이 그려져 있기도 하다. 그뿐이랴. 사람의 모습은 더 어색하다. 눈은 정면, 얼굴은 옆면, 몸통과 팔은 다시 정면, 다리는 옆에서 본 모양새이다. 발은 더 기이해서 양발 모두 엄지발가락부터 그려져 있는데 따지자면 둘 다 왼발이거나 오른발인 셈이다.

연못 그림은 또 어떤가? 전체적으로는 위에서 내려다 본 것처럼 그렸지만 연못 안에 있는 물고기나 새는 어떤 종류인지 알아볼 수 있게 표현하고 있다. 한 시점에서 일관되게 본 모습이 아니라 각 생물들의 특징을 설명하듯 그려놓았다.

이런 그림들에서는 멀고 가까운 거리감을 표현하는 원근법은 찾아볼 수 없다. 고대 이집트 화가들이 뭘 몰라서 이런 그림을 그렸을까? 그들은 사물의 모습이나 행동을 표현하기 위해서는 이 방법이 더 유리하다고 판단했던 것이다. 연못 주변에 어떤 나무들이 있는지, 그 나무들은 어떤 특징을 가졌는지, 연못 속에 사는 물고기나 새의 모양새는 어떤지 금세 알아볼 수 있지 않은가. 그들은 현실과 가까운 모습으로, 사실적으로 묘사하는 것보다 그리고자 하는 사물의 특징이 한 그림에서 잘 표현되면서 어떤 상황인지 알아보기에 더 적절한 방법을 택했던 셈이다. 보이는 대로 그리지 않고, 그들이 알고 있는 사물에 대한 생각을 그림에 담았던 것이다.

보이는 대로 그려라

중세 시대로 넘어가면 세상의 중심은 종교와 교회가 된다. 화가들의 주된 일은 교회의 주문을 받아 성당 벽에 성서의 내용을 담은 그림을 그리는 것이었다. 문맹인 사람들에게도 성경 내용을 알기 쉽게, 효과적으로 전달하기 위해서 서술 기법이 주로 사용되었다. 그림들은 대체로 평면적이었고, 예수나 성자의 모습을 중앙에 크게 그렸다.

14세기 최고의 화가로 알려진 조토의 그림을 보면 건물의 옆면을 어둡게 처리하여 부피감을 표현함으로써 평면의 느낌을 감소시키고 있다. 하지만 원근

1 〈황제 오토 2세〉, 작자 미상, 983년경. 중요한 사람인 황제를 중앙에 크게 그렸다. 의자의 지붕 부분은 부자연스럽다.
2 〈프란체스코를 존경하는 순수한 사람〉, 조토, 1300년경. 건물의 입체감을 나타내기 위해 옆면을 그려 넣었으나 소실점이 보이지 않는다.

법의 원리를 완전히 이해하지는 못했기 때문에 거리와 상관없이 건물의 옆면을 같은 비율로 그려 넣는 정도에 그쳤다.

르네상스 시대로 접어들자 사람들은 인간과 인간의 삶, 자연, 현실에 눈을 돌리게 된다. 이에 따라 화가들의 관심도 자연스럽게 인간과 자연으로 옮겨오면서 그림을 보았을 때 실제와 똑같이 보이도록, 감상자가 마치 현실을 보는 것처럼 그리는 방법을 연구하게 되었다. 3차원 공간의 사물을 2차원 평면인 캔버스로, 어떻게 실제처럼 보이도록 옮길 것인가 하는 문제, 즉 원근법의 원리에 관심을 갖게 된 것이다.

현실과 자연, 인간에 대한 관심과 애정은 철학, 건축, 회화 등 사회 전반에 걸

〈원근법 연구〉, 알브레히트 뒤러, 목판화, 1525년. 자신의 이름 첫 글자 A와 D를 조합한 서명이 눈길을 끈다.

처 르네상스라는 큰 물결을 이루게 된다. 14세기경 이탈리아의 피렌체에서 시작된 르네상스의 물결은 화가들의 관심을 바꾸는 흐름을 만들어내었다. 로마 시대의 인간 중심적이고 자유로운 사상과 문화를 되짚어보면서 신과 종교에서 인간과 자연으로, 죽은 후의 세계가 아니라 살아 가는 현실의 세계에 관심을 돌리고자 하였다. 인간이 살고 있는 현재에 관심을 갖고 그것을 캔버스에 있는 그대로 표현하고자 한 노력, 보잘 것 없어 보이는 인간과 인간 신체의 아름다움을 발견하고 존중하려던 생각이 화가들에게 원근법이라는 새로운 도구를 안겨 준 셈이다.

그렇다면 르네상스 시대의 화가들은 현실의 3차원 공간을 2차원 평면인 캔

버스에 옮기는 구체적인 방법을 어떻게 알아냈을까? 현실을 화폭에 그대로 재현하려 했던 당시 화가들의 작품에서 그 비밀을 찾아볼 수 있다. 이탈리아를 여행한 뒤 원근법을 알게 된 독일의 화가 알브레히트 뒤러Albrecht Dürer, 1471~1528는 원근법을 연구하는 화가의 모습을 목판화로 남겼다. 이 그림을 보면 당시 화가들이 류트악기의 종류를 놓고 한 지점에서 어떻게 보이는지를 직접 화폭에 옮기면서 반복적인 측정과 실험을 바탕으로 원근법을 체득했을 것으로 추측할 수 있다.

르네상스 시대의 화가들이 원근법을 탐구하면서 알게 된 사실은 무엇일까? 현실의 모습이 실제 우리 눈에는 어떻게 보이는지 기찻길을 생각해 보자. 현실에서 기찻길은 평행하지만, 멀어질수록 간격이 좁아지다가 결국 지평선 위의 한 점이 점을 소실점이라고 한다에서 만나는 것처럼 보인다. 같은 이유로 현실에서의 정사각형은 사다리꼴처럼 보인다.

이렇게 우리의 눈은 현실을 그대로 보지 못한다. 그러니 기찻길은 평행이 아니라 점점 가까워져 소실점에서 만나도록 그리고, 정사각형은 사다리꼴 모양으로 그려야 보이는 대로 그린 셈이 된다.

원근법이 선물한 수학, 사영기하

3차원 공간을 2차원 화폭으로 옮기는 방법에 대한 화가들의 고민이 원근법을 터득하고 그림에 적용토록 하였다면, 수학자의 눈에는 그런 작업이 3차원 공간의 모든 점을 2차원 평면에 대응시키는 것으로 보였다. 즉, 3차원 공간의 모든 점들을 2차원 평면에 대응시킬 수 있다면 3차원 공간의 사물이 우리 눈에 어떻게 보이는지 이해할 수 있게 되고, 따라서 눈에 보이는 현실을 그대로 2차원으로 표현할 수 있다.

원근법의 발견은 3차원 공간을 2차원 화폭으로 어떻게 옮길 수 있는지, 그렇게 구성된 2차원 화폭은 유클리드 평면과 어떻게 다른지, 도형의 성질은 어떻게 변하고 유지되는지 등을 연구하는 '사영기하'라는 새로운 수학을 탄생시키는 계기가 되었다. 화가와 수학자의 작업이 이렇게 연결될 수 있다니 진정한 융합이 놀랍지 않은가!

밖으로 나오니 하늘이 어둑해지고 있다. 성당 바로 앞 전차 정류장에서 노선도를 탐구하며 기다린다. 전차들이 서지 않고 쌩 지나가길 몇 차례, 아참! 파업이라고 했지. 버스 정류장으로 갔지만 어떤 버스가 다니고 어떤 버스가 다니지 않는지 알 수가 없다. 파업 때문이라며 친절하게 알려주는 사람들은 탈 버스가 있는 건지 별 일 아니라는 표정으로 버스를 기다린다. 불편함에도 불구하고 파업에 대한 불평이나 넋두리는 없었다. 우리도 차분히 정류장 안내판에서 숙소 근처까지 가는 버스 번호를 찾아냈다. 이제 숙소로 돌아갈 수 있다.

3차원 공간을 2차원 도화지 위에

풍경을 도화지 위에 그대로 재현하는 것은 사진을 찍는 일과 비슷하다. 도화지 위에 현실처럼 보이도록 그려야하기 때문이다. 사진을 찍으면 3차원 공간이 2차원 평면으로 바뀌는 것처럼 말이다. 어떻게 3차원 공간의 모든 점을 도화지 2차원 위의 점으로 대응시킬 수 있을까?

우리의 눈은 맨 앞에 있는 것은 보지만 그 뒤에 가려져 있는 건 보지 못한다. 뒤통수에 있는 사물도 보이지 않는다. 따라서 3차원 공간에서 눈을 한 점으로 보면 그 점을 지나는 모든 직선들은 도화지 위에 한 점으로 대응시킬 수 있겠다. 이런 원리로 공간의 모든 점들은 평면의 점들로 모두 대응시킬 수 있다.

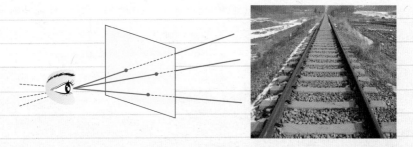

이것을 화폭공간이라고 하는데 3차원 공간을 2차원으로 옮겼다는 점에서 그냥 평면과는 조금 다르다. 현실에서의 기찻길은 평행하므로 절대 만나지 않지만 우리의 눈에는 지평선의 한 점에서 만나는 것처럼 보인다. 그러니 눈에 보이는 풍경을 도화지 위에 옮길 때에는 실제로 존재하지 않는 무한히 먼 점들이 도화지 위에서 지평선 위에 나타나게 되는 것이다.

그래서 3차원 공간에서 평행한 두 직선이 도화지 위에서는 한 점(소실점)에서 만나는 두 직선으로 표현되는 것이다. 이 가상의 점을 무한원점이라 부르는데, 화폭 공간은 평면에 무한원점들을 포함시킨 공간이라 할 수 있다.

〈최후의 만찬〉에서 기둥마다 폭이 달랐던 사실을 기억할 것이다. 실제 식당의 기둥은 폭이 모두 똑같을 텐데, 다빈치는 그림 속 기둥의 폭을 어떻게 결정했을까? 복비의 성질을 이용하면 선과 선의 간격을 결정할 수 있다.

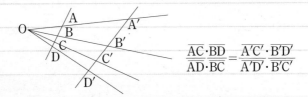

$$\frac{\overline{AC} \cdot \overline{BD}}{\overline{AD} \cdot \overline{BC}} = \frac{\overline{A'C'} \cdot \overline{B'D'}}{\overline{A'D'} \cdot \overline{B'C'}}$$

르네상스 시대의 두 거장을 만나다

르네상스를 대표하는 인물을 꼽을 때 빠지지 않는 두 사람, 레오나르도 다빈치와 미켈란젤로. 두 사람의 작품을 밀라노에서 만난 건 더운 여름날의 한 줄기 소나기였다. 르네상스 최고의 화가이자 조각가, 건축가, 과학자, 천문학자로 꼽히는 레오나르도 다빈치, 스물세 살이나 어렸지만 당시 앙숙이었다고 말할 정도로 어깨를 나란히 견주었던 미켈란젤로. 그들은 어떤 인연으로 밀라노까지 와서 작품을 남겼을까.

레오나르도 다빈치는 '빈치 마을 출신의 레오나르도'라는 뜻이다. 빈치 마을은 르네상스의 진원지 피렌체 근처가 아닌가. 그런데 그는 왜 밀라노까지 와서 최고 작품 중 하나로 꼽히는 벽화를 남겼을까. 피렌체 지방을 오랫동안 장악한 메디치 가문은 예술가를 적극 후원했다는데, 레오나르도는 예외였던 걸까.

레오나르도의 아버지는 공중인으로 피렌체에서 어느 정도 사회적 지위가 있는 사람이었던 반면 어머니는 빈치 마을 농부의 딸로 당시로서는 신분 차가 있던 두 사람의 결혼은 생각할 수 없었다. 레오나르도의 아버지는 그가 태어나던 해 피렌체에서 부르조아의 딸과 정식 결혼을 올린다. 어린 그는 어머니의 고향인 빈치 마을에서 자랐는데, 두 살 되던 해 생모 역시 결혼을 했고 그후 외할아버지 밑에서 컸다.

레오나르도의 아버지는 두 번의 정식 결혼에도 아이가 없자 그를 피렌체로 불러 공방에 들여보낸다. 공중인으로 대를 잇게 할 수는 없으니 예술가로 키우려 하지 않았을까. 그러나 너무나 뛰어난 예술가, 과학자, 기술가였던 그는 공방에 머물러 있을 수 없었다. 주체할 수 없는 호기심과 상상을 넘어서는 능력, 머릿속에서 끊임없이 솟아오르는 아이디어를 어찌 감당할 수 있었겠는가. 평범한

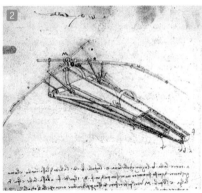

1 레오나르도 다빈치의 자화상
2 날아가는 도구에 대한 디자인, 레오나르도 다빈치, 1488

삶을 살 수 없었던 것은 어쩌면 당연한 결과였다.

레오나르도는 평생 피렌체, 밀라노, 베네치아 등을 오가며 살았다. 1481년경 스포르차 가문의 초청으로 밀라노에 온 그는 1499년까지 머물며 〈최후의 만찬〉을 그렸다. 도시 공화국들이 난립하는 혼란의 시대를 살던 레오나르도는 자신을 화가라기보다는 군사전문가로 선전하였다. 전해져 오는 수많은 무기, 동력 장치, 비행기구, 잠수정, 토목 설계 등을 그린 수백 장의 스케치들은 어쩌면 이 도시, 저 도시를 옮겨 다니며 자신의 아이디어를 사줄 후원자를 찾아다니던 그의 고단함이, 외로움이 묻어 있는 작품이 아닐런지.

레오나르도는 밀라노가 프랑스의 침공을 받자 피렌체로 돌아갔다. 몇 해 뒤 다시 밀라노로 돌아와 프랑스 왕 루이 12세의 궁정 화가 겸 수석 토목기사가 되었고, 결국 프랑수아 1세의 초청으로 말년을 프랑스에서 보냈다. 르네상스 미술에 매료된 프랑수아 1세는 그에게 그림 주문도 하지 않으면서 후원을 아끼지 않았다고 한다.

피렌체에서 그렸지만 프랑스까지 가지고 갔던 〈모나리자〉는 파리 루브르 박물관에 걸려 있다. 이탈리아는 〈모나리자〉를 비롯한 그의 방대한 유작들을 반환하라고 요구하지만 프랑스는 아랑곳하지 않고 있다. 유럽에서 현재와 같은 국가 개념이 형성되기 전, 요즘으로 이야기하자면 지식인과 예술가들이 직장을 옮기듯 후원자를 찾아 다녔던 시절의 이야기이다.

잠수정, 비행기 등 그의 머리 속에서는 시대를 뛰어넘는 엄청나게 많은 아이디어들이 나왔다. 오늘날 로봇을 설계할 때 그가 남긴 해부학 관련 스케치에서 아이디어를 따왔다는 말이 있을 정도이다. 그가 남긴 건축, 공학, 해부학, 천문학에 대한 연구나 여러 기계에 대한 습작들은 그의 상상력과 천재성을 보여주지만, 인류발전에 직접적으로 기여하지는 못했다. 긴 시간이 흐른 뒤 구체화된 모습으로 인류의 삶에 등장한 것들도 있지만 그것을 오롯이 그의 아이디어라고 말할 수 있을까. 그가 만약 피렌체의 보통 가정에서 태어나 자랐다면 흘러넘치는 아이디어가 몇 개나 현실화될 수 있었을까.

레오나르도 다빈치를 기념하는 박물관

그가 만들었던 것들의 흔적이라도 볼 수 있을까 하는 기대감으로 레오나르도 다빈치 탄생 500년을 기념하여 지은 박물관으로 향했다. 수학, 과학, 해양, 화학 등 다양한 방면의 전시물을 볼 수 있고 영어로 진행되는 워크숍도 열린다는데,

그날은 방학이라 한산했다.

거창한 정문을 기대했건만 출입문 위쪽에 걸린 현수막이 아니었다면 어디가 입구인지 모를 정도로 소박하다. 어디부터 돌아볼까 두리번거리는데 건물의 층을 −1, 0, 1로 표시해 놓은 팻말이 눈에 확 띈다. 지금 우리가 서 있는 곳이 0층이고, 지하 1층을 −1층, 2층을 +1로 표시하였다. 지면과 같은 높이는 0층, 지면에서 1층 내려가면 −1, 올라가면 +1! 지면을 기준으로 나타낸 합리적 표현이다.

이 과학관에는 이름에 걸맞게 레오나르도 다빈치가 디자인한 여러 기계들의 모형이 전시되어 있었다. 실을 뽑는 기계, 땅을 파는 기계 등 생활을 편리하게 하기 위한 것 뿐 아니라 하늘을 날 수 있도록 고안된 기계들도 있었다. 모형이라 크지 않고 실제 작동되지도 않지만 모형마다 그가 메모하고 디자인했던 소위

지면을 기준으로 층수를 나타낸 안내판

다빈치 노트가 함께 전시되어 있어, 하나하나 살펴보면서 그의 생각을 따라 갈 수 있었다. 한 사람이 이렇게 다양한 기계를 디자인하고 모형을 만들었다니 참으로 대단하다. 레오나르도 다빈치야말로 진정한 르네상스 사람이라는 평가에 수긍이 간다.

그 외에도 곳곳에 해양, 철도, 환경 등 다양한 주제를 다룬 전시물과 체험시설

1 레오나르도 다빈치는 특히 하늘을 나는 일에 관심이 많아 날 수 있는 다양한 기계들을 디자인했다.
2 새의 날개를 본 딴 전시물

이 있었는데 학생들의 체험시설로 활용하기에 충분해 보인다.

결국 박물관에서 반나절을 보냈다. 하늘을 나는 기구를 스케치하려고 새 몇 십 마리는 족히 날렸을 다빈치를 떠올려본다. 청동 말을 만들기 위해 먼저 진흙으로 말을 만들었고 해부도를 그리기 위해 인체를 직접 해부했다던 그. 쏟아지는 아이디어를 감당하기 위해 얼마나 많은 실험을 했을까. 평생 독신으로, 괴짜라는 말을 들으며 미친 듯이 뛰어다녔을 그가 눈에 선하다.

박물관이 된 스포르체스코 성

스포르체스코 성은 박물관에서 가까워 걸어서 갔다. 15, 16세기 르네상스 시대에 밀라노 공국을 다스렸던 스포르차 가문의 성이다. 레오나르도 다빈치, 도나토 브라만테 등이 건축에 참여했다는데, 2차 세계대전 때 폭격으로 완전히 폐

허가 된 것을 다시 지었다고 한다. 정
문 입구 위 필라레테 탑은 국왕 움베
르토 1세를 기념하기 위해 지었다는
데 크기가 다른 사각기둥들을 차곡차
곡 쌓은 것 같다. 그 아래로 출입문이
뚫려 있어 성벽을 통과할 때 정말 성
안으로 들어가는 것 같은 기분이 든
다. 성벽의 양쪽 모서리 끝에는 원기
둥 모양의 망루가 있어 각진 성벽과
어울려 조화롭다. 성벽은 적갈색 벽
돌로 쌓아올렸는데 웬만해서는 무너
지지 않을 듯 아주 튼튼해 보인다. 지

스포르체스코 성의 정문

금은 물이 없지만 성 바깥쪽으로 움푹 들어간 해자가 있다. 해자를 가로지르는
다리를 건너 출입문을 통과하면 성 안이다.

　스포르차 가문이 밀라노를 통치하게 된 것은 프란체스코 스포르차 때부터였
다. 중세 시대에는 대가를 받고 대신 전투를 치르는 용병들이 있었는데, 그 역
시 용병으로 활약하며 자신의 입지를 쌓은 사람이었다. 그는 도시국가 사이의
전투를 승리로 이끈 공을 인정받아 여러 곳의 영토를 소유했다. 그러던 중 당시
밀라노 지역을 지배하던 비스콘티 가문의 대가 끊기자 사위였던 그가 밀라노의
새로운 통치자가 되었다. 그는 비스콘티 가의 성채였던 이 성을 개축하여 주거
지로 사용했는데, 지금은 시민들을 위한 박물관으로 활용되고 있다. 성 안에 악
기 박물관, 이집트 박물관, 고미술 박물관, 가구 박물관 등 10여 개의 다양한 박

물관이 모여 있다. 뒤쪽으로는 시민들의 쉼터 셈피오네 공원과 통해 있어 둘러보다 지치면 풀밭에 누워 휴식을 취하기에 좋다.

솔직히 지금까지 보아온 수많은 건축물에 비하면 딱히 특징이 있거나 멋지지는 않았다. 방어를 위해 지어진 성을 주거공간으로 개조했으니 튼튼하겠구나 하는 생각 정도. 역시나 성벽 꼭대기에 오르니 탁 트인 시야와 시원한 바람이 우리를 기다리고 있었다. 거기서 바라본 성 안쪽 꽃밭이 보기 좋았다.

금요일 오후라 박물관에 무료로 들어갈 수 있었는데 문제는 역시 시간이다. 성벽 위 사람들을 보고는 일단 계단부터 올랐다. 그런데 계단이 건물 안쪽에 있다 보니 방향가늠이 잘 안된다. 관리가 허술한 틈을 타 엉뚱한 길로 성벽 꼭대기까지 올라 전망을 즐기며 기분을 내는 것까지는 완벽했는데 내려오는 길을 못찾고 우왕좌왕, 헤매다 결국 직원과 맞닥뜨렸다. 그 직원의 묵인 아래 출입금지를 한차례 무시하고서야 내려올 수 있었다. 관광객들에겐 모든 날이 특별하지만 그곳 사람들에게 금요일 오후란 황금 같은 휴일의 시작 아니겠는가. 조금이라도 일찍 퇴근하고 싶겠지. 어디든 사람 사는 모양은 다 똑같은가 보다.

거장 미켈란젤로의 마지막 작품, 피에타

박물관 안에서 사람들의 관심을 끄는 것은 미켈란젤로가 죽기 며칠 전까지 작업했다는 마지막 조각상, 〈론다니니 피에타〉이다. 이 조각상은 미완성인 채 남아 있는데 로마 성 베드로 성당의 〈피에타〉와 같은 제목의 작품이라고 보기 어려울 정도로 독특하다.

미완성의 조각상이 주는 느낌이 참으로 묘했다. 표면은 거칠고 얼굴은 표정은커녕 이목구비도 갖추지 못했다. 왼쪽에 조각된 팔이 하나 더 붙어있는 것으로 보아 중간에 계획을 바꾸지 않았나 생각된다. 돌을 딛고 선 마리아가 예수를 일으켜 세우는 순간을 포착하였는데 그 몸짓이 슬프고도 힘겹다. 마리아와 예수 모두 힘이 없고 한없이 말라 있다. 그래서인지 더 애잔한 느낌이 든다. 일으켜 세워주고 싶은 마음이 절로 든다. 완성되지 않은 조각이 보는 사람의 마음을 움직여 미켈란젤로가 조각상에 불어넣고자 했을 슬픔을 완성시키는 것 같다.

미켈란젤로는 조각이란 돌 속에서 인물을 해방시키는 일이며, 따라서 조각가는 신과 가장 가깝다고 했다. 그의 말대로라면 이 조각상의 두 인물은 돌에서 영원히 해방되지 못할 운명이다. 그들에게 숨을 불어넣어 줄 조각가가 세상에 없으니 말이다.

그의 손길이 닿은 돌은 따뜻한 영혼을 얻었고, 그렇게 세상 앞에 선 조각은 사람들에게 뜨거운 찬사를 받았다. 그는 하늘나라에 가서 이 조각상을 완성했을까? 마지막 순간까지 이 조각상을 다듬었을 미켈란젤로. 나머지는 보는 사람들의 몫인 양 이렇게 남겨두었다. 위대한 조각가의 마지막 손길을 눈으로 더듬어 본다. 평생 수도사처럼 금욕적이고 검소한 생활을 했다는 그는 89세에 로마에서 쓸쓸하게 눈을 감았다고 한다.

〈론다니니 피에타〉, 미켈란젤로

고대로의 초대, 이탈리아 여행

한여름 밤, 오페라의 추억

발바닥에 땀이 나도록 박물관을 돌다 보니 저녁이다. 셈피오네 공원 잔디밭에 누워 여행의 고단함을 달랜다. 좋아서 하는 일이긴 해도 힘든 건 힘든 거다. 어두워지는 하늘을 보며 이제 밀라노를, 아니 이탈리아를 떠날 날이 얼마 남지 않았다 생각하니 정말 아쉽다.

스포르체스코 성이 시민들이 늘 찾는 박물관으로 사용되는 것처럼 이탈리아에는 일상적으로 사용하는 옛 건물들이 많다. 피렌체의 베키오 궁은 지금도 시청으로 사용되고 있고, 중세 시대에 지어진 성당에서는 여전히 미사를 올린다. 고대 그리스 시대나 로마 시대에 지어진 원형 경기장은 복원하여 공연장으로 사용하고 있다. 그러니 성을 박물관으로 사용하는 것 정도는 놀랍지도 않다.

특히 고대 로마 시대에 지어진 건물에서 오페라를 즐겼던 경험은 환상 그 자체였다. 북부 작은 도시 베로나에서의 일이다. 베로나에서는 매년 여름 오페라 축제가 열리는데, 여름이면 전 세계에서 사람들이 오페라 축제를 보기 위해 몰려든다. 그 기간에는 고대 로마 시대에 지어진 아레나 경기장에서 밤마다 오페라 공연이 펼쳐진다. 아레나 경기장은 장축 152m, 단축 123m인 타원 모양에 높이 약 40m로, 2만 명의 좌석이 마련되어 있다. 1117년 지진으로 바깥쪽 외관 대부분이 파괴된 것을 복원하여 공연장으로 사용하고 있다.

밤하늘을 배경으로 로마 경기장에 앉아 공연을 보는 경험은 무엇과도 비교할 수 없었다. 로마 시대로부터 초대받은 기분이랄까. 관중석에 불이 꺼지고 차츰 어두워지면 별이 콕콕 박힌 밤하늘을 무대 삼아 오페라의 밤이 시작된다. 특별한 음향 장치가 없어도 배우들의 노래며 대사가 잘 들린다. 막과 막 사이에 사람들이 바쁘게 오가며 무대 장치를 바꾸는 것도 재미있는 볼 거리 중 하나. 경기장을 가득 메운 사람들은 함께 브라보를 외치고 박수도 치면서 즐긴다. 초저녁에 시작된 오페라 나부코는 다같이 노예들의 합창을 부르며 끝을 맺었다.

베로나의 아레나 경기장. 아레나는 모래라는 뜻인데, 고대 로마 사람들은 검투 경기가 끝나면 경기장의 핏자국을 없애기 위해 모래를 뿌렸다고 한다.

허밍으로 따라 부르는 것으로 만족해야 했지만 재치 있는 관중들의 '앙코르' 덕분에 노래를 두 곡 더 들을 수 있었다. 밤하늘의 별을 헤며 숙소로 돌아올 때의 뿌듯함이란.

옷차림 때문에 웃었던 일도 기억난다. 안내 책자에서 오페라 공연에는 정장을 입어야 입장이 가능하다는 내용을 보긴 했지만 멀리서 온 여행자를 어쩌랴 싶어 용감하게 여행자 차림으로 나섰다. 별 문제 없이 2층 관람석에 앉아 공연을 기다린다. 오케스트라 단원들이 자리를 잡고 공연이 시작되려는 그때, 색색의 화려한 드레스와 검은 정장을 잘 차려입은 남녀들이 사방에서 입장하며 순식간에 좌석을 가득 채우는 것이 아닌가. 그들은 이 모든 걸 즐기는데 눈이 휘둥그레진 건 오히려 구경하는 우리다. 레드카펫에서나 볼법한 드레스라니……. 로마 시대의 귀족들이 저랬을까? 귀족이나 왕족들의 자리는 경기장이 가장 잘 보이면서 입장하기도 쉬웠다던데. 어쩐지 저 입장권이 엄청 비싸더라니. 이 모든 장면이 순식간이어서 영화의 한 장면을 보는 것 같았다. 그래, 모든 사람들이 지켜보는 자리에 앉으려면 저 정도는 입어 줘야겠구나. 한밤의 오페라 공연은 여행 내내, 아니 두고두고 이야기 거리였다.

로마의 카라칼라 욕장 역시 오페라 공연장으로 사용된다. 오페라 아이다를 관람했는데 드문드문 서 있는 벽돌 기둥들이 자연스레 무대 장치가 되었다. 아이다는 친근한 내용이라 기억에 오래 남아 있다. 너무 늦게 끝나는 바람에 교통편이 끊겨 그 야밤에 꽤나 걸었다. 겨우겨우 심야버스를 타고 숙소로 돌아오던 중에도 불이 켜진 콜로세움을 지나칠 수 있어 행운이라며 즐거워했던 그날. 이탈리아에서 한여름밤의 오페라는 그렇게 기억된다.

1 관람석에 앉아 공연을 기다리는 사람들 **2** 아레나 경기장에서 공연 중인 오페라 나부코

　저녁이 되자 셈피오네 공원은 다른 얼굴이 된다. 잔디밭에서 즐거운 한때를 보내던 가족들이 집으로 돌아가자 이어폰을 꽂고 달리는 사람, 개와 함께 산책하는 사람들이 하나둘 보이기 시작한다. 일상의 모습이다. 우리 역시 이제 먼 길을 되짚어 일상으로 되돌아가야 할 때다. 가 보고 싶은 곳도 많고 못 본 곳은 더 많지만 이쯤에서 아쉬움을 접어야 한다. 욕심은 끝이 없으니 못한 일보다 한 일이 더 많고 그래서 이 정도면 됐다, 만족하는 것도 여행을 통해 배우는 것 중 하나일 테다.

고대로부터의 초대, 이탈리아 여행

　이탈리아 여행은 고대로부터의 초대였다. 어딜 가나, 어딜 보나 로마 시대부터 중세까지의 건축, 회화, 조각 등이 잘 보존되어 있어 당시의 분위기에 흠뻑 젖을 수 있었다. 그뿐 아니라 옛 건물들을 그대로 사용하고 있는 그들에게서 고대와 공존하는 방법을 터득하고 삶의 흐름을 이어가는 지혜를 볼 수 있었다. 사람 사는 건 어디나 비슷하고 그래서 평범한 나의 삶이 소중하다는 것을 깨닫게 되는 경험, 현재의 삶이 비롯된 과거의 유적지에서 그들의 숨결을 느끼는 것이 여행이 주는 선물일 것이다. 그러니 젊어 여행은 사서라도 해야 하지 않을까.

빨간 토마토와 파스타, 푸른 빛의 지중해, 에트나 화산의 숨소리, 다양한 문화가 공존하는 유적지, 돔에 올라 내려다보던 아름다운 풍경들. 피할 수 없는 뜨거운 태양마저도 그리워지겠지. 이렇게 이탈리아 여행은 끝나가고 있었다.